科学可以这样看

The One
一元宇宙

古老的一元论如何改变物理学的未来

HOW AN ANCIENT HOLDS THE FUTURE OF PHYSICS

〔德〕海因里希·帕斯（Heinrich Päs）著

包新周 译

重庆出版集团 重庆出版社

THE ONE: How an Ancient Idea Holds the Future of Physics

Copyright: © 2023 by Heinrich Päs

Illustrations by Frigga Päs

This edition published by arrangement with Basic Books,

an imprint of Perseus Books, LLC,a subsidiary of Hachette Book Group, Inc.,

New York, New York, USA.

Simplified Chinese edition copyright: © 2024 Chongqing Publishing House Co., Ltd.

All rights reserved

版贸核渝字（2023）第102号

图书在版编目（CIP）数据

一元宇宙 ／（德）海因里希·帕斯著 ；包新周译.

重庆 ： 重庆出版社，2025. 1. -- ISBN 978-7-229
-19063-7

Ⅰ. 04-49

中国国家版本馆CIP数据核字第2024FY5210号

一元宇宙

YIYUAN YUZHOU

〔德〕海因里希·帕斯(Heinrich Päs) 著

包新周 译

策划编辑:苏 丰

责任编辑:苏 丰

责任校对:刘 刚

封面设计:博引传媒·邱江

重庆出版集团
重庆出版社 出版

重庆市南岸区南滨路162号1幢 邮政编码:400061 http://www.cqph.com

重庆升光电力印务有限公司印刷

重庆出版集团图书发行有限公司发行

全国新华书店经销

开本:710mm×1000mm 1/16 印张:17.75 字数:330千
2025年1月第1版 2025年1月第1次印刷
ISBN 978-7-229-19063-7

定价:64.00元

如有印装质量问题,请向本集团图书发行有限公司调换:023-61520678

权威评价

帕斯的宏伟观点激起了共鸣：在很大程度上，我们所认为的现实（或者全部），只是我们有限视角的产物。

——《科学美国人》

我们和宇宙是一体的吗？这是一个像人类一样古老、像虫洞一样深邃、像多元宇宙的无限分支解一样广泛的问题。帕斯为挑战做好了准备，并提供了关于一元宇宙的历史和科学的原创性新叙述。对那些想要了解自己在自然界中位置的人来说，《一元宇宙》充满吸引力。

——萨拜因·霍森费尔德，《迷失在数学中》《物理学的存在》作者

通常，我们说宇宙由粒子组成，但帕斯用量子物理学展示了反转。（他认为）整体是第一位的，而不是部分——部分来自对整体的分割。

——乔治·马瑟，《幽灵般的超距作用》作者

帕斯展现了一段有趣的、有启发性的物理学、宗教和哲学之旅，提出了一元论的基本现实，即一个巨大的统一整体。为了代替由小粒子组成的多元宇宙图像，帕斯提供了一个纠缠在一起的量子宇宙，一切都是从这个宇宙中出现的。他试图用量子宇宙学推动物理学的前进。在量子宇宙学中，空间、时间、粒子，以及所有其他东西都能通过退相干从普适波函数中推导而出，这为我们理解基本现实带来了新的希望。

——乔纳森·夏法尔，罗格斯大学

帕斯记述了一元论的概念和历史——"宇宙中只有一个物体的概念，宇宙本身"。帕斯认为，"一元论（一元宇宙）和埃弗莱特的多世界（多元宇宙）都是量子力学的预言"。正如现在流行的多世界解释理论的主要支持者戴维·多伊奇的

总结，"埃弗莱特量子理论意味着，一般地，当一个实验被观察到有一个特定的结果时，所有其他可能的结果也会发生，并由同一观察者在多元宇宙的不同宇宙中的其他实例同时观察到"。与许多物理学家的极端思想相反，帕斯采取了谨慎的方法并引用了让-马克·列维-勒布朗的话支持这样的观点，"埃弗莱特思想的深层意义不是许多（经典）世界的共存，恰恰相反，它是单个量子世界的存在"。帕斯强调，这样的观点更接近埃弗莱特本人的初衷。

——迈克尔·G.雷默，《量子物理学》一书作者

目　录

引子　仰望星空

　　2009年10月中旬某天凌晨，独自一人，我在圣彼得罗空无一人的巷子里等人，伸手不见五指。此处位于智利亚特卡玛沙漠的中央地带，是地球上最干旱的地方之一。在我头顶，数不清的繁星在闪烁，使人昏昏欲睡。我挣扎着瞪大眼睛张望着导游的卡车是否已到达，他得来接我去阿尔蒂普拉诺高原（Altiplano），好在初升太阳的第一缕阳光中观赏火烈鸟，看它们徜徉在偏僻干涸的湖底盐碱地之中。在此之前或之后，我都没有看到过比这更壮丽辉煌的天空，虽说类似的梦幻时刻也还是有的：乘帆船横渡波罗的海的时候，在甲板上默数有多少颗流星划过天际；在夏威夷的威基基海滩外，在一轮满月的映照下练习冲浪；在奥地利阿尔卑斯山的半山腰，夜间踏出滑雪小屋，圆盘状银河星系的明亮光带截断了我的滑雪轨迹。在这样的一些时刻，我感到自身全然的渺小，小到可以忽略不计，同时却又奇异地感到浑然自在于宇宙间。

　　"浑然自在于宇宙间"又意味着什么呢？当我们谈论"宇宙"的时候，我们真正想表达的意思是什么呢？从词源学上讲，英文"universe（宇宙）"这个词源自拉丁语中的"universum"，意同"一切事物结合起来成为一个"。然而，当我们提到宇宙的时候，我们通常指的是外太空，我们的太空环境、恒星、行星、星系，这个广阔无边的疆域，充满了数不清的事物。显然，我们称为"宇宙"的东西跟"宇宙"这个词真正的含义，就算有什么共同点，那也是微乎其微的。

　　所有你能在夜空中指认的天体，差不多都属于银河系，我们自己所属的这个星系，它总共收纳了一千多亿颗恒星。而银河系本身还只是大约一万亿个星系中的一个而已。这些数字已然令人印象深刻，但这些可见天体也还只是整个宇宙中最微小的一部分而已。你在那里能够看到的每颗行星，都还附带着大约十倍质量的非发光物质，比如在星际空间四处翻腾的那些气云。不止于此，与所有普通物质相对应的，还有五倍于其的"暗物质"，想来其成分应该是一些奇异的、不为人知的粒子，它们在宇宙间四处飘荡。此外，还存在着比暗物质三倍还要多的

"暗能量"，如同谜一般的燃料，驱使着时空组织结构以越来越快的速度扩张。

对于我们的"宇宙"就先说这么多。

根据现代宇宙学，说不定我们的宇宙不能涵盖一切，说不定存在着不止单独一个宇宙。现在，宇宙学家描绘的在时间初始阶段的一个加速扩张的时期，称为"宇宙暴胀"。这段暴胀时期以达到"热电浆"的状态而告终，这我们可以随着"宇宙大爆炸"看出来。但是没人知道在暴胀之前发生过什么。是不是有过一个绝对开始？或者，宇宙暴胀是不是永远持续着，说不定此时此刻仍在我们这个宇宙之外，在某个"多元宇宙"中的其他区域中继续暴胀？如果是这样的话，它也许会持续产生出无数的其他"婴儿宇宙"（baby universes），像泡泡一样从一个永恒扩张的空间里冒出来。这种情况，实际上很有可能。

不过就算这样，也不足以涵盖"一切"。还差得远！除了平行宇宙、暗能量、暗物质、成万亿的星系——每个都携带着成千亿颗恒星之外，还可能存在着一个有无限可能的领域，在那里，每一样从原则上来讲可以存在的事物确实存在着。在那里，你也许能发现你自己、我的猫、你的狗、阿尔蒂普拉诺的那些火烈鸟、每个人，所有恒星和星系以及前面提到过的每一样事物，逐一都有无数个副本。这些平行现实都是休·埃弗莱特（Hugh Everett）对量子力学所做的不太受待见的"多世界诠释"的不同分支。事实上，它们构成了多元宇宙中的又一层面，可以说是更加本质性的一个层面。越来越多的物理学家现在倾向于接受此观点，因为这些都是量子力学的内在逻辑所期望的；如果没有"多世界"之说，量子力学的功能性概念将越来越难以维系。

即便这样，故事还没有结束。除了这些平行世界之外，量子世界还包含着无限多个平行现实，它们以任意形式"量子叠加"着。在这些平行现实中，你不会要么在美国坐在椅子上看书，要么驾驶着租赁汽车穿越欧洲，而是这两项活动及其地点都混淆到了谁也无法确定哪一项是真实存在的程度。在量子领域里涵盖着一切可能存在的事物，以及这些可能现实的一切可能的组合形式。

然而站在那个地方，在那片星空下，我依然有那么一种感觉，这是我们人类中许多人都有过的，就仿佛我与自身之外的大千世界是浑然一体的。把"整个的物质世界，一切事物，从各种外太空现象到地球上的生命，从天上的星云到……花岗岩上生机盎然的苔藓"，概念化为一个"一"，正如伟大的德国博物学家和发现者亚历山大·冯·洪堡（Alexander von Humboldt）在描述宇宙时所说的那样[①]，还会有比这更大胆，更需要勇气，更气冲霄汉的想法吗？

如果有谁能相信这一切全部可以扯上关系，就不免显得怪异。这听起来像是由神汉或疯子编造出来的童话故事。然而，全部宇宙就是"一"这一信念，以及宇宙是由许多事物组成的这一体验，对人类来说从其最初始时期以来就是一对冤家对头。"一切即一，一即一切"——2 500年前，希腊哲学家赫拉克利特就已这样一语道尽了宇宙包罗万物的这一思想。"宇宙中只有一个物体，那就是宇宙自身"这一概念，哲学家们称之为"一元论"，其英文"monism"一词出自希腊文"monos"（意为"独一无二"）。柏拉图的对话、波蒂切利的油画《维纳斯的诞生》、莫扎特的歌剧《魔笛》，还有歌德、柯勒律治和华兹华斯的浪漫主义诗作中的大部分都源自它的灵感启发。它随着詹姆斯·库克的船队周游了世界，是美利坚合众国好几位开国元老的力量源泉，甚至还作为"自然之神"出现在美国《独立宣言》之中。"一"对思想界，对艺术和人文所产生的影响是如此之大，以至于它作为科学概念的重要性经常被忽略掉。从字面上来看，"一切即一"这个说法讲的并非是上帝、精神或主观思想状态，而是对大自然，对客观存在着的粒子、行星和恒星的陈述。

作为理论物理学家，在过去25年里，我一直致力于探索微小的粒子是如何构成整个世界的。从有生以来第一次听到粒子，我就对它们激动不已。不过尽管它们令人着迷，但让这些粒子真正能占据在我心头的，在于怎样才能以它们为工具，来揭开现实世界的根基。"一切事物都是由什么做成的？"这个问题在我还在读高中时就开始盘踞在我心头。正是这种痴迷引领着我走进物理学，促使我拿到了博士学位，并最后拿到了教授职位。当我与数学、无法理解的语言以及自卑感缠斗的时候，是关于粒子的学问鼓舞着我坚持下去。在随后几十年间我在评审期刊上发表了80多篇论文时，在我撰写的一篇《科学美国人》（Scientific American）封面专题文章后来紧挨斯蒂芬·霍金（Stephen Hawking）的一篇文章再次刊登的时候，以及在我的研究工作三次走上《新科学家》（New Scientist）杂志封面时，我的工作动力就来源于这些粒子。当然，在这项拼搏中我不是独自一人。我只是这项全球大事业中的一名小小贡献者：在全世界遍布着约莫一万名研究人员，其

[①] Barnes 1963，p. 71.

中包括本颗行星上的一些最有才华的头脑,他们正在不知疲倦地工作着,要探究出粒子到底是怎样构建成我们身边所看到的一切的。

现在我认为,我们在错误的轨道上。

不要误解我:科学最重要的任务是对实验、观察以及事件的结果进行预判和解释。粒子物理学家做起这件事来具有无与伦比的精确性。从几个可以在咖啡杯表面上贴下的方程着手,粒子物理学家对他们的实验结果进行预判,其精确度相当于以小于1毫米的误差得出伦敦与柏林之间的距离。但是,尽管粒子物理学比任何其他科学学科更加精确,它还是不能给出事情的全貌。因为,如果我们关注的是全局,我们就会看到:不是粒子构成世界,而是要反过来说。

自从发现了原子,物理学家们就一直沿用着还原论的哲学。根据这一思想,我们把身边的一切事物都分解成由相同的微小成分构成的碎块,再进行统一认识,就可以把握住对大自然的理解。按照这一普遍说法,日常物件像椅子、桌子和书籍都是由原子构成的,原子是由原子核以及电子构成的,原子核含有质子和中子,而质子和中子是由夸克构成的。像夸克或电子这类基本粒子被认为是宇宙的根本性构件。在过去50年里,为了使这一观点具体化,人们用充满奇怪符号的各种艰深方程填满了几十万页的论文。为了测试这些想法,建造了巨型粒子对撞机(粉碎机),管道绵延十几英里,价值几十亿美元,只为把亚原子物质加速到接近光速,让它在猛烈撞击下粉碎,从中寻找更小的,甚至是还未被发现的"碎块"。在美国国家航空航天局(NASA)和欧洲航天局(ESA)的帮助下,一件又一件工程技术奇迹被发射进太空,以便监听宇宙中最早发生事件的余音,以便了解当世界还只不过是一锅烫手的粒子汤时,它到底长什么样。

这套哲学理念在实践中取得了巨大的成功,只是在这之中有一个盲点。原子、质子和中子、电子和夸克都是用量子力学描述的。但根据量子力学,总的来说,是无法在不丢失一些关键信息的情况下分解一件物体的。粒子物理学家为了对宇宙做出根本性的描述奋斗着,而这样的描述要求不丢弃任何信息。但是如果我们认真看待量子力学,这就意味着,在最本质的层面上,大自然是不可能由一些"成分"构成的。对宇宙进行最具本质性的描述,必须从宇宙本身着手。

与任何其他职业物理学家一样,我在每天的工作中都运用到了量子力学。我们用量子力学来对实验、观察和我们感兴趣的问题结果进行计算和预判,不论是巨型加速器中的粒子对撞、早期宇宙的原始等离子体中的散射进程,还是固态实验室实验中的电子或磁场行为。虽然我们几乎可以永远采用量子力学对具体的观察及实验进行描述，但我们通常不把它应用于整个宇宙。

因为这么做会带来一个令人费解的后果，我后面会在这本书里论证。一旦量子力学被应用到整个宇宙，它就彰显出一种存在了3 000年之久的思想，那就是：在我们所经历体验的每一件事物最底层贯穿着的，统统都只是单独一个的涵盖一切的东西。而我们在自己身边所看到的每一件其他事物都是某种幻象。

需要承认的是，"一切即一"这个说法听起来并不像一个多么高明的科学概念。第一眼瞥过去，它听着荒唐。随便抬眼往窗外一望：多数时候街上都会有不止1辆汽车。谈恋爱的话，就需要有2人（至少！），做弥撒的话就需要"2或3"名信徒，而踢一场足球正常情况下得有22名球员。从很早的时候起天文学家就已经使我们信服了，地球不是宇宙中唯一的行星，而如今现代宇宙学所知道的恒星数量已经实实在在数不过来了。

但量子力学改变了一切。在量子体系中，各样物体完全彻底地融合起来，以至于你再也无法对它们的构成成分的特性说出一点，哪怕是只言片语。这一现象被称作"量子纠缠"，而且，虽然它在80来年前就被爱因斯坦（Albert Einstein）及与他合作的那些人指出来了，但直到今天它才逐渐得到充分重视。只要把量子纠缠应用到整个宇宙，你就注定要面对赫拉克利特的信条"一切即一"。

"慢着"，可能你要反对。"量子力学只适用于微小事物：原子啦，基本粒子啦，可能还有分子。但把它应用到宇宙，这就没有道理了。"你会惊讶地了解到，越来越多的强有力的迹象表明，你这种观念是错误的。仅在1996到2016年间，就有6项诺贝尔奖授予了所谓的"宏观量子现象"。量子力学似乎无所不适用，这个发现的后续意义现在才刚刚开始得到探索。

你或许要挥起双手来抗议，认为进行这样的讨论毫无意义。不进行任何此类形而上学式的思索，物理学还不是照样得到顺畅应用。其实不然。当前，物理学正面临着一场危机，它迫使我们首先要对我们所理解的"本质性"究竟指的是什么进行重新思考。就在此时此刻，由于在实验中发现了一些极端不可能的巧合现象，迄今无法对其做出任何解释，那些最有才华的粒子物理学家和宇宙学家们之间产生了嫌隙。与此同时，对"万物理论"的求索正在从物理学手中夺走像物质、空间和时间这类的基础概念。如果这些都没有了，那还剩下什么？

量子宇宙学告诉我们，构成现实世界根本层面的既不是粒子，也不是微小的、振动着的，被称为"弦"的一维物体，而是宇宙本身——不可想成是组成宇宙的一切事物的总和，而要理解为一个包罗万物的统一体。我后面会证明，"一切即一"这个理念具备潜质去拯救科学的灵魂：也就是坚信存在着一个独特、可理解且带根本性的现实世界。一旦这个论点占据支配地位，它就会翻转我们对万物理论的追求——将其建立在量子宇宙学之上而不是建立在粒子物理学或弦理论之上（当前有最多人认为后者可以充当引力场量子理论）。这样一个概念还进一步意味着我们得去弄明白，如果每样事物归根结底都只是"一"，那么我们又是怎么做到把世界体验为许多事物的呢？这得要靠一种叫做"退相干"的过程来完成，事实上它对于现代物理学的任何一个分支都是不可或缺的。退相干的作用，就是保护我们的日常生活体验不过多受到量子古怪行为的侵扰。而且它还体现了赫拉克利特信条中的下半句："一即一切"。

这么一来，我们就必须去弄明白，这样一个观念是如何改变了我们对哲学中一些最深奥问题的看法的。例如"什么是物质？""什么是空间？""什么是时间？""宇宙是如何成形的？"这样一些问题，甚至还包括围绕着有宗教信仰的人所说的"上帝"提出的一些问题（因为多个世纪以来，"一个蕴含万物的统一体"这个概念总是被等同于"上帝"）。我们还必须面对：如果一元论是如此直截了当地植根于量子力学，那为什么没有令更多人信服。为什么它在我们听来是如此古怪，我们这种直觉性的排斥反应源自哪里？要想真正看清这一偏见，我们不得不在一元论的历史中跋涉一趟。

"太一"一方面讲述了物理学中的一项严重危机，同时也讲述了一个被半遗忘了的概念，它有潜力解决这一危机。它对"一切即一"这一思想进行探索，物质、空间、时间以及心智全部都只不过是面对宇宙时我们自己粗颗粒感知的产物。一路下来，从古代到现代物理学，它讲述了这个概念是如何演变的，以及如何对历史进程进行了塑造。一元论不仅为波蒂切利、莫扎特和歌德的艺术带来了灵感，它还为牛顿（Issac Newton）、法拉第（Michael Faraday）和爱因斯坦的科学工作提供了信息。乃至现在，在我们关于时空的各种最先进的理论中，一元论也正在成为无须挑明的前提假设。这个故事充满了热爱与献身精神，恐惧与暴力，还有前沿科学。这个故事讲的是人类是如何成为现在这样的，而决非戏论。

1 隐藏的太一

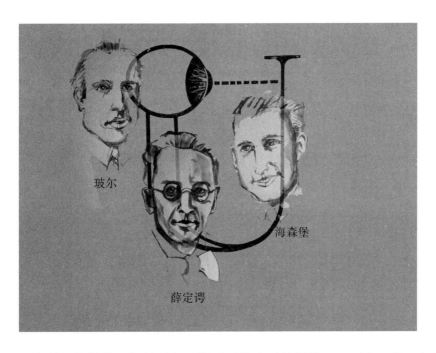

玻尔

薛定谔

海森堡

　　量子力学是核爆炸、智能手机和粒子对撞背后的科学，且不止于此。它勾勒出的隐态现实，超越了日常生活中循规蹈矩的体验，蕴含着可以改变我们认知真实的力量，当然前提是把它当作关于大自然的理论来认真对待。对此存在争论，我们的旅程就因此而起：我们怎么能知道一些东西隐藏着，而且我们无法直接体验到？对这个问题的各种疑问，就引发了一场争论，最终把"一切即一"的话题退还给了科学，它最为关注的就是宇宙中这些最难解决的细枝末节，它们都是些什么，以及有哪些表现。

惠勒的字母"U"

　　"这家伙听起来疯了。你们这代人不知道的是，他一直疯疯癫癫的"，理查德·费曼（Richard Feynman）告诉基普·索恩（Kip Thorne），这是1971年两人在加州理工学院附近一家亚美尼亚餐厅共进午餐时的事。他一边指着约翰·阿奇博尔德·惠勒（John Archibald Wheeler），他们两人共同的博士导师，现在正坐在他们身边，一边接着说道："但当我还是他的学生时，我就发现，如果你把他的那些疯狂想法中的一个当真，然后剥洋葱皮似的逐一掀开一层又一层的疯话，在那疯狂想法的中心，你通常会发现一个强有力的真相内核。"[1]

约翰·阿奇博尔德·惠勒位列20世纪最具影响力的物理学家之一。从他的行为举止、生活方式、政治观点以及外貌来看，他是个比较保守的人。但是从他对物理学的那些想法来看，他展现了一定程度上狂野的一面。这一性格特征包括他终身痴迷于各种爆炸现象。小的时候，他在父母的菜园子里玩雷管，还差点废了他一根手指头。在与现代物理学"大老爷子"[2]尼尔斯·玻尔（Niels Bohr）一起工作的时候，惠勒证明了铀-235和钚-239的原子核有可能用于核裂变，而且还研究出了怎样可以做到这一步。那篇论文于1939年希特勒入侵波兰那天发表，六年之后，它们就变成了同位素，用于引爆部署到广岛和长崎的核炸弹，终结了第二次世界大战。

1949年当苏联测试自己的第一颗核炸弹的时候，惠勒和他的学生们加入了爱德华·泰勒（Edward Teller）和斯坦·乌拉姆（Stan Ulam）一行，参与了研发与制造氢弹，利用核聚变去引爆威力更加巨大的爆炸。1944年10月，惠勒所钟爱的兄弟乔在意大利的波河谷随盟军与德军交战时阵亡于一次行动。过了好几个星期，当时正在研发核炸弹的惠勒才收到他的明信片，上面只写了两个字："快点！"从那之后，就像他在自己回忆录中解释的那样，惠勒就觉得自己有"义务把自己的技能应用到为自己的国家服务中去"[3]。然而尽管他渴望"让美国保持强大"[4]，内心却满怀着一种更为深沉的质疑精神。"从我最早的学生时代起，我最为好奇的就是有关本质性的各种问题。是哪些基本法则在约束着物质世界？从最深的层面来讲，世界是怎样组合到一起的？……都有哪些整合缘由？简而言之，是什么东西让我们生活其中的这个世界像钟摆一样运行起来的？"[5]惠勒热衷于

①Thorne，2019，p. 5.

②Feshbach，Matsui & Oleson 1988，p. 9.

③Wheeler & Ford 1998，p. 17.

④Wheeler & Ford 1998，p. 303.

⑤Wheeler & Ford 1998，p. 104.

提出深刻的问题："为什么会有量子？""为什么会有宇宙？""为什么会有一切的存在？"[1]"为什么会有时间？"[2]

在他教过的50来名博士生里，有些人是物理学超级巨星，其中有理查德·费曼、基普·索恩和休·埃弗莱特。惠勒与费曼所做的那些讨论，为量子版的电动力学铺平了道路——成了现代粒子物理学任何一个子领域的模仿样板，并使费曼获得了1965年的诺贝尔物理学奖。惠勒与索恩以及其他几位学生一起，把爱因斯坦的广义相对论重新变为体面的科学课题，近来发现的引力波更是把它推向了巅峰，为此索恩还被授予了2017年诺贝尔物理学奖。惠勒还成为了蓬勃发展的量子信息领域的"师祖"[3]。就是这一理论在推动着谷歌、IBM、微软、英特尔和NASA近期付出各项努力去实现计算革命。因为他对量子力学的基础（这是主宰微观世界的古怪的物理法则）有经久不衰的兴趣，埃弗莱特还为其做出了同等怪异且引人争议的诠释，意思是说存在着许多平行现实，或者叫"世界"。最后，作为收官成就，惠勒的名字以惠勒-德威特方程（Wheeler-DeWitt equation）这一命名受到膜拜，这是个量子方程，用于计算宇宙中的波函数，同时也是斯蒂芬·霍金一大部分宇宙学研究工作的起始点。

除了这些成就，惠勒还出名地爱给新出现的概念编派生动形象的口头语和名号。对于燃烧殆尽的那些不存在时间概念的恒星尸体，他使"黑洞"这个名字家喻户晓；对于宇宙中相距遥远的区域之间那些假定存在的，如同把手形状的便捷通道，他打造出"虫洞"这个名字；有些领域在微小距离上有极高能量，连空间和时间本身都展现出量子特性，他为这些领域派发了"普朗克尺度"这一用语；据猜测，这些领域中的空间和时间会呈现出像泡泡一样的质地，他就给起了"量子泡沫"这个名字。惠勒不仅爱说口头语，还爱用简明扼要的草图和示意图来讲解复杂的概念[4]。惠勒最神妙费解的一个传世之作是一幅小草图，把宇宙历史描绘得恰到好处：

---

① Wheeler & Ford 1998，p. 287.

② Wheeler 1996，p. 1. See also Halpern 2017，p. 22.

③ Misner，Thorne & Zurek 2009，p. 45.

④ 惠勒在一次访谈中承认"不用图画我都不会思考了"，Halpern 2017，p. 22.

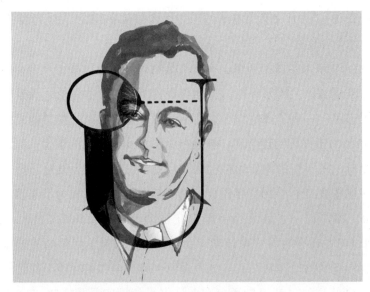

约翰·阿奇博尔德·惠勒和他的字母"U"。

"这是字母'U'。起初，当宇宙还小的时候，U从细细的这边开始。随着我们走到字母的另一边，轮廓变得越来越粗，到了某个特定的点上，一个大大的圈就把字母结束掉。这里还坐着一只眼睛回望着宇宙最初始的那些日子"，惠勒讲解着他这张图，它示意了宇宙的演进，截止于有自我意识的观察者出现。事实上，就像惠勒强调的那样，"我们自己今天可以接收到宇宙早期的辐射，而且也确实接收到了"。然后他就抛出了一个大胆的猜测："如果说主动观察这件事，能够与我们心目中认为的现实世界的起源有什么关联……那么我们就可以说，这位被宇宙创造出来的观察者以他的观察行为在创造宇宙本身的过程中扮演了一个角色。"[1]

20世纪最杰出的物理学家之一声称，我们自己要对宇宙的存在负责，这是认真的吗？是我们自己，仅通过对世界进行观察，就创造了空间、时间和物质？而且这么做所产生的影响还沿时间倒流回万物起始之时，并把宇宙从无变有？

我们怎样才能按照费曼所教的步骤，剥开这层层疯话，从"惠勒的U"里面找出意义来？假装我们会抛弃掉那个令人不安的可能性，也就是每次我们从窗口看出去的时候，就是在不知不觉地回溯到时间开始的地方去启动宇宙大爆炸？毕

---

① 约翰·惠勒，"与肯·福特的访谈"，https：//www.youtube.com/watch？v=ttestU-obkw. Accessed Dec 28，2019.

竟，如果不能不断地进行时间旅行，我们显然无法真正改变早期宇宙的走向，更不要说实际上把它创造出来了。我们唯一有可能"通过我们的观察行为"，"在创造宇宙本身的过程中扮演一个角色"，更可以大胆地重新解读一下，理解为：我们体验到的宇宙及其历史，只不过是以某个特定视角，去望向一个更具本质性的隐态现实时所产生的感受而已。

　　为了把这点说清楚，我们可以参照一个圆筒形物体，例如一罐可乐。同一个可乐罐可以看起来是个圆圈，也可以看起来是个长方形，这取决于我们是从上方看它还是从旁边看它。从这一具体的意义上，我们可以被看作是"创造"了不是一个圆圈就是一个长方形，而没有真正对罐子本身做任何事情，只不过是采取了某一特定视角而已。

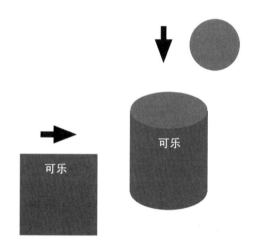

取决于观察角度，可乐罐可以看起来像个圆圈或长方形。

　　把宇宙历史与一部好莱坞老电影做对比，我们可以得到更好的理解。当我们看一部像《育婴奇谭》那样的电影时，我们体验到搞笑的剧情。这是一部1938年的美国乖僻喜剧，由凯瑟琳·赫本和加里·格兰特主演。一名古生物学家想要组装一架巨型恐龙的骨骼标本，但这个项目由于遇到美丽的疯丫头苏珊被打断。苏珊有一只驯化了的豹子，然后苏珊姨母养的狗把最后那块找不到的骨头偷走了，还把它藏在了某个地方。但是我们在电影院里体验到的这个故事可没有真的存放在那卷胶卷上。而是，传统的电影放映机是放映胶卷上的信息，一个图像接一个图像，非常快地一闪而过，使观影者得到的印象是故事主线在眼前展开。而且，这个故事也不是真的装在胶卷上，它是由观影者朝放映出来的影片看过去而创造出来的。故事通过我们的观影行为创造出来，而原始的信息源原封不动，依然装在放映机上。同样的道理，宇宙历史可以被理解为我们所体验到的东西，是我们朝一个本质性的"量子现实"①望过去时的视角所创造出来的。

什么是现实世界？

是装在放映机上的电影胶卷，

还是银幕上展开的豹子的故事？

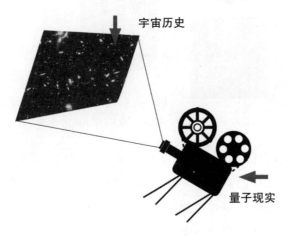

用好莱坞电影情节的例子来解释宇宙历史：宇宙的演化过程仅仅是本质性量子现实的一个投影吗？

（鸣谢：屏幕上显示的是哈勃超级深空视场，原图像源自NASA、ESA和STScl及HUDF团队）

---

① 在此我们还在沿用这个常用术语，实际上"量子现实"这一用语是多少有点误导人的，因为它是指超越量子的波动现实，而不是指由粒子一样的量子本身所显现出来的现实。

用好莱坞电影情节的例子来解释宇宙历史，惊人准确地描述出了量子力学的工作原理，把量子力学迫使我们问出的最重要的那个问题"什么是现实世界？"给凸显了出来。它是放映机里的电灯泡和储存在胶卷上的那一堆画面，还是从银幕上体验到的那个故事？

即便在当下，物理学家和哲学家仍然有两个阵营，他们激烈争论着的正是这个问题。尼尔斯·玻尔、沃纳·海森堡（Werner Heisenberg）和压倒性多数的物理学家拥护的是正统的量子力学的"哥本哈根诠释"，它坚称"电影情节"构成了现实。好几十年来，只有少数几个受到排挤的人，包括（至少有过一阵的）埃尔温·薛定谔（Erwin Schrödinger）、惠勒的学生休·埃弗莱特和德国物理学家 H. 迪特尔·蔡赫（H. Dieter Zeh）构成了"放映机阵营"。然而这一反叛的观点正变得越来越受追捧。到了 1920 年代，这场争论到了一个非了断不可的关头，物理学家们针对现实世界的真实面目到底能有多奇怪这个问题一决胜负。

浓雾中的登山之旅

量子物理学的产生，源于一场古老争论：光和物质是由粒子还是波构成的？在 20 世纪的前四分之一，若干次有开创性意义的实验证明这两种说法都对。一方面，把光照射到物体表面而产生出来的电子，以及加热过的物体释放出来的电磁辐射的光谱，它们所表现出的那些特性——只有当此前一度被认为是一种波的光，是由一份份不能再分割下去的能量，或由"量子"构成的时候——才能解释得通。另一方面，那时已经证明了此前被认为是粒子的电子，它也具有光的特性。与粒子不同的是，波没有能准确定义的位置，它是延展的，或叫"非定域的"。比如说，如果要用波去描述一个电子，那么这个电子就存在于各个不同的地点，直到对它进行测量。而在那一时刻，该电子似乎就坍塌进一个确定的位置，而这个位置此前是无法被精确预测到的。更糟的是，在粒子和波哪一个才更具本质性这一纠缠不清的问题上没有共识，所以电子这一令人迷惘的表现还只是其中一个方面。粒子只不过是波的一个次级特性，抑或波只不过是粒子在特定环境下才会有的表现？还是两者都只是不完整地展现了一个更深层面上的现实真相？

谁是这些讨论中的主要角色，他们所提出的这些问题又为什么让物理学家们一直忙碌到今天？首先，是下述四位人物在 1925 到 1935 这十年间的天才能力和工作，以及他们各自的弱点、互动和人际关系铸就了我们现在对量子力学的理解。

1879年出生，1925年46岁的阿尔伯特·爱因斯坦是这四人中最著名的一位[①]。鉴于他特立独行的工作风格，爱因斯坦就是个独行天才的经典范例。在瑞士专利局做职员时，他是与同事分开单独工作的，发表了好几部有开创性意义的著作，其中不仅包括他的狭义相对论，还包括他的假说，认为光可能是由"量子"构成的——这至少可以被看作是一种带有启发性的猜想。尽管这一想法使爱因斯坦在1921年获得了诺贝尔物理学奖，但是他对光的这种二元性质从来不那么处之泰然。有一段时间，爱因斯坦几乎完全放弃了对量子物理学的研究，转而集中精力把他的相对论加以通用化，好把引力也包含进去。1914年，爱因斯坦没能顶住诱惑离开了他钟爱的瑞士，回到了他的出生地德国，在那里人们向他开出尊享三重职位的条件，成为新成立的凯瑟-威尔海姆理论物理研究所主任、柏林大学科研教授以及普鲁士科学院院士。即使这样，在大多数时间里爱因斯坦仍然偏好独自一人工作。

尼尔斯·玻尔的科研方式则差不多相反。这位丹麦人1885年生于哥本哈根，时年39岁，是个团队玩家，在他哥哥哈罗德的球队里是位顶级守门员，哈罗德在1908年第一届奥林匹克足球锦标赛为丹麦国家队赢得了银牌。尼尔斯·玻尔非常喜欢与一大群年轻科学家互动，无论是雇用来工作的还是来访问他在哥本哈根的"物理理论研究所"的，那里不久就发展成了一个对于有抱负的量子物理学家们来说像麦加一样的圣地。把来自全世界的最有才华的青年才俊聚拢到自己身边后，他变成了一位精神导师和父亲般的人物，这不仅对后来继承了玻尔风格的约翰·惠勒是如此，对于越来越多的一批顶级科学家来说也是如此，他们后来会遍及全球的教授及研究员职位。当爱因斯坦集中精力搞他的广义相对论时，玻尔已经研发出了一个虽不完善但却有用的原子模型，它看起来像个微缩的行星系统，只是有个显著的例外：在玻尔的原子中只有有限数量的可允许轨道，这后来被法国物理学家路易·德布罗意（Louis de Broglie）解释为"驻波"。玻尔的模型假定一些电子从一个被允许的轨道跳向另一个，而根本不在这当中的空间驻足，这个过程物理学家们称为"量子跃迁"，这一模型首次使人得以计算氢原子吸收和释

---

① Letter from Einstein to Marcel Grossmann，Kumar 2009，p. 129.

放光时的特有频率。它还让玻尔拿到了1922年的诺贝尔物理学奖。

埃尔温·薛定谔，1887年生于维也纳，时年37岁，是个大器晚成者，还是个与众不同的享乐主义者，其广泛的兴趣爱好囊括了葡萄酒、戏剧、诗歌及艺术，乃至希腊及亚洲哲学。薛定谔在第一次世界大战时被征召为奥地利陆军的一名炮兵军官，他的职业生涯因此中断。由于对单调的日常工作感到厌烦，同时也因他的长官不称职而沮丧，他一头扎进物理学书籍中以免自己发疯。他跟他的妻子安妮是1920年结婚的，在生活中他们保持一种开放式关系。尽管如此，对于安妮来说，他仍是一匹"赛场宝驹"，可不能拿他去换一只"金丝雀"①。战后，薛定谔在耶拿、斯图加特和伯列斯劳都有过短暂就业，直到1921年才最终在苏黎世拿到了原先由爱因斯坦担任的教授职位。然而他病倒了：由于被诊断为疑似肺结核，薛定谔不得不接受一段时间的静养疗法，在瑞士阿尔卑斯山的疗养胜地阿罗萨待了9个月。这么一来，1925年这位奥地利人饱受自卑感的折磨，不知道自己还有没有可能在物理学中留下不可磨灭的印记。

沃纳·海森堡可以说是玻尔门下最有创新能力的一位，在这四个人当中他要年轻得多。海森堡生于1901年，到了1925年，23岁的他已经为自己赢得了物理学神童的名声。从童年时代早期他就得到求解数学难题和游戏的训练，而且始终都有极高的抱负。业余时间，他喜欢外出野营，以及与他在"探路者小组"的朋友们一起在巴伐利亚群山中徒步旅行。"探路者"是德国版童子军。就这样，当在哥廷根大学当博士后的海森堡，在1925年春天为原子核周围难以解开的电子轨迹绞尽脑汁时，他把这个状态与去年秋天他与朋友们在阿尔卑斯山中登高的经历进行了对比。那次他们在浓雾中迷失了方向："过了一阵，我们进入了一个完全令人抓狂的岩石与松树的迷宫……我们再怎么费尽心力去想象也找不到路径。"②

几个月之后，1925年5月，备受花粉热折磨的海森堡请了病假，旅行到黑尔戈兰小岛。那地方是座红色岩石岛，灌木和草甸皆无，位于德国海岸以外约莫40海里的北海上。在黑尔戈兰岛上，由于受到了实证主义哲学的启发，他试了点新花样，想梳理出原子里面发生了什么。

实证主义的信条主张，科学理论应无一例外地以实验中可以观察到的现象为依据。它督促科学家们坚守他们眼前所见、可以测量和操控的东西，而不是给明

---

① Baggott 2011，p. 62.

② Heisenberg 1972，p. 59.

摆着的现象之下无法观察到的内在真相搞出理论。换句话说，他们应该集中精力于屏幕上显示的现实，而避免围绕着创造出这个现实的放映机和胶卷做遐想。按这种思路，海森堡整个地放弃了那难缠的电子轨迹。经这种方式一观察，他所面临的这个问题依稀有了当他还是小孩子的时候他的父亲让他求解的那些数学智力题的模样。孩提时代的海森堡在这些游戏中表现出类拔萃，可以轻而易举地胜过他的兄长。果不其然，海森堡这次就设法找到了一个解决方案，以前没有任何其他人能够做到。一个灵光乍现的举动，海森堡开发出一种抽象的形式体系，使他得以经过一夜奋战对一个简化版原子———一个振荡的弹簧的能级进行计算。爱因斯坦后来评价说这是个"实打实的魔法计算"[1]。只消几个月的时间，到1926年初，海森堡的朋友沃尔夫冈·泡利（Wolfgang Pauli）就能够采用海森堡的形式体系对氢原子的能级进行计算了。海森堡和泡利兴高采烈：海森堡形容他的喜悦是"透过原子现象的表面，我正看着一个异样美丽的内部空间……大自然就这样慷慨地摊开在我的面前"[2]，而泡利则开心地说他找到了"新的希望，新的生活享受"[3]。

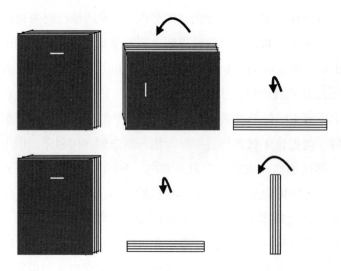

对于矩阵和旋转来说，次序不同结果就不同。

当海森堡回到哥廷根，他的导师马克斯·玻恩（Max Born）很快就意识到海

---

[1] Kumar 2009，p. 200.

[2] Heisenberg 1972，p. 61.

[3] Kumar 2009，p. 193.

森堡的古怪代数有些眼熟：它满足了矩阵的乘法规则，也就是可以用来，比方说，对旋转进行描述的那种数学。不同的是，数字乘法可以用任何顺序做，结果仍然一样（比如2×3 = 3×2 = 6）；但在矩阵乘法中顺序就有讲究了。举例来说，如果你先把眼前这本书朝左旋转，然后再朝你自己旋转，与把这几个动作按相反的顺序做一遍相比较的话，其结果是不一样的。在海森堡设计的方案中，矩阵乘法描述的是量子特性以什么样的概率展开，以及怎样才能观察到它们。但是在1925年，对于多数物理学家来说，矩阵还是比较陌生的事物。"我甚至不知道矩阵是什么东西"[1]，这一阶段的海森堡不得不承认。为了把海森堡的方案发展成顺畅一致的理论框架，玻恩于是叫他22岁的学生帕斯库尔·约尔当（Pascual Jordon）参加这个项目。这位学生，恰如玻恩一样，有牢固的数学背景。在接下来的几个月里。他们与海森堡一起打造出了第一个量子力学公式，现在称为"矩阵力学"。

神童对宝驹，粒子对波形

毫无疑问，海森堡的光辉发现标志着物理学中最伟大的突破时刻之一。但它也树立起了这样一个观点：靠直觉来理解原子内部在发生什么是行不通的。当埃尔温·薛定谔于1925年12月发现了一个把电子描述为波的方程时，这一点就变得显而易见。

顺便提一下当时的情况是，薛定谔的婚姻再一次出现了麻烦。他的妻子安妮与他最要好的朋友，数学家赫尔曼·外尔（Hermann Weyl）有了恋情，而外尔的妻子则爱上了物理学家保罗·谢尔（Paul Scherrer）。哪怕对于"赛场宝驹"薛定谔，这也是太过分了，他决定带上一位旧情人，离开苏黎世，去阿罗萨过圣诞节。离他开始行程还只剩一两个星期的时候，薛定谔注意到了德布罗意的假说，电子可以被理解为波。那么这幅画面所缺的就是用方程来描述这样一种波的能量和时间演进了。外尔以为，薛定谔在阿罗萨的两个星期中肯定经历了"一场迟来的艳情大爆发"[2]。事实上，当薛定谔1926年1月初返回苏黎世的时候，他随身带着的是用于求解量子波的方程的第一稿。他深信，"只要我能……

---

[1] Kumar 2009, p. 201.
[2] Baggott 2011, p. 66.

解开它，它一定会非常美丽"①。在外尔的帮助下，到了1月底的时候薛定谔不仅解开了他的方程，还确定了氢原子光谱，并把他的研究结果付诸出版。

这下市场上就有了两个互相竞争的理论。一个对大自然的描述是，粒子以量子跃迁的方式从一个地方移动至另一个地方，受到概率法则的约束；而另一个对它的描述则是通过"具有确定性"的连续波形。一旦在时间中的某个瞬间知道了薛定谔波形的状态，就可以轻而易举地确定它未来的演进。与海森堡的矩阵力学不同的是，薛定谔的波形力学既优雅又富有直觉，要掌握它也不需要使用物理学家们不熟悉的数学工具。薛定谔总结道，粒子，很快就会显出来它什么也不是，只不过是一束互相重叠的波产生了一堆能量，与大海中偶尔出现的畸形波相似。

海森堡不这么认为。"我越对薛定谔理论的物理学部分进行思考，我越觉得它令人反胃，"他这样写信给泡利，"薛定谔所写的那些关于他的理论可以被视觉化的内容，可能不大正确，换句话说它就是排泄物而已。"②甚至在薛定谔已经证明了他的方法再现出了与海森堡同样的结果时，这场争论仍怒不可遏地继续着。事实上，后来证明薛定谔的波理论确有问题。如果把它们解释为正常空间中的一些振荡场，则它们消散的速度太快了，没办法用来说明实验中观察到的像粒子一样的表现。马克斯·玻恩证明，波的振幅可以被解释，这样就可以为在相应位置找到一个粒子提供一个概率③；后来又把薛定谔的量子波考虑为并非一个真实的物体，而只不过是一个工具，玻恩形容为"是纯粹数学上的东西"④。通过规定量子物理学的法则只产生概率，而非具体的因果关系，玻恩牺牲掉了"因果"和"确定性"这两个原则，这是从伊萨克·牛顿以来旧的、"经典"物理学核心里面的东西：在物理学世界里没有任何事物会无缘无故发生；以及知道了一个物理系统在某一时刻的确切状态之后，就有可能确定它以后的行为表现。玻尔和海森堡同意玻恩的看法。他们认可薛定谔的形式理论使许多计算得以简化，但都同样否定了薛定谔的波理论与原子内部的真实情况能有任何关联。海森堡后来这样回忆道，"虽然玻尔正常情况下在与人打交道的时候最为周到且友善，但他现在令我吃惊，差不多就像个决绝的狂热分子，一个不打算做出最微小让步或行一点点方

---

① Baggott 2011，p. 65.

② Baggott 2011，p. 212.

③ 更准确地说，是波函数振幅的模数平方得出的概率。

④ Max Born：Letter to Albert Einstein. Baggott 2011，p. 87.

便的人"①。

在这个时候，阿尔伯特·爱因斯坦越来越坐不住了。在接下来的1926年春天，海森堡出差到柏林举办讲座。在他作完报告之后，爱因斯坦邀请这个年轻人去他的公寓。他们刚一到那里，爱因斯坦就开始向海森堡的思路发起挑战。海森堡的想法是把世界分成两个单独的领域：我们日常生活的经典世界（在这里所有东西都有确定的位置和特性，物理法则的因果关系决定着它们的未来走向），以及一个量子领域，它是不能用日常语言描述的。更糟的是，爱因斯坦批评道，由于海森堡的形式体系完全放弃了原子内部的电子轨道这个概念，它就解释不了量子领域的真正性质，它只是把观察者由测量结果得到的认知总结了一下。"你是在非常薄的冰面上移动呢"②，他警告海森堡。爱因斯坦有这种感觉，量子力学一定还不完整，表象下面应该有个隐态的内在真相。海森堡失落地离开了那次会面，因为没能说服他如此敬仰的这位人物。不管怎样，爱因斯坦的一些论点还是击中了要害。

与爱因斯坦会晤之后，海森堡紧接着就面临一个艰难的选择。在盘算好去哥本哈根接受尼尔斯·玻尔门下的另一个博士后职位之后，又有人向这位才华横溢的年轻人开出去莱比锡的价码，是个教授职位。不到三年之前，海森堡差点就没通过他的博士学位考试，因为他对显微镜、望远镜的分辨率或电池的功能这类简单问题都没能回答上来。威廉·维恩（Wilheim Wien），1911年诺贝尔物理学奖得主和实验物理学的领头人，甚至以前就对这位年轻理论家的实验室实操课成绩之差万般无奈，现在在海森堡的导师阿诺德·索末菲（Arnold Sommerfeld）的劝说下，只能勉强同意让他通过，给他判了中等偏下的成绩。海森堡吓坏了，毫不夸张地说，他逃离了慕尼黑，连夜乘火车跑到哥廷根，单为第二天早上能出现在马克斯·玻恩面前，并且脸上带着惭愧的表情，吃不准人家是不是还欢迎他来到这个博士后的位置。这段时期的战后德国，在饥饿、世道艰难和住房紧缺仍然普遍存在的情况下，他却差不多要婉拒这份去莱比锡做教授的开价，对于这么年轻的一位科学家来说这可是天大的荣誉。虽然他父亲是拜占庭研究方面的教授，极力催促他去接受莱比锡的职位，但爱因斯坦和其他资深物理学家都劝他去跟着玻尔工作。海森堡决定赌一把高风险，就去了哥本哈根。"我总会再接到邀请的，

---

① Max Born：Letter to Albert Einstein. Baggott 2011，p. 73.

② Heisenberg 1972，p. 68.

否则就不该是我的。"[1]他对父母担保说。

量子力学的哥本哈根派诠释的发展舞台就这样铺就了。在物理学的基础研究方面，它既是祝福也是诅咒，持续了差不多一个世纪之久。

这不关月亮的事

到了1927年2月，海森堡的乐观态度渐退。6个月前，一到达丹麦首都，他和玻尔就开始拼搏，要把量子力学理解明白。海森堡十分满意于由数学形式体系来甩出各种概率，但玻尔则坚持认为物理学应该限于用日常话语来表达。他后来详细说明道，"说'实验'这个词的时候，我们指的是可以告诉别人我们都做了些什么的那种状态……所以，……所有观察结果必须用毫不含糊的语言来表达"，还下结论道，"所有证据都必须用经典物理学的术语表达"[2]。海森堡反驳道："当我们超越了这种经典物理学理论的范围时，我们必须意识到，我们的词汇不适用了。"[3]

两人在另一点上也是观点相左。海森堡专一坚守粒子的概念，而玻尔则想把薛定谔的波理论也包括进来。头年夏天，海森堡曾试图与薛定谔讨论这件事，却被威廉·维恩斥责一顿，"你必须明白，我们现在已经不再跟所有那些有关量子跃迁的胡言乱语有关联了"[4]，这位较年长者在薛定谔甚至能够开始回答之前就对一脸惊愕的海森堡这样说。现在玻尔决定邀请薛定谔到哥本哈根来面对面地对他们互相接不上茬的解读进行讨论。薛定谔9月份来访时病倒了，受到玻尔妻子的护理，玻尔则坐在他的床边，催促他反悔并承认他的理论是错误的。这没起作用，薛定谔离开了，一致意见没达成。接下来的几个月里，海森堡和玻尔继续日复一日地进行他们的讨论，经常直到深夜，气氛越来越凝重。有时候经过了好几个小时的讨论，两人都觉得自己要接近崩溃了，海森堡会试着放飞一下头脑，到附近的费雷德公园一边散步一边一遍又一遍地问他自己："大自然真的有可能像它看起来的那样荒诞吗……?"[5]

---

① Heisenberg 1972, p. 227.

② Bohr 1949, p. 209.

③ Kumar 2009, p. 244.

④ Kumar 2009, p. 221.

⑤ Heisenberg 1958, p. 42.

　　最后，玻尔决定，他需要休整一下，就出发去挪威过四个星期的滑雪度假。留在家里的海森堡接着思考电子路径的问题，却再一次撞上"不可逾越的障碍"。"我开始怀疑，我们是不是一开始就问错了问题。"[1]他后来回忆道。忽然，海森堡回想起爱因斯坦在反驳他研究量子力学的第一种方式时所提出的一个论点："试图把一个理论仅仅建立于可观察的体量上是相当错误的。现实中恰恰相反的情况在发生着。是理论决定了我们能观察到什么。"[2]爱因斯坦的论点就是哲学家们所知道的"杜恒-奎因论题"：为了从一项观察中提取实验结果，有必要懂得在测量过程中会发生什么，以及精确了解我们的测量装置和我们感官的性能。"你必须承认，观察是一个非常复杂的过程……只有理论，也就是自然法则的知识，才使我们能够从自己的感官印象中推断出实质性的现象。"[3]海森堡记得爱因斯坦是这么争执的。海森堡想到，如果理论决定了我们能观察到什么，那它是不是也决定了我们不能观察到什么？

　　午夜都过了很久，海森堡跑到幽暗的费雷德公园散步，就在那里，他得出了那个想法，它后来会演变为他那著名的"测不准原理"。知道一个粒子的路径就意味着可以既知道该粒子的位置，也知道在不同时间点上它的方向、它的速度。但是当实验员在云室中观察一个电子的时候，他不观察路径本身，而是观察一连串具体位置上的互动情况。由于指示粒子位置的水滴要比电子本身大得多，所以这并不一定意味着位置和动量两者都能被精确地知晓。

　　把这个想法与他的矩阵形式体系进行核对后，海森堡发现事实上不允许同时准确确定位置和动量。在海森堡版本的量子力学中，矩阵代表着对可观察到的量进行测量，例如位置或动量。然而，两个矩阵的乘积则要根据它们相乘时的顺序而定。这一奇怪的法则意味着，得到的结果会因为哪个量先被测量而不同：确定一个粒子的位置，然后再测量它的动量，所得到的结果会与按相反顺序来测量得到的结果不一样。10月份收到的沃尔夫冈·泡利的来信中讲道"人可以从动量角度来观察世界，也可以从位置角度来观察世界，但如果同时用这两种角度看世界，那就迷失掉了"[4]，现在海森堡能够把它再现出来了。其结果就是，粒子的

---

[1] Heisenberg 1972，p. 77.

[2] Heisenberg 1972，p. 63.

[3] Heisenberg 1972，p. 63.

[4] Kumar 2009，p，238.

确切位置，和它的精确动量或者说速度，不能被同时测量到，永远都有一样是不确定的。要么位置在哪不知道，要么动量是什么不知道，要么这两种量都知道了，但精确度有限。

海森堡觉得这相当于给自己平了反：如果一个粒子的位置和速度不能同时被确定，那么谈论原子内部的电子路径就没有意义。人要么不知道那个电子在哪里，要么不知道那个电子朝哪个方向移动。有了这一认识，海森堡觉得他找到了因果关系崩溃的源头。他写道，"因果律的错误在于，'知道了现在就可以预测未来'这句话不是结论，而是假设"，"甚至从原则上来说，我们对现在也无法了解其一切细节……由此可知，量子力学宣告了因果律最终无效"[1]。

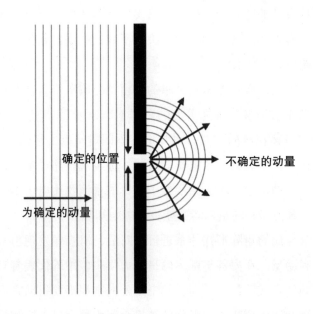

　　海森堡测不准原理的示意图：带有确定动量的平波队列在击中带有一个窄孔的障碍物后向所有可能的方向分散开去。

当玻尔从滑雪场回到哥本哈根时，带回来的只有惊愕。他立刻从海森堡的论据中找出了一个错误，并叫他把论文重写一遍。这时海森堡实实在在地哭出了眼泪[2]。玻尔看到的是，海森堡的测不准原理，不但不能证明量子波的想法无效，事实上表现了波的典型行为。长长的平波队列有明确的动量，但是当这些波形遭

---

① Kumar 2009，pp. 248-249.

② Baggott 2009，p. 100.

遇到带有一个小孔的障碍物，它们就在它后面产生出一个圆形波，向所有可能的方向分散出去。将这个波封闭在一个狭窄距离内，以便确定它的位置，就导致动量四散开来。玻尔于是把这种粒子-波的二元性看作是量子力学的核心要素，并拿出了一个他自己的解释：互补性。

很快互补性就变成了哥本哈根派量子力学要领的核心标记。但是互补性到底是什么呢？访问莫斯科的时候，玻尔在东道主办公室的黑板上潦草地写下了他这一想法的要义："对立双方，粒子或波，不是互相抵触的，反而是互相补足的。"[1]在玻尔看来，把物质理解为粒子或波的这两种观点都有自己的道理，而且虽然它们看起来互相抵触，但每一方都会揭示出关键信息。玻尔解释道，"在不同实验条件下取得的证据不能只放在同一个场景中去领悟……只有完整凑齐各种现象才能穷尽观察对象可能携带的信息"[2]，而且"研究互补现象要求在实验的安排上有相互排他性"[3]。

海森堡固执地拒绝改动他的论文。他现在已经有了一个信念，自己的职业前途现在系于将薛定谔的波动力学驳倒，而且他确信，他需要迅速发表他的论文，以便能收到另一份工作邀请。海森堡写信给泡利说，"我陷入维护矩阵反对波的斗争中去了"[4]，这是一场"与玻尔的争吵"[5]，到了这个时候，海森堡和玻尔的争论升级成了个人冲突。最后海森堡作了让步，他对他的"不确定性"论文进行了补充，写了一个后记，承认"最近玻尔的调查研究已经导致……本项研究试图进行的……这项分析得到了本质上的深化和敏锐化"[6]……

正是海森堡与玻尔之间的这一痛苦妥协，后来成为人们所知的"哥本哈根诠释"的核心内容。这一诠释至少在接下来50年间将主导科学家的思想，以及未来几代物理学家要学习的教科书的讲解内容。它将为物理学家提供一个工作框架，用以处理他们在原子、核子以及固态物理中碰到的量子力学问题，但它是有代价的。在哥本哈根派的思路中，测量工作起着关键作用。根据海森堡的说法，"所

---

① Hovis & Kragh 1993.

② Bohr 1949，p. 210.

③ Bohr 1949，p. 211.

④ Kumar 2009，p. 246.

⑤ Kumar 2009，p. 241.

⑥ Kumar 2009，p. 246.

观察到的每一样东西都是无数可能性中的一个选择"[1]，而且只有最终观察到的东西才是"真实"的。正是这个"现实真相是由观察行为产生出来"的说法，后来引燃了惠勒关于"我们自己创造了宇宙"的猜想。

回到用好莱坞电影情节来解释现实世界上来，互补性现象可以用单独一卷电影胶卷上有几部不同的影片来说明。由于光源的颜色或放映的角度不同，也许银幕上放映出来的不是《育婴奇谭》，而是1985年的科幻大片《回到未来》，让观影者很是摸不着头脑，他不知道放进放映机里的到底是什么胶卷。

尽管互补性这个概念很有意思，它的实际运行机制却仍然有些说不清。玻尔在不同时期，至少持有过两种不同版本的互补性理论。其中一个讲的是不同映像或银幕现实之间的关系，相当于粒子与带有明确动量的平波队列之间的关系。另一个描述的是银幕现实与它的内在本质，即放映机现实之间的关系，后者是薛定谔的波动方程描述的内容。[2]

在这一点上物理学家们应该问过他们自己，是什么东西构成了这些互为补充的观察结果呢。这些互相矛盾的体验下面是什么样的基础真相？其实在科学史上，不论什么时候当物理学家发现了一个更具本质性的理论，可以有更大的应用范围时，他们都有办法使原有的虽然成功但只是在一定条件下有效的旧理论，被看作是对现实真相有了新颖概念的新理论的一种极限个案。一个著名的例子就是牛顿物理学，它可以被当作由爱因斯坦的狭义相对论的低能量极限而求出。但对量子物理学却没有这样做。与经典物理学不同，量子物理学有能力描述原子和亚原子现象。然而，这位哥本哈根物理学家没有把经典物理学看作更具本质性的量子现实或放映机现实中的一个极端个案，而是把量子力学看作一个工具，用来获取从银幕上体验到的有关经典事物的知识。新开创了量子潮流的那些头面人物没有一头扎下去，对量子测量背后隐藏的新现实进行探索。他们把量子革命留在了未完成状态。哥本哈根诠释反而从妥协演变成了成规教条。

爱因斯坦对此自然不满意："玻尔-海森堡的息事宁人哲学，或者叫宗教？——筹划得太巧妙了，眼下它给真诚相信的人提供了一个舒适的枕头，轻易

---

[1] Baggott 2011, p. 3.
[2] 这一垂直版本的互补性是1927年玻尔在科莫讲座上倡导的，根据这个版本的说法，因果与时空是互补的，纪要版本是玻尔1928，参阅 Baggott 2011 p. 105 and Kiefer 2015 p. 13.

都别想把他唤醒。"[1]他不仅做出这样的评价，还添上一句："月亮只是在你看向它的时候才存在的吗？[2]……我所信任的对现实进行解释的模型仍然是能反映事物本身可能性的那种，而不是仅仅能反映它们有多大概率发生的那种。"[3] H. 迪特尔·蔡赫后来的评价更加尖锐："这是个十分有创意的实用策略，能避免许多问题，但是，从此以后在微观物理学中，就再也不允许探索以独特方式描述大自然了……只有为数不多的人敢提出反对意见说：'这个皇帝没穿衣服。'"[4]

分裂的世界

下一次海森堡与爱因斯坦的会面是在一年半以后，在布鲁塞尔召开的索尔维会议上。这大概是历史上最著名的科学大会，与会者名单甚至到今天读来仍然像是物理学界的名人词典：阿尔伯特·爱因斯坦、尼尔斯·玻尔、玛丽·居里（Marie Curie）、马克斯·玻恩、威廉·布拉格（William Bragg）、莱昂·布里渊（Léon Brillouin）、阿瑟·康普顿（Arthur Compton）、路易·德布罗意、保罗·狄拉克（Paul Dirac）、沃纳·海森堡、沃尔夫冈·泡利、马克斯·普朗克、埃尔温·薛定谔，还有其他人。1927年10月他们聚集到一起对"电子和光子"（光子是电磁场的特定量子）和"新量子力学"进行讨论。在布鲁塞尔，玻尔和爱因斯坦对微观世界的观点相互冲突，由此产生的争议甚至今天仍在继续。接下来的岁月里玻尔不得不多次驳斥爱因斯坦，一场争论接一场争论，基本都是以思想假设或德语所说的"Gedanken experiments（思维实验，指仅在想象或思维中进行的实验）"的形式表达的。尽管玻尔一个案例接一个案例获得了成功，他发展出了一个对量子力学的诠释，但后来愈发荒唐可笑。

根据玻尔和海森堡的"哥本哈根诠释"，量子力学已经不再是一个有关大自然的理论，它是一个有关实验人员对大自然的认知的理论：是一个人文概念，而不是科学概念。"人可能不禁要认为，在感知到的统计学世界背后还藏着一个真实的世界，在那里因果律是成立的。……这种瞎猜测似乎……没结果，也没意

---

[1] Kumar 2009，p. 279.

[2] Kumar 2009，p. 352.

[3] Kumar 2009，p. 251.

[4] Zeh 2018，p. 7.

义。物理学应该只描述各项观察之间的相互关联。"①海森堡争辩道。与此类似，玻尔看到，在量子物体本身和对它的观察之间，"在原子物体和它们跟测量工具的互相作用……之间"，"要划出一条截然分明的分界线……是不可能的"②。根据哥本哈根派物理学家的看法，原子物体从测量这一行为中获得它们的现实存在。对于玻尔来说，现实世界就像是一部放映出来的电影，但没有把它创造出来的胶片或放映机："没有量子世界"③。据说玻尔肯定地提出过，在微观的"非真实"量子物理学和"真实的"宏观经典物体之间设置一条假想的边界线，一条从那以来在实验中受到了多次沉重打击的边界线。通过树立起这种二元论，玻尔把爱因斯坦和海森堡在柏林辩论时已经被爱因斯坦批评过的东西给神圣化了：这相当于分裂了世界。

对于其布鲁塞尔的物理学同僚来说，爱因斯坦的批评，固执地要求超出能够观察到的范围去找出一个客观真相，越来越像是一个上岁数的守旧分子在固执己见，而不是指出在对物理学基础的理解中存在一个盲点。爱因斯坦的朋友保罗·埃伦费斯特（Paul Ehrenfest）斥责道，"爱因斯坦，我为你感到丢人，你现在对新的量子理论的批驳，就跟你的对立派批驳相对论完全一样"④，一语道破了此时多数物理学家的普遍印象。"多数物理学家一般认为玻尔胜出了，爱因斯坦输了。"莱昂纳德·萨斯坎德（Leonard Susskind）总结道。他是创立弦理论的人之一，名列当今最有影响力的理论物理学家。不过他接着说道："我个人感觉，越来越多的物理学家也有此意，这种态度对爱因斯坦的观点是不公正的。"⑤

事后看来，要找出海森堡、薛定谔和玻尔的讨论在哪里走错了路是可能的。对于年轻的海森堡来说，物理学是个数学游戏，它不一定非要反映出内在的本质真相，因此就没必要有量子波了；而薛定谔和玻尔两人一开始都把量子波误解为

① Baggott 2011，p. 94.

② Bohr 1949.

③ Petersen 1963，p. 12："当问到作为内在本质的量子世界时，玻尔会回答说，'不存在量子世界。只有一个抽象的量子物理描述。以为物理学的任务是找出大自然究竟是什么样的，这种想法是错误的。物理学关心的是我们能对大自然说出些什么'。"不过，对于这段被引用的话是不是真正忠实代表了玻尔的哲学思想一直都有争论。比如可以对照一下 Mermin，2004。不管怎样，以下这句玻尔说过的话是经过了验证的："普通物理学意义上独立存在的现实世界，既不能说是源自外在表象，也不能说是源自观察行为（Baggott 2011，p. 419）。"

④ Kumar 2009，p. 274.

⑤ Susskind 2015，p. xi.

我们日常空间中的事物。他们没有意识到，正如美国哲学家戴维·阿尔伯特（David Albert）所准确总结的："关于量子力学的每种总是令所有人都吃惊的奇怪现象，都可以有一个解释，说不定世界上具体的基本物质是在其他什么东西里四处飘荡着的，它比我们每天体验着的这个熟悉的三维空间要大，而且不同。"[①] 今天我们知道，比如，描述像中微子那样的基本粒子的量子波不是在不同位置间振荡，而是在不同类型的中微子之间振荡，这个过程叫做"中微子振荡"，是2015年诺贝尔物理学奖的主旨内容。这种抽象的可能性空间是以"好莱坞电影情节诠释"的方式在描述量子现实或放映机现实；而用这种方式去观察，海森堡和薛定谔之间围绕着是粒子还是波的争论就归结为"一罐可乐是圆的还是方的"那样的争论了。这时在某个时间点上，玻尔参与了进来，评判说圆和方是体验可乐罐的两种互相补充的方式，但是我们必须坚持用是圆还是方这样的语言来描述，不准把可乐罐说成是圆筒形。

到了1932年和1933年，海森堡和薛定谔被授予诺贝尔物理学奖的时候，很明显这种诠释已经被普遍接受。然而迷雾没散。当海森堡站到玻尔一边的时候，倒不如说他们采用的这种诠释是把仍然笼罩在云里雾里的一切，定义为"不存在"。后来几代的物理学家们会把这种四处透风的哲学称为"来自北方的雾"[②]。

墙上的阴影，盒子里的猫

前边，我们用来理解量子现实的那个宇宙历史的"好莱坞电影情节诠释法"有个著名的哲学先祖。古希腊哲学家柏拉图在他的著作《理想国》中用了一个比喻，说的是一群囚犯终生被囚禁在一个洞穴中，被铁链拴在墙上。他们所看到过的一切只是由他们身后的火光照过来的东西的影子。对于这些囚犯来说，墙上的影子似乎就构成了现实真相。然后，某个机会来了，其中一个囚犯逃跑出去并见到洞穴外的天日。他看到了事物的真面目，并意识到他之前所知道的一切都只不过是这一本源现实世界的投影。等他回到他的囚犯伙伴身边，把外面世界的情况告诉了他们，他们却不相信他。他们被自己那受限的世界观束缚得太深了，无法想象其他的可能性了。

---

① Albert 2019，p. 1.

② Schlosshauer，2008b.

事实上，对于量子力学的工作原理来说，这不仅仅是个模糊的隐喻。记住，量子力学怪异现象中很大的一部分，究其根源就在于粒子是以波来描述的这个事实：与一排排的波浪在海洋表面向四外伸展开的样子相像，事物有可能同时存在于几个地方。举例来说，我们有这样一个场景，某个粒子可以从两个可能的位置上找到，比如"粒子此"和"粒子彼"，这些位置对应着相应地点上的单个波峰。但是一般来说，就像海洋中的波浪能够互相重叠，一个压着另一个那样，在实施测量之前，最终能测得的相当于两个波峰叠加的任意一种波形组合都是可能的。更奇怪的是，这种模棱两可的情况还不仅限于物体的位置，而是可以同样推广到其他特性。

事实上，量子系统的任何特性都可以用波函数来描述，而且就像用波浪来描述粒子的位置那样，相应的特性也可以叠加起来。就像浪涌在整个海面扩散开去，使夏威夷的冲浪者可以驾驭由几千英里之外的暴风雨造成的大浪，量子波也同样穷尽一切可能性。同样的道理，量子波撞上一块划了两个缝隙的板子时会同时穿过两个缝隙。这就是为什么，就量子波而言，一切能发生的事情就一定会发生。只有当这类粒子的位置或状态被测量的时候，一个明确的结果才会被观察到，其概率则是由玻恩的波函数随机诠释得出的。由于是波的量级决定着有多大可能性在一个地方或其他地方找到那个粒子，或者有多大可能它有这样或那样的速度，或者有随便什么其他特性，这就意味着在实际测量之前，不同的现实状态（"粒子此或粒子彼"，或者"快粒子还是慢粒子"）会同时存在。

1935年薛定谔把这个情况推而广之到宏观维度的时候，这个问题的怪诞之处就变得明显了。"你甚至可以构建起相当可笑的案例"，薛定谔从这里着手，然后就构建了一个怪诞的思维实验："一只猫被圈养在一间钢制小屋中，随同放置的还有以下这个装置（这个装置必须可靠隔离，不让猫直接接触到）：在一个盖革计数器里有一小点放射性物质，非常少的一点，可能每过一个小时会有一个原子衰变，但同时，还有同样的概率是，一个原子都不衰变。"虽然放射性本身不能伤害那只猫，但是放射性衰变却能触发毒药释放进入猫的囚笼："如果衰变情况发生了，计数器管子就放松，并通过中继装置释放出一把锤子砸碎一小管氢氰酸。"薛定谔不是真的要折磨猫，而是以形象的方式说明，不经意的微观过程会对我们的日常世界造成什么样疯狂的影响："如果人把这整个系统放置一边一个小时不管，如果在此期间没有原子衰变，人就可以说'猫还活着'。因为第一个衰变的原子就会毒死它。(人)……对这一(状态)的表达,会说到'活猫'或'死猫'(不好意思就暂且这么表达吧)参半或者同等份额平摊。"[1]薛定谔用这只猫的例子讲解了一种"宏观量子叠加",而且从那以后它就变成了量子古怪性的一个典型范例。

不过在我们的日常生活中,我们从来不会遇到任何诸如此类的量子疯癫情况。物体都有确定的位置,猫咪不是死的就是活的,不存在什么中间状态。只要一去观察,由量子波(或者说好莱坞电影那个例子里的那个胶卷)代表的潜在可能性于是就仿佛"坍塌"成一个单一的、独有的现实世界。就是这个看起来的"坍塌",与柏拉图所说的现实本源在囚犯洞穴墙上的投影相对应。对于柏拉图来说,真正的现实是在外面,是洞穴居住者无法直接观察到的。与此类似,正统的哥本哈根诠释就是卡在了柏拉图所说的囚徒的视野里,也可以说是影院观众的视野,因为他们不知道放映机里发生的事。

这一点由约翰·冯·诺伊曼,一位在理解量子力学的努力中起领头作用的匈牙利数学家令人信服地讲清楚了。1932年,冯·诺伊曼就量子力学的数学基础发表了一本有影响力的教科书,书中他指出,从数学上来讲,波可以用坐标系中的一个向量来表示。于是两个重叠的,一个盖在另一个上的波就只不过相当于把两个向量相加。这一构建就是物理学家和数学家们所称的"希尔伯特空间",它是以(薛定谔最要好的朋友)赫尔曼·外尔的导师,著名的数学家大卫·希尔伯特(David Hibert)的名字命名的。在量子力学中,坐标系的轴是由与可能的测量结果相对应的向量给出的,比如"粒子此"对"粒子彼",或"死猫"对"活猫"。但是这些状态并不是唯一可以有的量子状态。在这样一个坐标系中,向量可以组合起来产生叠置的现实:通过把一个与"粒子此"或"活猫"对应的向量,和同等份额的与"粒子彼"或"死猫"相对应的向量相加,由此构成的一个向量在它所对应的量子状态中,找到"粒子此"或"粒子彼"的概率都是50%,或者说,观察到死猫或活猫的机会是相等的。

---

[1] Schrödinger 1935c.

希尔伯特空间

量子波可以表示为希尔伯特空间中的一个向量。根据这张图，一次测量对应着朝其中一个轴望过去的视角。

于是，在测量之前的量子状态，可以对应由两个轴向量的任何可能组合形成的一个单位长度合成向量。被定位的、"在此"和"在彼"的可能性均等的粒子可由一个合成向量代表，指向与坐标系成45°的方向。一般来说，对应着"粒子此"和"粒子彼"的向量，它们周遭一圈位置上的所有向量都是允许的（或更确切地说，成球状的周遭，因为前置因子为复合数的向量也可以相加）。

然后用所谓的"投影假设"来对测量过程进行描述。量子系统在测量之前的状态被投射到坐标轴上，由与各自数轴平行的那个状态向量的平方分量给出概率。从相当直观的意义上来讲，正像对宇宙历史所做的好莱坞电影情节式的诠释或柏拉图的洞穴那样，观察行为的量子力学过程就是被理解为把一个更加全方位的预构想投射到一个具体体验上去。

冯·诺伊曼还强调了另一个重要的方面。测量期间的投射过程，与薛定谔波动方程中未经扰动的状态持续而确定的演化相当不同。形成反差的是，测量行为相当于以突然不确定的方式跃入经典状态，现在通常把这称为"波函数的坍塌"。所以测量过程经常被称为"量子至经典变迁"，对波函数坍塌的理解困难变为众所周知的"测量问题"。1929年春天，在芝加哥大学的一次讲座中，海森堡详细解说道，量子力学"按时空概念来讲"[1]可以被看作是非因果性过程，也可以被

---

[1] Heisenberg 1930，p. 65.

看作是超越时空概念的因果过程。显而易见，接下来的一步就应该是去探索这种超越空间和时间的因果现象，去找出这能给那个测量问题造成什么样的影响，以及经典现实、空间和时间是如何从观察者的视角中呈现出来的。但量子先驱们没能这么做，而这一事实从那往后就阻碍了对物理学基础的研究。

尤其令人无语的是，冯·诺伊曼已经把量子系统表现为希尔伯特空间中的向量，从而证明了玻尔把非真实的放映机现实与可观察到的世界分离开的做法是相当故意的。本来顺着冯·诺伊曼的思路，把放映机现实归结于一种神性领域，把影院操作人员比作是对于观众来说类似神一样的存在是能够讲得通的。由测量而得到的银幕现实又是一个依照薛定谔方程来演化的希尔伯特空间中的向量，而且还可以就像放映机现实本来的原始样子那样，再次投影到另一次测量中。至少，向量代表的是某个特定物件的放映机现实，与银幕坍塌后的那个物件相比，它也并不特别。那么，是什么使得放映机现实变特殊了呢？我们将要看到的，是它那种把若干物体融合起来的能力，甚至，说得极端点，把宇宙中所有物体融合为"一"的能力。

***

回到惠勒的字母 U 来，这是"一幅启发思想的画"[1]，他自己这么形容它，想弄懂它很难。多数时候，惠勒的字母 U 被理解为是对他的信条"It from Bit"[2]的图解，也就是物质起源于信息的思想："每一个粒子，每一种场或力，甚至是时空连续体本身，其功能、其意义、其整个的现实存在，都是源自——哪怕在某些情况下是间接的——对'是或否'这个二元选择题，或二进制数位选择题作出的回答，而且是由机械装置抽取出来的。"[3]

但是这个解释没回答惠勒的画中最令人费解的一个方面。如果我们所体验的每样事物都是信息，那么用来储存这一信息的这个"电影胶卷"、这个"硬件"、构成这个宇宙的根本材料又是什么呢？对于玻尔和海森堡而言，这个硬件根本不存在。

惠勒没有给出一个明确的答复，而且很有可能就连他自己也不知道他到底想

---

① John Wheeler，Interview with Ken Ford.

② Wheeler & Ford 1998，p. 323.

③ Wheeler 1990，p. 5.

要表达什么。他从前的学生和长期合作者，与惠勒在研发氢弹时一起工作的肯·福特（Ken Ford）记得的是："我不能说惠勒对他所宣扬的任何一个想法都字字相信。他反而希望，它们能对其他人有所启发，特别是下一代物理学家，能由他们来把这些想法从猜测转变为真正的物理学。"[1]

然而在另一个地方，惠勒提供了一些线索："重点是，宇宙是一个巨型合成体，一直在作为一个整体进行着整合……它是个囫囵整体。"[2]他还猜测，有没有可能"物理世界的全面综合景象（将）不是由下往上的，像一只乌龟站在另一只乌龟上那样叠置成没有尽头的高塔，而是一个宏伟的图案把它所有的组成部分都连接在一起"[3]。好莱坞电影情节式的诠释可以用来帮助解释这一观点：在银幕上，那个古生物学家苏珊和那只豹子，是界限分明的单独角色。但是在电影胶卷上，他们都只不过是单独一个镜头上的几个形象而已。

量子力学则走得更远。在量子力学中，所谓的纠缠体系是如此完全彻底融合的，根本再也无法对它们的构成成分的性质进行任何描述。在量子力学中，所有个体物件以及它们的一切特性，都是观察者视角的结果。物质、时间和空间也一样，至少潜在意义上一样：它们并不真的存在于胶片上，而是被体验到的在银幕上展开的故事的一部分。事实上，这一观点再一次与柏拉图的哲学惊人地相似。它设想隐藏在宇宙最本质层面上存在的单一的一个物件就是宇宙自身。或者，用柏拉图的话来说："太一"。

---

① 肯·福特。致作者的电子邮件，2019年4月18日。
② Wheeler & Ford 1998，p. 338.
③ Wheeler & Ford 1998，p. 354.

2 一切如何即"一"

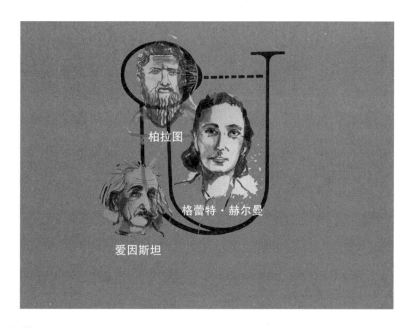

在我们体验到的日常生活之外还有一个隐态的量子现实，这个说法颇具压迫感。最起码，它促使人们问出一些问题，比如，我们有线索去找出这个隐态现实究竟是什么吗？从什么意义上来讲，这个放映机现实就能引申出"一元论"的证据，也就是相信自然界的一切现象背后都有一个隐态统一体或称为"太一"的证据？值得注意的是，有一种运行机制，它能够把现实世界融进一个包罗万物的统一体。下面，有请量子纠缠上场。

平行世界的黏合剂

量子怪诞性可以归结为三个概念，对于我们的日常体验而言绝对诡异：量子叠加、量子互补性和量子纠缠。从字面意思来看，其中的每一个都标志着离我们所认识的经典物理学远了一步。如果说量子叠加，也就是不同版本量子现实的并存现象是怪异的，那么量子纠缠就更加怪异。对于那位想出了那骇人听闻的"量子力学猫"的埃尔温·薛定谔来说，量子纠缠构成了量子怪诞性的核心概念："我不会说它是量子力学特征之一，它应该是量子力学的标志性特征，因为它，量子力学就完全脱离了经典物理学的思路。"[1] 加州理工学院的宇宙学家肖恩·卡罗尔（Sean Carroll）表示同意，他写道，"没有子系统"——这样也就没有量子纠缠——"量子力学就没什么意义"[2]。与此同时，根据量子宇宙学家克劳斯·基弗尔（Claus Kiefer），今天量子纠缠被理解为"量子理论中'唯一'的中心因素。像量子信息场这样一些现代新发展没有……量子纠缠的话是无法想象的"[3]。当科普作家路易莎·吉尔德（Louisa Gilder）要给她对量子历史的生动描写挑选一个标题的时候，她决定选"量子纠缠时代"，这很贴切[4]。

事实上，量子纠缠远远不止是量子现象的又一怪异之处。量子力学之所以把世界融合为一，我们又之所以把这一本质上的统一体感知为许多不同的客体，它们背后的运作原理正是它。与此同时，量子纠缠也是为什么我们似乎生活在一个经典现实世界中的原因。它差不多就是这个字面意义上的"世界创造者"。

量子纠缠，适用于由两个或更多部件构成的事物，而且描述出当把"每件可以发生的事物的确都会发生"这一量子原理应用于这类组合起来的物体时，会发生什么。与此相应的是，量子纠缠状态就是为了产生同一个总体结果，即一个组合体的各部件可以有的一切组合方式的量子叠加。在这里，量子领域的波浪性质可以帮助说明量子纠缠实际上是怎么工作的。

在头脑中想象一片玻璃般完全风平浪静的大海。现在问问你自己：像这样一个平面，怎么才能把两个单独的波浪图案叠置的方法做出来呢？其中一个可能是，把两个完全平坦的表面中的一个压在另一个上面，结果又得到一个完全平整的表面。但是另一种或许能产生出一个平坦表面的做法是，让两个一模一样的波浪的波形都移动半个振荡周期，再把它们中的一个叠置在另一个的上面，让一个波的波峰与另一个的波谷相抵消，如此两两相抵。如果我们只是去观察大海的水平如镜，把它看成是两个浪涌扣在一起的结果，我们是没有办法看出两个浪涌原

---

① Schrödinger 1935a，p. 555.

② Sean Carroll，https：//www.preposterousuniverse.com/activities/physics125c/ Lecture 1，accessed March 22，2020.

③ Kiefer 2015，p. 77.

④ Gilder 2008.

先的波形。

我们在谈及波浪时听起来完全平平无奇的事情，如果放到对比强烈的现实场景中就会出现最古怪的效果。如果你的邻居告诉你她有两只猫，一只活猫和一只死猫，这就意味着不是第一只猫就是第二只猫是死的，那么不管哪种情况，另外那只就是活的。——用这种方式描述自己的宠物固然既古怪又瘆人，而且你也可能不知道它们当中哪一只是那只走运的猫，但是你会懂得邻居的大概意思。在量子世界里就不这样了。在量子力学中，同样是这句话，就意味着两只猫融合在一个不同状态的叠加中，包括第一只是活猫，第二只是死猫，以及第一只是死猫而第二只是活猫，不过还有其他可能，其中两只猫都是半死半活的，或第一只猫有三分之一活着，而另一只则补足了那缺失的三分之二活气。量子意义上的一对猫，各猫的命运和状态相对于整体状态来说是完全打乱了的。同样，在量子宇宙中，不存在单个物体。所有存在着的东西都融合进单独的一个"一"当中。

爱因斯坦的最后一击

当1935年5月爱因斯坦和他的年轻同僚鲍里斯·波多尔斯基（Boris Podolsky）和纳森·罗森（Nathan Rosen）把量子现象中的量子纠缠带到聚光灯下的时候，他们并不在意多个宇宙融合这种事。他们通过部署一项新研发出来的"武器"，就是现在人们所知的"EPR悖论（爱因斯坦–波多尔斯基–罗森悖论）"，集中火力去摧毁玻尔的哥本哈根诠释。

在那个时候，爱因斯坦已经在美国找到了一个新的家。两年前，纳粹在德国夺取政权的时候，爱因斯坦正在加州理工学院访问，而且之后"没敢踏上德国的土地"[①]。他回到欧洲的比利时安特卫普港时，叫人开车把他送到德国驻布鲁塞尔大使馆，上交护照，放弃国籍。整个夏天，他待在比利时，此时纳粹们则启动了那项法律，禁止犹太人及其后裔在德国的大学或科学研究机构持有官方职位。这还只是许多种族主义和不人道措施中的一项，这些措施发展到顶峰就酿成了犹太人大屠杀，历史上最惨烈的种族大屠杀。结果14位诺贝尔物理学奖得主和德国几乎一半的理论物理学教授不得不移民。当马克斯·普朗克，以威廉皇帝学会主

[①] Kumar 2009，p. 291.

席的身份向希特勒呼吁，指出这项政策会给科学带来的毁灭性后果时，希特勒回复说"如果赶走犹太科学家意味着当代德国科学的湮灭，那我们就过几年没有科学的日子好了"[1]。爱因斯坦还在比利时的时候，报纸报道说他的名字出现在刺杀目标名单中，赏金为 5 000 美元[2]。1933 年 10 月，他不是返回德国，而是登上了前往纽约的远洋航班，加入了一个正在崛起的科学堡垒：新成立的普林斯顿高等研究院。就是在普林斯顿，爱因斯坦发起了他对量子物理学的最后一击。

自从 1926 年春天他与海森堡那次讨论之后，爱因斯坦就对量子力学失去好感。该理论其中一项不招爱因斯坦待见的突出特征是，根据量子力学，大自然在最本质的层面上看起来是由偶然性主宰的，它是"或然性的"，而不是"确定性的"。与此相反，爱因斯坦确信"上帝不掷骰子"[3]，这个说法其实暗示着因果律会被牺牲掉。但是爱因斯坦确信的"上帝不掷骰子"还不是他与量子力学之间的唯一的麻烦。爱因斯坦还不愿意接受该理论中的"非定域性"，也就是，由于海森堡"不确定性关系"的缘故，一个粒子如果有了精准测得的动量就不会有可以测得的位置这一事实。最后，而且也许爱因斯坦最严肃关注的一点是，他在 1950 年强调说，量子理论缺乏一个内在本质真相，"这个问题的核心之处，与其说是因果关系，不如说是真实性"[4]。

在他与波多尔斯基和罗森合作的 1935 年论文中，爱因斯坦把这些思路合并为一个强大的论点，简直要破坏掉人们对哥本哈根派量子力学的心安理得的信任，至少也是快将它会带来的怪异效果揭露出来了。这篇文章的出现"像在鲤鱼塘中的一把鱼叉"[5]，薛定谔为此欣喜，《纽约时报》以"爱因斯坦攻击量子理论"[6]为标题做了报道，而玻尔的助理，闷闷不乐的莱昂·罗森菲尔德（Leon Rosenfeld）评论道："这次恶毒的攻击像个晴天霹雳降临到我们头上。"[7]

从实质上来讲，这三位科学家所考虑的都只是对一个复合系统中的单独一方面的观察而已。由于量子纠缠的缘故，复合系统构成成分的具体状态可以是完全

---

[1] Kumar 2009，p. 293.

[2] Isaacson 2008，p. 410.

[3] Wheeler 2000.

[4] Letter from Einstein to Jerome Rothstein，1950 年 5 月 22 日，Kumar 2009，p. 353.

[5] Kiefer 2015，p. v.

[6] Kumar 2009，p. 303.

[7] Baggott 2011，p. 104.

未知的或未确定的。对于这场争论，可以用一个很普通的场景设置来把它的要义讲解出来。想象把两罐油漆混合在一起做成绿色。如果你去看它的最终结果，你无法推测出原本的颜色是淡蓝和深黄还是深蓝和浅黄，甚至是深绿和白色。接下来，一位化学家把她实验室里的每样配料都隔绝起来，把其中一样带走而不先看它一眼，直到这位化学家把那个容器带回家她才查看那罐配料的颜色。关键点在于，一旦任何人查看了其中一个颜色，不论它是浅蓝还是深黄，暗绿还是白色，剩下的那个罐子里的颜色立刻就确定了。但在混合颜色与量子力学之间有一个关键区别。在分开两个容器的时候，两个容器中的颜色已经是确定的，哪怕还不知道它们是什么颜色，而量子系统的状态则是只有在对它进行观察的时候才被确定。根据玻尔和海森堡的哥本哈根诠释，只有当实验被实施了，波函数才坍塌。所以，这种坍塌一定得是在时空中的所有地方同时发生。换句话说，被观察部件的状态必须得以无限快的速度传递，具体而言，要快于光速，传递到另一个构成部分，而这种现象在爱因斯坦的狭义相对论中是被严格禁止的。

这一教科书式说明，实际上与美国物理学家戴维·玻姆（David Bohm）设计的较晚版本的EPR悖论相似。玻姆没有借用颜色，他思索的是两个粒子的自旋，比方说在同一次核衰变过程中产生，然后又分开单独观察的两个粒子的自旋。在他的版本中，衰变产物单独个体的自旋相加起来等于零，意味着它们按相反的方向旋转，但是分别出哪个粒子向左旋转，哪个粒子向右旋转，只有测量过程能决定。这项著名的EPR研究还使用了又一个不同的例子。但它遵循的是同一个逻辑，很好地揭示出，在量子力学中，各构成部分的特性不可能在它们被观察到之前就确定好了。就像玻姆那样，这个实验的作者们考虑了在一次衰变过程中创造出来，又背对背释放出来的两个粒子，但他们讨论的不是这两个粒子的自旋，而是它们的位置和动量。根据海森堡的测不准原理，一位实验员对于衰变产物的其中之一，要么可以确定它的动量，要么可以确定它的位置，但不能两者都确定。如果实验人员选择对其中一个粒子的动量进行测量，那么就无法知道它的位置，反之亦然。另一方面，由于两个粒子都源自同一个源头，它们的动量必然是相关的：比如，如果正在衰变的那个粒子处于静态，它的衰变产物就会有同样大小的动量指向相反的方向。显然，这意味着知道了其中一个粒子的动量，同时也就确定了另一个粒子的动量。相应地来说，如果实验人员选择测量该粒子的位置，那么该粒子的同伴的位置也可以推测出来。这一推理方法的问题在于，根据哥本哈根诠释，第一个粒子只有在实验人员已经决定了对它的动量进行测量（而不是去测量该粒子的位置，因为那样就意味着那个粒子根本没有准确测量到的动量），且随后实际实施了这一测量之后才获得一个明确的动量。然而，就在该项测量被实施的那个时刻，第二个粒子的动量就确定了：对第一个粒子的测量立即使第二个粒子的波函数坍塌。同样的道理在对粒子位置的测量中也适用，这就意味着，要么第二个粒子的动量和位置两者都是在测量之前就确定好了的（这与海森堡的测不准原理相矛盾），要么关于测量结果的信息会以某种方式比光速还快地从一个粒子传递到了另一个粒子，而完全无须与第二个粒子发生互动。

对于爱因斯坦来说，这是不可想象的。它不仅会与他狭义相对论中的核心原理相矛盾，根据狭义相对论，没有东西可以走得比光更快。它还会不经互动就造成一个效果，爱因斯坦视之为"黑魔法力量"以及"幽灵般的远距作用"[1]而不予考虑。唯一的解释，根据爱因斯坦和他的联名作者们的说法，事实上第二个粒子的位置和动量应该是在测量之前就确定了的（与把颜色混合起来的那个例子一样），哪怕量子力学提供不出这一信息。

几位作者推测，量子力学一定还不完整。根据EPR论文对现实所作的定义，这一信息必然要由量子力学形式体系之外的某种原理来提供。比如物理学家路易·德布罗意就提出过一些理论，用能够明确标识出量子物体不可观察特性的所谓"隐变量"对量子力学进行修补。这个想法后来在1952年被戴维·玻姆采纳并进一步发展。爱因斯坦拒绝了这个解决方案，认为它"太廉价"[2]。与此相反，他希望的是量子力学能够在一个更加综合的、统一场理论的框架中完善起来，这是他自己最心爱（但到底没能成功）的项目，要开发一个"万物理论"。

就这样，借助量子纠缠，爱因斯坦、波多尔斯基和罗森指出了复合系统各组件之间的一种神秘联系。虽然这篇EPR论文不是有始以来第一个谈及量子纠缠的——比如，1929年挪威物理学家埃及尔·A.希莱拉斯（Egil A. Hylleraas）用量子力学讨论氦原子的论文中就引用过量子纠缠[3]——但它绝对把这个现象领进了人们的关注焦点之中。还有，爱因斯坦和他的合著者是利用量子纠缠来突显出它是个悖论，解释不了因果关系和定位问题，这是两个基石性的原理，即每发生一

---

① Kumar 2009，p. 312.

② Kumar 2009，p. 341.

③ Kiefer 2015，p. 77.

件事都会有一个深层的内在原因；以及，原因只能从原因产生的地方对其他事件产生直接影响，不然就需稍后由一个速度比光速慢的介质传递过去。

对于玻尔来说，爱因斯坦这项研究中所说的并不真正构成悖论。他用一系列文章进行回复，反驳了爱因斯坦的论点，与此同时对量子力学的解释也越来越模糊不清、无法理解乃至于干脆就是荒唐。薛定谔写信给爱因斯坦说，他读了玻尔那晦涩得令人不能满意的回复后忍不住从鼻子里"愤然怒哼"一声[1]。在爱因斯坦眼里意味着连上帝也得借助于"心灵感应装置"[2]的事情，对于玻尔来说不难理解，他把量子波理解为只是对认知的描述，而不是对现实的描述。与此相应地，对玻尔来说，波函数的坍塌不是改变远方粒子特性的物理过程，而是对实验人员上回取得的临时认知的一次更新。总之一句话，玻尔彻底否认了在得到测量结果之前第二个粒子的特性有任何现实意义，哪怕有一个波函数描述了第二个粒子的存在。

关于爱因斯坦和玻尔之间的这场争论，以及它对"现实真相"这个概念意味着什么，人们写了很多书。然而关于这个"现实真相"到底是什么，却几乎没人谈到。玻姆版本的EPR悖论是顺着爱因斯坦的想法，也就是坚持认为想从这一悖论中理出道理来，唯一的办法就是认定量子力学一定是不完整的。它后来被约翰·S.贝尔（John S. Bell）和其他人以另一种方式重新表述，使之可以通过实验来测试。与爱因斯坦和贝尔的期待相反，量子力学的预言反而得到了确认。然而，这种相距遥远的物体之间的神秘关联还只是量子纠缠的一个方面，而且还不是最有趣的一个方面。到了今天，对量子纠缠的讨论通常都仅限于爱因斯坦的"幽灵般的远距作用"，但在爱因斯坦、波多尔斯基和罗森发表了他们的论文之后三个月，埃尔温·薛定谔发表了一篇论文，打造出了"量子纠缠"这个术语，而且清晰地把这一现象真正意味着什么说了出来："最大限度地了解一个整体并不一定包括最大限度了解它的所有组成部分。"[3]薛定谔还进一步明确解释，"如果有两个系统，我们通过它们各自的代表性样本了解到了它们的状态，由于它们之间一些已知力量的作用而进入临时物理互动，然后经一段时间的互相影响之后这两个系统又分开，这时对它们就不能再以之前一样的方法进行描述"，也就是

---

① Kiefer 2015，p. 74.

② Kiefer 2015，p. 74.

③ Schrödinger 1935a，p. 555.

"给它们各自赋予一个代表性样本"[1]。

量子纠缠是量子力学把部分整合为全体的方式。各组成部分的个体特性，为了一个高度关联的全局系统的利益而停止存在。或者用弦理论先驱莱昂纳德·萨斯坎德的话来说："如果一位机械师对你说，你汽车上的一切我都懂，但不幸的是有关它的任何一个部件我什么都讲不出来，那就是胡扯。但是……在量子力学中，人可以了解一个系统的一切，但又对它的单个部件一无所知。"[2]

这一见解的意义是真正放之宇宙皆准的。毕竟，宇宙中的一切物体一路走来全都至少在某个地方互相作用过，承认这一点不会有错。如果实际不是这样，那么这些物体就不会互相影响，并且它们的存在互相也都毫无意义，而只是个没道理的假设而已。所以说，量子纠缠不应该被限于衰变产物，或亚原子构成成分。如果互相作用造成量子纠缠，这就意味着整个宇宙都处在量子纠缠中，正如海森堡的学生和朋友，物理学家和哲学家卡尔·弗里德里希·冯·魏茨泽克（Carl Friedrich von Weizsäcker）在他的《大自然的统一》（*The Unity of Nature*）一书中所强调的："单个物体的隔离在量子力学中永远是个近似值。"[3]魏茨泽克最终得出了这样一个颠覆性的结论："如果有可能存在着什么东西可以被看作是一个精确意义上的量子力学物体，那么这个东西应该就是整个宇宙。"[4]由于这个缘故，戴维·玻姆在他1951年的教科书《量子理论》（*Quantum Theory*）中是这么写的，"因此，看来就有必要，放弃那种以为把世界分成清晰的条条块块就可以作出正确分析的想法，取而代之的应该是假设整个宇宙基本是一个单一、不可分割的单体"[5]。

量子纠缠提供了一个黏合剂，使量子力学得以构成一个一元论哲学——这是个激进的理念，认为只存在着单一一个物体，在它里面包含了每一样存在着的事物。——前提是如果量子力学可以被理解为一个有关自然界的理论，而不是像哥本哈根派物理学家坚持认为的那样，是一个关于认知的理论。爱因斯坦用一种更加诗意的方式表达了同样的思想，这是他在给一位悲痛的父亲写的慰问信中说的，该人的儿子几天前刚死于脊髓灰质炎："人是一个整体中的一部分，我们把

---

① Schrödinger 1935a，p. 555.

② Susskind & Friedman 2015，p. xii.

③ Weizsäcker 1971，p. 469.

④ Weizsäcker 1971，p. 486.

⑤ Bohm 1951，p. 140.

这个整体叫'宇宙',人是其中有时间和空间限度的一部分。人把他自己、他的思想和感觉,都体验为与其余部分分开的某种东西——这是他意识里的一种光学错觉。"①

最伟大的思想

这样一种观念对于现代人的理性头脑来说显得牵强,但它对于我们的史前或古代先祖来说却显然不是如此。实际上,我们体验到的每样事物说到底都只是各种不同的印象,都源自同一个亘古不变的"本初实相"。这个说法不是新的,可以恰如其分地称其为"最伟大的思想",已知最古老的概念之一,它甚至可能跟人类自身一样古老,这就是"一元论"。一元论似乎并不是在某个光辉灿烂的天才时刻被发现或发明的。就如我们所知,它始终存在着。

我们今天仍然可以观察到,分布于美洲、非洲、亚洲或大洋洲的许多本土宗教中都普遍存在着一个蕴含一切的统一体思想,它们通常都对自然界持有一种神圣或精神性质的观念。正如美国进化生物学家和人类学家贾雷德·戴蒙德(Jared Diamond)在他的《昨日之前的世界》(*The World until Yesterday*)一书中所说的,生活于这样一种传统社会中的人们有一个典型的特征,那就是持"整体型"而不是"分析型"思维②。这些小部落和小股狩猎采集者,或原始畜牧及农耕者对他们的自然和社会环境的依赖程度要高得多,也因此体验到主宰世界的是交织在一起的各种网络,而不是独立个体的各种行动。他们的世界是由生命的自然循环决定的,而不是以创新和进步、发展和有限资源为特征的。很自然地,这一体验就反映到其世界观和信仰体系中去。例如,对于东北部的美洲印第安人来说,伟大的精灵"马尼图"(Manitou)附体于动物、植物以及像石头那样的无生命物体中,而且可以通过雷电或地震形式显圣③。在夏威夷群岛的传统宗教中,在恒定的信风抚慰下,存在着一种叫做"哈"的概念,"哈"是生命的气息,以它为基础派生出了例如"啊啰哈(aloha)"(爱、和平:有呼吸在),"哈奥蕾(haole)"(外国人:没有呼吸之人),或"哦哈纳(ohana)"(家庭:同呼吸之人)之类的普通

---

① 爱因斯坦,致 Robert S. Marcus 的信,爱因斯坦在线档案(http://alberteinstein.)。
② Diamond 2013,p. 9.
③ Bragdon 2002,p. 18.

夏威夷语词语①。在更广泛的意义上，这些概念反映的是，相信"对立的统一的许多派系在'咯卡希（lokahi，夏威夷语中团结、吉祥之类的意思）'中相互关联，多种元素的和谐状态"②，正像夏威夷宗教哲学家格文·格里菲斯－迪克森（Gwen Griffiths-Dickson）所写的那样。非洲的许多部落宗教里好像也存在着类似的生死攸关的力量掌控着自然界③。依据这些观察，英国宗教研究学者迈克尔·约克（Michael York）把"泛神论"这个认为宇宙与神是无二无别的一元论信仰列入了异教神学的主要特征之一，仅次于"泛灵论"（相信大自然是有灵魂的）、多神论（崇拜许多神祇）和萨满教④。这些发现表明，一元论的起源是把宇宙同时进行神格化和统一化，是早期人类社会普遍存在的现象，这个假说也许可以解释为什么各种一元论哲学后来都伴随着对大自然的强烈赞美。在有些社会中，这些把世界看成环环相扣的整体的观念后来演化成羽翼丰满的各种一元论哲学。

不消说，关于古时候人们把宇宙想象成什么样，其可靠的证据必须以书面见证为基础。现有最早能自圆其说的文本要回溯到公元前3000年，在人类开始在新月沃土这个"文明摇篮"——也就是中东和邻近的一些区域，比如苏美尔（在今伊拉克南部）和埃及——定居下来之后。很少有人知道的是，1923年2月16日，当海森堡在哥本哈根发现测不准原理之前几乎四年整的时候，英国考古学家霍华德·卡特（Howard Carter）在埃及帝王谷打开了图坦卡蒙的陵墓，除了被他所发现的财富惊得如受雷劈般外，他还遭遇到一元论最早的几次示现之一。卡特这样描写道，一具具木乃伊、那个坚固的金色棺材、那个著名的面具、宝座、战车以及5 000多件其他器物，"四处都闪耀着金光"⑤，就在这些旁边有一座四守护神之一的"尼思（Neith）"塑像，守卫着这位法老的石棺。尼思，公元前3000年镌刻在地底墙壁和石棺的古老象形文字《金字塔文本》中描述过的最古老的女神之一，在埃及最重要的偶像宗教中心之一的塞易斯庇护所受人膜拜，是"一切事物的母亲和父亲"⑥。根据古罗马作家普鲁塔克的说法，在她的神庙里这位女神罩着纱巾的雕像上面镌刻着"我是过去现在未来的一切；从未有凡人掀起过我的

①参阅例如Lane 1990等。

②Griffith-Dickson 2005，Location 4064.

③参阅Parrinder 1970。

④York 2003，p. 6.

⑤Carter 2014，pp. 182-183.

⑥Pinch 2002，p. 170.

帷幔"①。正如埃及学家扬·阿斯曼（Jan Assmann）解释的那样，"埃及人当作一大奥秘来传授的是，神就是一切事物，一个精神存在，其自身弥散在整个世界且无处不在、渗透一切"②。惊奇就惊奇在，早在50个世纪之前古埃及人就已经知道了某种与量子纠缠非常相似的东西，而且还实实在在地坚守着那个大胆的信仰，凡曾存在过的一切都汇聚成一个隐态的"一"，一个单独的、不可捉摸的存在，由罩着纱巾的女神尼思象征，她后来经常被当成那守护图坦卡蒙石棺中她更为人所知的同伴：母亲女神伊西斯（Isis）。根据这个观点，我们所体验到的大自然只不过是一个封面，在它的下面，可以料想到一个隐态但依稀显现的统一的根本现实真相。

图坦卡蒙被放进（陵墓）安息大约500年后，在从那里再往东483公里的地方，公元前800年左右，惊人相像的思想也可以从《奥义书》中找到。在这些对印度教精神内核作定义的古梵文文本中，"梵天"这个概念被定义为持"所有事物、所有神、所有世界、所有呼吸、所有自我"于一处，就像"所有的辐条都装在战车的轮毂和轮缘上一样"③。就像古埃及人看待他们的女神尼思或伊西斯那样，《奥义书》知道一个蕴含一切而又非人格的统一体，代表着"宇宙的根基或一切存有的源头，或宇宙所从长出的那个东西"④，这是印度哲学家特立亚瓦兰·玛哈德万（Telliyavaram Mahadevan）的解释。与此相对应，可观察到的自然界则被理解为"玛雅（maya）"，意为一种机巧或幻象，在《奥义书》中被描绘成这样："如同变戏法，乃由玛雅做。如同一场梦，所见不是真……如同墙上画，令心得愉悦，实则欺骗人。"⑤或者是一块纱巾，如同19世纪哲学家阿图尔·叔本华（Arthur Schopenhauer）所强调的，"欺骗的纱巾罩住凡人的眼睛，让他们看到一个既不能描述为'是'也不能描述为'不是'的世界：因为它就像一场梦；就像从沙地上反射回来的阳光，让遥远的旅行者误以为是水"⑥。

又过了200年，再往东4 184公里，公元前6世纪的中国圣人老子在他的著作《道德经》中给"道（Tao）"（或拼写为"Do"）这个概念下的定义是"天地之

① Assmann 1997，Location 1556.

② Assmann 2014，p. 110.

③ Brihadaranyaka Upanishad，Chapter 5，15. In：Roebuck 2003，Location 1454.

④ Mahadevan 1957，pp. 59-60.

⑤ Maitri Upanishad，Book 4，2. In：Roebuck 2003，Location 6252.

⑥ Schopenhauer 2010，p. 28.

始"以及"万物之祖"①。道，字面的意思是"途径"或"道路"，事实上还被当作"太一"的另一个名称来使用："这么理解下来，我们可以看到，是'太一'或者说是'道'在创造且支撑着宇宙"②，伦敦大学中文教授达雷尔·刘（Darell Lau）这样解释道。

这些还只是很多例子中的几例而已。一元论概念扩散到哲学和宗教中，扩散到大乘佛教和禅宗、基督教神秘主义、伊斯兰教苏菲主义和锡克教。它们都被宣称为一种"长青哲学"中的一个甚至是"唯一"的核心概念。"长青哲学"指一种假定的、形而上学的真理，据说是所有宗教传统都信奉的，持这一看法的有英国作家阿尔多斯·赫胥黎（Aldous Huxley）③。事实上，虽然有切实证据表明这一哲学是从特定的源头和地区传播出去的，比如古埃及，但一元论从各个不同文化和地理地域独自产生出来，构成一个像德国哲学家卡尔·阿尔伯特（Karl Albert）所宣称的"普遍存在的本初概念"并不是没有可能④。至少，鉴于全球都存在着各种一元论哲学，那么人们得出结论，认为是一个包罗万物的"一"使得普世折服倾倒，是不会错的。

这些来自古代的证言通常被看作是神话，即使与现代科学有些关联，那也微乎其微。然而仔细观察"一"，会看出它们要解答的正是纠缠约翰·惠勒的同一问题："世界，在其最深层到底是怎么拼到一起的？"终极"现实真相"是什么？科学探索的基础应该建立在什么上面？跟讨论量子力学时我们分出了银幕现实和胶卷现实一样，各种古代神话也对此进行区分，对于体验到的现实就说成是"幻象""纱巾"或"玛雅"，而那个根本性的、触碰不到的现实则被指称为"梵天""道"或"一"。这一令人惊异的并行现象被法国物理学家贝尔纳·德斯班雅（Bernard D'Espagnat）格外注意到，他把自己1995年那本关于量子力学的教科书命名为《纱巾覆盖的现实》（*Veiled Reality*）⑤，很可能是刻意暗指印度教的"玛雅"概念或位于塞易斯的那位覆盖着纱巾的埃及女神。"如果量子理论看起来是一条'烟气缭绕的龙'，那么龙的本尊现在可以被看作是一个万能波函数，它

① Lau 1963, pp. 5-6.
② Lau 1963, p. xv.
③ Huxley 1945.
④ Albert 2008, p. 50.
⑤ D'Espagnat 1995.

那与生俱来的量子纠缠之'烟雾'对我们这些地面生灵半掩着。"[1]H. 迪特尔·蔡赫在几年后这样解释道。然而这样一个隐态根本性现实的想法并没有把现代物理学和古代神话传说之间的相似性全部穷尽。跟量子力学一样，一元论哲学是懂得互补性概念的：这个属于本质层面的梵天、道或太一，是各种对立面、日常生活中体验到的各种互补现象、银幕现实的交会点，就像属于本质性的电影胶卷或量子现实可以在不同的放映中把自己展示为粒子或波之类。最后也是最令人惊异的是，关于这个根本性的现实的真相是什么，现代科学和古代神话甚至好像还达成了一个相似的结论："它是个巨大的合成体，一直在把自己聚拢成一个整体……它是个囫囵整体。"

一场流产的革命

经由量子物理学，海森堡和玻尔发现了自然界的一个全新领域——量子领域，它内在贯穿并统一起宇宙间的一切事物，遵循着物理学的一些奇怪的新法则。然而，他们不但没有出发去探索这一未知领域，反而决定宣布它不存在。海森堡、薛定谔和许多其他人的开创性发现所开启的这场革命没有完成，反而就在它快要揭示出物理学基础的时候流产了。是的，在这一领域中那么多的研究对象，相当于粒子和波这两者背后的胶卷现实或放映机现实是不能被直接观察到的，加之海森堡和玻尔受到了实证主义哲学的影响，认为只有那些能在实验中接触到的东西才是"真实"的。不过玻尔和海森堡谁都不是非常投入的死硬实证论者。对于海森堡来说，正像他在自传中写的那样，"实证论者们有一个简单的解决办法：世界必须被分割为可以清晰谈论的部分，与剩下的我们最好默然隔过去不提的部分"，接下来就话锋一转否定了这一信条："但看到我们能清晰谈论的东西几乎相当于没有的时候，还有谁能想出一个更没道理的哲学？"[2]

既然这样，那么为什么海森堡和玻尔在量子领域的前沿止步而没有接着进取？就像美国哲学家诺拉·贝伦斯丹（Nora Berenstain）所判断的那样，为什么哥本哈根派诠释坚持"对于这个经验证明了在理解宇宙的模态、物理和形而上本质方面，

---

[1] Zeh 2002.

[2] Heisenberg 1972，p. 213.

是成功理论的数学结构，而要低估其所能起的作用呢"[1]？哥本哈根派物理学家的这种自我限制是从哪里来的？它又是如何变身为一个信条的呢？

问题并不在于早期的量子权威们对量子力学的一元论性质是不是完全无知的。比方说，玻尔在他的论文《物理科学和宗教研究》（*Physical Science and the Study of Religions*）中写道："量子现象本质上是囫囵一体的，这符合逻辑地体现在，只要想对它进行再分割，就需要对实验设置做改变，而一改变，想要的结果就不出现。"[2]玻尔也很清楚，古代各种一元论哲学猜测到了互补性与对立面交会之间存在并行不悖处。1947年，当丹麦国王弗雷德里克九世宣布，要将丹麦最高等级的荣誉"大象勋章"授予玻尔的时候，玻尔设计了自己的盾形纹章，上面有"阴与阳"的符号。这在老子道家哲学中形象地表示：自然界中看似对立的力量，在更深层级的理解中实际上是互补的。玻尔还加了一句拉丁文"对立方是互补的"（contraria sunt complementa）作为铭文。海森堡也以类似的精神把他的自传命名为《局部与整体》（*The Part and the Whole*）[3]。1972年弗里乔夫·卡普拉（Frithjof Capra）为他的著作《物理学之"道"》（*The Tao of Physics*）采访海森堡时，问及这位著名物理学家对东方哲学的想法时，海森堡极为出乎意料地告诉卡普拉："他不仅完全清楚量子物理和东方思想之间的并行不悖之处，而且他本人的研究工作，至少在潜意识层面，也受到了印度哲学的影响。"[4]

玻尔和海森堡不愿意深究我们的银幕式日常现实究竟源起自哪里，且这件事之所以如此令人惋惜到无语，这就是其中一个原因。再仔细审视一下，哥本哈根物理学家非常有可能摈弃了量子领域，说它"不真实"的动机，并不完全由于它无法被观察到，至少很可能也是由于它的身世：一个包罗万物的统一体，这个概念在历史上一直与宗教关联，还常常被等同于上帝。还不止于此，因为它是2 000年来基督教神学的核心关注点，要绝对确保这样一个概念不会被看作是自然界的一部分，在上帝和俗世之间一定要存在着截然分明的界限。哥本哈根物理学家们于是就很顺从地，将我们切身观察到的现象背后隐藏着的真相推入宗教的范畴。

---

[1] Berenstain 2020，p. 113.

[2] Bohr 1953，p. 388.

[3] 这是海森堡1972年德文原书名翻译为英文后的意思。

[4] Website of Frithjof Capra，https：//www. fritjofcapra. net/heisenberg-and-tagore/，accessed March 2, 2020.

事实上，将玻尔对量子力学的诠释理解为一种"息事宁人哲学或宗教"的，不只是爱因斯坦。关于这方面，很能说明问题的是在很多次对话场合，海森堡回忆起与玻尔就互补性的深层意义进行讨论，这种谈话很快就陷入有关科学与宗教关系的争论。海森堡记得的是，对于玻尔来说，关键是首先得有语言，才谈得上可以讲出什么东西来，同时对他来说，不同银幕现实——例如粒子和波——之间的互补性，透露出了我们可以谈论什么、不可以谈论什么的限度。根据海森堡的说法，玻尔争辩说"我们应该记住，宗教对语言的使用与科学是相当不同的"①。在这一背景下，重要的是要注意，对玻尔来说，互补性不只是一个"横向"关系说的是不同银幕投影之间那种性质的关联，诸如是粒子还是波之类；也适用于"纵向"关系，就是银幕影像和电影胶卷或放映机现实之间那种关系。玻尔相信，与粒子和波在描述自然界时既是互相排他性的但又同等正确一样，以实验为依据的科学和基础性的现实真相之间也是如此。海森堡在自传里历数了一次次对那个如同精神分裂般的信念的讨论，说宗教和科学涉及的是"现实真相"中区别相当明显的不同侧面："这个是我从父母那里就熟知的观点，把这两个领域与世界的客观层面和主观层面联系起来。"②虽然海森堡承认"对这种分隔并不是很满意"③，但是他还是赞许这一哲学，说它平息了科学和宗教之间多少个世纪的古老冲突。

与此类似，海森堡的朋友沃尔夫冈·泡利认为理性科学思维和非理性神秘体验对于获得洞见来说是两种"互补性"④的方式，而海森堡的合作者帕斯库尔·约尔当则争论说，量子测量过程中的不确定性会让人们"不再相信存在着一个因果关系环环相扣、自然而然的世界，不再相信自然界……不会允许有一个神性造物主插手干预……不再相信由科学把世界从魔法中解脱出来应该是科学研究的一个不可避免的结果"⑤。对于哥本哈根物理学家们来说，粒子和波背后的真相不是该他们管的事。它是"那不可名的道"，是第二戒规定的"你们不可为自己雕刻任何偶像，或任何形象仿佛上天的东西"⑥。哥本哈根物理学家们没有认识到

① Heisenberg 1972，p. 87.
② Heisenberg 1972，p. 83.
③ Heisenberg 1972，p. 83.
④ Pauli 1961，p. 195.
⑤ Jordan 1971，p. 227。
⑥ King James Bible，Exodus 20：4.

古代哲学所拥抱的一元论真的是现代物理学中的一个关键概念，反而把这一物理学的基础重新归类为宗教。

通过树立起"不存在量子世界"这一教条，哥本哈根物理学家又重新复活了一个源自古典时代晚期和中世纪基督徒之间的说法，主张在物质世界和神性领域之间划一条严格的分界线。与此同时，他们把量子物体的性质划归于这一神性领域。在接下来的一些年里，量子力学作为一种工作范式成功地应用于原子核、粒子和固态物理学，物理学家们对它的哲学基础抱着一种实用主义态度。比如理查德·费曼建议道，"不要老是问你自己……它为什么是那样的。没人知道它为什么是那样的"[①]——美国物理学家大卫·默明（David Mermin）恰如其分地把这种态度总结为："闭上嘴，数你的数去！"[②]深思量子力学的意义，通常被看作是一项私人消遣，跟真正搞物理学只是稍许沾点边，没多大意义。

那么如果这不是由于无知造成的后果，玻尔和他的追随者们的否定哲学又是从哪里来的呢？正如阿杰·彼得森（Age Petersen）意识到，"玻尔的哲学思想原本不是由物理学启发的，只是这个新理论的那些特征与他奉行的哲学匹配得天衣无缝"[③]。照这么说的话，量子力学的历史还只是整个故事中的一部分。一元论的历史及其与宗教之间的麻烦关系则是另一部分。

不肯屈从权威的女人

毫无疑问，爱因斯坦、玻尔、海森堡、薛定谔，还有许多其他的量子先驱必须名列有史以来最伟大的科学家之中。如果说，对这项理论的真实意义就连这些科学明星都没能取得一个信得过的理解，人们就不禁要问，这到底还有没有可能。在其他以及更好的时期，也许爱因斯坦会找到格蕾特·赫尔曼（Grete Hermann）这么一位年轻的数学家和哲学家做盟友。赫尔曼是早期批判哥本哈根派"教义"的人，她预见到的很多东西，后来都成了更合情合理的诠释"现实真相"的组成部分，这都是量子力学本有之义。但因为她是个女人，是个科学界的圈外人以及一个在野蛮时代保持良心的人，所以就不受待见。

---

① Kumar 2009，p. 352.

② Mermin 1989，p. 9.

③ Petersen 1963，p. 11.

赫尔曼成长于不来梅的一位水手和商人家庭，是其中7个孩子之一，在哥廷根学习了数学和哲学，在艾米·诺特（Emmy Noether）指导下工作获得了博士学位。艾米·诺特是个天才科学家，开创了物理学中的对称及守恒定律研究，并经过长期斗争，终于成为了获准在德国大学中教授数学的第一位女性。拿到博士学位后赫尔曼开始与哲学家莱昂纳德·内尔逊（Leonard Nelson）共事，他是个康德哲学和民主社会主义的热心倡导者。1930年代，海森堡反复声称"因果律毫无意义，已经绝对证实了"[1]，有当时德国销量最高的日报之一的《柏林日报》为证，听到这个，赫尔曼对量子力学产生了兴趣。在赫尔曼看来，因果律是实证研究的一项条件而非结果，海堡的这种声称是荒谬愚蠢的："因果律不是可以靠经验来证明或反驳的一种实证论断，而是一切经验所从谈起的根基。"[2]她不惧怕任何权威，"决定"与海森堡"直接斗争直到决出胜负"[3]。1934年春天，赫尔曼搬到莱比锡，以便在海森堡的讲座上讨论这件事。这绝非易事。这位勇敢的数学家必须进行斗争，才能被海森堡、弗里德里希·洪特（Friedrich Hund）和他们的年轻门生卡尔·弗里德里希·冯·魏茨泽克身边一圈互相熟识的清一色男性群体认真对待："当我提出问题，要求解释确定性失灵背后的物理学原因，以及它们能不能用目前还未被发现的那些隐藏参数规避掉的时候，我时常遇到他们表示无法理解和不耐烦……只有海森堡认真看待了这个问题，而且还在著名的爱因斯坦–玻尔大讨论中对此进行了热烈的探讨，这我只是后来才听说的。弗里德里希·洪特那友善的讽笑到现在仍然出现在我面前，面对我的挑战，他问道：'要是发现了电子有或多或少若干个红鼻子的话，我是不是就会相信确定性失灵的情况可以被规避掉呢。'"[4]

与爱因斯坦完全一样，赫尔曼一开始也相信量子力学是不完整的，需要加以补充。如果量子力学对一次实验中可能会观察到什么只提供出一些概率，是否有可能通过添加有关物理系统的准确状态的信息对这个理论进行修补，使它能做出准确的预测？然而物理学家们很有信心地认为不行，这得到了约翰·冯·诺伊曼的权威肯定。

---

[1] Cassidy 2010，p. 178.

[2] Heisenberg 1972，p. 118.

[3] Heisenberg 1972，p. 118.

[4] Letter from Hermann to Max Jammer，Hermann 2019，p. 607.

　　与赫尔曼一样，冯·诺伊曼是大卫·希尔伯特身边哥廷根派数学家的"产物"。较早之前，这位匈牙利数学家已经为自己赢得了神童及万能天才的声誉。冯·诺伊曼把注意力集中到量子力学上之前已经开始了的逻辑学研究。后来他在核武器设计中做出了关键贡献，通过开发博弈论使经济学取得了革命性的进展，并且设计了现代计算机的结构。在1932年他那本有影响力的著作中，冯·诺伊曼发展总结了量子力学的数学基础。在这方面，他还提出了一个证据，证明用所谓的"隐变量"，也就是可以在进行测量之前标明量子物体状态的参数，来补足这个理论是不可能的。大多数物理学家现在同意，各种隐变量理论的确十分有可能是一条死胡同，因为它们很难与狭义相对论调和。然而，它们构成一个有效且有趣的可能性。在她维护因果律的斗争中，格蕾特·赫尔曼首先证明了冯·诺伊曼的证据是错的：冯·诺伊曼的论点所依赖的是一个没道理的立论，它对量子力学是正确的，但对于一个带有隐变量的量子理论就不一定正确。虽然这是个了不起的成就，但却没人去注意。仅仅就在20年前，赫尔曼的天才导师艾米·诺特就被禁止接受去大学教书的许可，因为她是个女人。现在一个女性哲学家出来论证说：她已经证明了整个物理界，包括著名的冯·诺伊曼，都是错的。即便是科学家，在偏执与偏见方面也不能免俗。

　　使情况变得更糟的是，赫尔曼的著作发表在一个相当寂寂无闻的杂志上，而且是在一个混乱的时期。1933年夺取政权后几个星期内，希特勒的纳粹党就开始拆毁脆弱的德国民主，建立一个凶残的种族主义政权，排挤、折磨并谋杀政敌和犹太人，日益接近的种族大屠杀已初现端倪。在这样的时期，物理学和哲学就不是赫尔曼生活中最重要的事情了。那些与赫尔曼展开过讨论的物理学家优先考虑的事项，与赫尔曼的有多么的不同，在纳粹恐怖开始后四年半的1937年夏天，与海森堡的往来信件中很清楚地透露出来。当海森堡借口自己不能去莱比锡，因为他被征招参加军事演习，还坦诚地加上了一句他其实"正盼望着这件事呢，也好使他按部就班的日常俗务被强制着来一个紧张刺激的变化"[1]，赫尔曼颇感震惊："您那轻松愉快的期待……在我心里激发出一种不祥的情绪。当然不是因为您赞赏吃苦并经受磨炼，而是因为您同时为您自己和其他人拥抱这个把这种打乱常规的生活强加于您的当局。我无法相信，这一赞赏态度是因为经过良心思索后，您

---

　　[1] Letter from Hermann to Heisenberg, Hermann 2019, p. 525.

赞同这个当局的那些目标……"一贯心直口快的赫尔曼指责这位著名的诺贝尔奖得主："您允许此当局，以或明或暗的暴力强制人们，在此也包括您自己，必须如何去生活，而不是按照他们自己的信念去生活。"赫尔曼强调说，这是自由，是她认为"人生如果但凡要有一点意义的话"就必须有的东西。赫尔曼的勇气非常了不起，更加令人敬佩的是，如果当局以某种原因得知了她信里的内容，她的信很容易就会变得危及她的性命。海森堡回信中的天真劲儿令人泄气："我只是感恩社会给我一个参与机会，而不是要改变我的信念。对体制的政治正当性进行详查，这大概只有当人能给自己指派一个从政治上改变世界的任务时才有意义，而对此我相信只有当人打算停止搞科学的时候才会去考虑。"[1]

海森堡的妻子讲述自己丈夫的生平时，给文章起的标题是"一个非政治人物的政治生活"(*The Political Life of an Unpolitical Person*)[2]，而与对政治不感兴趣的海森堡相反——赫尔曼想要既做科学家又做政治人物，特别是在一个非正义和恐怖的时代。虽然赫尔曼白天的身份是数学家和哲学家，夜间则转变为一个反对纳粹政权的地下积极分子。她的抵抗组织，是由她的导师内尔逊成立的，向所有反对法西斯主义的人发布了一篇"紧急呼吁"，要大家联合起来，警告说"在德国根除一切个人和政治自由已经近在眼前"[3]。爱因斯坦和一些著名艺术家和作家在这份呼吁书上签了名。该组织还试图建立一个秘密工会，并且破坏了那条新修的"autobahn"高速公路的竣工典礼，在它的所有桥梁上面贴了反纳粹标语，这让纳粹后来不得不十分费力地从宣传视频中剪切掉。那是一个极度需要勇气和非常危险的活动，举例来说，仅仅几年以后人们所知的慕尼黑学生抵抗组织"白玫瑰"就因为远比这轻的事情受到审判，并被处死。

她与海森堡的团队在莱比锡进行讨论之后，德国的迫害压力变得太大了，赫尔曼不得不移民丹麦。在那里，赫尔曼于1935年发表了两篇论文，标题都是"自然哲学中的量子力学基础"(*The Foundations of Quantum Mechanics in the Philosophy of Nature*)。在第二篇中，赫尔曼改变了她的关注焦点，不再试图用隐变量去修补量子力学，以便在银幕现实上使量子状态恢复可完美认知并具有确定性，而是集中精力于胶卷现实上。"量子力学的理论迫使我们……放弃那种设想，

①赫尔曼致海森堡的信，Hermann 2019，p.531。
②Heisenberg 1982.
③See https://en.wikipedia.org/wiki/Urgent_Call_for_Unity，accessed Sep 8，2021.

认为对自然界的认知有绝对性，并在不依靠这一设想的情况下去看待因果原理。"[①] 她做出了决定，采取了玻尔永远也不会想到的一步，认真看待电影胶卷现实，甚至就把它作为"自然界"，比相当于银幕现实的日常生活更具本质性。这么做的时候，赫尔曼得出了一项重要的观察。她发现，在各种量子过程中体验到的貌似违反因果律的现象不是别的，只不过是银幕现实的人为产物。"因此量子力学根本不与因果法则相矛盾，反而澄清了它，把其他一些不一定与它关联的原理从它自身排除掉了。"[②] 正如冯·诺伊曼在他那本名著中已经强调过的，量子力学包含着两个过程，第一个是量子波根据薛定谔方程以带确定性的方式顺畅演化，接下来是在测量坍塌期间突然出现的不确定性坍塌。现在赫尔曼论证说，量子力学其实给被观察系统的状态提供了因果上的理由，尽管只关系到特定观察，那就是，不确定性现象是投射的特性，而不是电影胶卷的特性；但是如果量子观察是相对于测量行为的特定结果，而且如果有许多这种可能的结果，这就意味着有许多可能的观察和观察者。就像德克·虏曼（Dirk Lumma）翻译赫尔曼著作时写的序言里指出的那样，二十年后，一些相当相似的思想会催生出新的视角去看待量子力学中的"现实真相"这个概念。[③] 它定名为"相对状态公式"，但是却以另一个名字闻名于世："多世界诠释"。

与各种隐变量理论都试图把量子力学的形式体系局限于我们的日常偏见中的做法不同，多世界诠释则将"现实真相"的领域扩大。隐变量理论和多世界诠释两者，都把量子力学作为一项有关自然界的理论认真看待。隐变量理论本质上努力把量子力学的潜力局限起来，使它能与我们从感知而得到的对"现实真相"的看法相吻合。

多世界诠释与此不同的是，拓宽了我们对"现实真相"的看法，与量子力学预示的东西相吻合。但是要以这种方式来诠释量子力学，人们就需要弄明白，假如世界归根结底只是个"一"，那么我们为什么会体验到许多事物。赫尔曼的洞

---

① See https://en.wikipedia.org/wiki/Urgent_Call_for_Unity, accessed Sep 8, 2021.

② Hermann 1935.

③ "Harrison 2013, p. 58. 对于赫尔曼来说，量子力学现象不仅相对于观察行为的实验框架……，也相对于……观察行为的具体结果。这一相对化观念……是埃弗莱特1957年提出的量子力学说法的一个关键特征。"虏曼写道。他得出结论，"在早期玻尔理论，即经典观察者与量子系统进行互动，与埃弗莱特理论框架，即完全以量子力学方式来描述观察者之两者之间，赫尔曼构成了其中所缺失的那个环节"。参阅Lumma 1999。

见证实，要把量子力学的深远意义把握到这种程度，其实在1930年代就已经有可能了。使哥本哈根派诠释得以产生的不是数学形式体系的影响，而是哲学上的偏见（玻尔最为突出），个人动机（像海森堡和薛定谔的不安全感和相互竞争）以及一些历史偶然因素。然而在接下来的一些年中，不论从科学界总体而言，还是具体到赫尔曼的生活，都被稳步卷入全球大灾难的巨大旋涡之中。

***

很快，之前对量子力学的奇异之处惊愕不已的多数物理学家都在忙于开发核武器，以及其他与军事相关的技术。赫尔曼的精神导师内尔逊已于1927年在45岁的年龄上英年早逝。1935年，她的导师艾米·诺特由于是犹太人，不得不移民美国，在一次割除肿瘤所需的骨盆手术后，因并发症而去世。不久以后，赫尔曼自己也逃到了英格兰，还不得不进入一次权宜婚姻，以避免被当作敌对异己分子，这样她才能继续进行她的政治斗争。战后，她回到了德国，在那里努力奋斗重建一个民主社团，社会民主党，以及给教师们举办的一个现代进修课程。

赫尔曼对量子教条的批评一直没受到注意，直到三十多年之后，约翰·斯图尔特·贝尔（John Stewart Bell）独自在冯·诺伊曼的证据中发现了那个弱点。回到1934年，格蕾特·赫尔曼正在与海森堡和魏茨泽克进行辩论的时候，爱因斯坦已经在普林斯顿高等研究院安顿下来，一起在那里安顿下来的还有赫尔曼·外尔、约翰·冯·诺伊曼和他的终身好友尤金·维格纳——他是1963年诺贝尔物理学奖获奖者。到了1938年，约翰·惠勒被邻近的普林斯顿大学聘用。二十年之后，惠勒的一位博士生，某个休·埃弗莱特三世又会敢于认真看待量子力学及其对于电影胶卷上的自然界现实能有哪些影响意义，并争辩说："就让我们相信那些基本方程吧，看看它们的额外花样有什么用？"[1]

---

[1] Barrett & Byrne 2012，p. 308.

3 "一"如何即一切

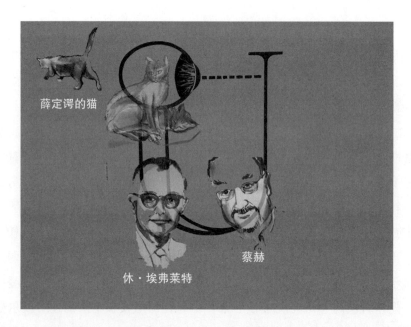

薛定谔的猫

休·埃弗莱特

蔡赫

　　如果"一切即一"，那为什么我们体验到的世界又气象万千？物质和结构是从哪里起源的，在量子测量期间到底发生了什么？我们将要看到，观察者和观察对象的量子纠缠以及量子退相干现象帮助我们解释一个隐态的"一"是如何被体验为从平行现实及平行世界中浮现出来的单个物体的。然而，不论何时，只要像这样朝字面解释量子力学的方向取得了进展，就会遭遇物理学建制派的迎头痛击和敌视。最终有两位物理学家取得了突破，解释了量子力学、本质性的现实真相以及我们的日常体验是如何互相关联的：一位是古灵精怪的科技迷，还有一位是朴实冷静的斗牛犬。这两位性格明显互不相同的物理学家，对宇宙是如何运转的这个问题得出了本质上相同的结论。

玩家和他的游戏

"一项新的科学真理取得胜利不是靠说服它的反对派并让他们见到真理之光，"马克斯·普朗克写道，"而是因为它的反对派最终都死掉了……"[1]不管哥本哈根诠释是不是真理，它最出名的批评者的确并没有永远活下去。1954年4月14日，阿尔伯特·爱因斯坦做了最后一次讲座，以演讲嘉宾的身份在约翰·惠勒的相对论课上又一次加固了他对量子力学的批评。当时在听众中贪婪听讲的一位年轻人后来回忆道，"（爱因斯坦）绘声绘色地表达了自己的感觉，声称他不相信一只老鼠仅靠用眼睛看过去就能给宇宙带来翻天覆地的变化"[2]。

从那又过了几个月，那位年轻人注册成了惠勒的一位博士生，他的新导师很快就意识到这位学生不一样，"独立，热切，有抱负"[3]，而且"有高度的原创精神"[4]。用不了三年，这位"原创型年轻人"就会大胆地将爱因斯坦的EPR悖论定调为"臆测"[5]。与此同时，他还将冯·诺伊曼的波函数坍塌驳斥为"站不住脚"[6]，形容哥本哈根诠释是"谨小慎微""不完整到无可救药"以及"一个哲学巨丑怪"[7]。一位他读研究生时的同学和朋友回忆道，休·埃弗莱特"光想着当赢家"，同时还"大部分时间埋头读一本科幻书"[8]。他的博士项目也同样有抱负。埃弗莱特一出手做的事情就是不低于修改那神秘的量子测量过程，并将量子力学应用于宇宙整体，而且还成功了。他创立了科学哲学家麦克思·雅默（Max Jammer）后来形容的"科学史上构建过的最大胆最雄心勃勃的理论之一"[9]。具有讽刺意味的是，埃弗莱特的理论以量子力学的"多世界诠释"成名，实际上它完全是以一元论哲学对量子现实所做的描述。

---

[1] Planck 1950，pp. 33-34.

[2] Byrne 2010，p. 153.

[3] Barrett & Byrne 2012，p. 197.

[4] Byrne 2010，p. 91.

[5] Hugh Everett III，in：Dewitt & Graham 2015，p. 149.

[6] Byrne 2010，p. 142.

[7] Byrne 2010，p. 142.

[8] Harvey Arnold，in：Byrne 2010，p. 58.

[9] Jammer 1974，p. 517.

1930年11月11日生于华盛顿特区的休·埃弗莱特三世是军人的儿子[1]。他注定要将他的父亲，一位工程师和美国陆军上校的左脑特长与他的母亲，一个性格张扬的人，也是一位自由浪漫的诗人和科幻作家的右脑特长，结合起来。埃弗莱特5岁的时候，父母的婚姻破裂了。他的母亲离开了自己的丈夫，先是把儿子带在身边，直至再也面对不了单身母亲碰到的种种困难为止。从7岁起，埃弗莱特就转而与他的父亲一起生活，当他的父亲在欧洲参加第二次世界大战的时候他就与继母萨拉一起生活。在他长大的时代，民众在冷战偏执魔咒的笼罩下，会志愿守望天空以防俄国轰炸机或UFO，在后院修散落物掩蔽所以防受到核攻击。他长得胖乎乎的不太合群，有着生动想象力，是个标准的科技迷，酷爱阅读科幻书，摆弄各种新奇装置，爱好各种打闹恶作剧和逻辑悖论没个够。埃弗莱特后来的雇员、物理学家盖瑞·卢卡斯（Gary Lucas）证实说，"生活对于休来说就是场游戏……"[2]，"他……对生活在真实世界不适应"[3]。

埃弗莱特到了12岁的时候，他写了一封信给爱因斯坦，设想了一个悖论：如果一个无法抵抗的力量作用到一个无法移动的目标上时会发生什么。爱因斯坦回了信。"不存在无法抵抗的力量和无法移动的物体这种事物，"他答复道，"不过好像是有一个特别固执的小男孩，硬是从他专为这个目的而自己创造的奇怪困境中挤了过去，还大获全胜。"[4]六年以后埃弗莱特带着荣誉从军校毕业，考上了美国天主教大学，在那里，他拿出他声称的"符合逻辑的证据"说上帝不存在，搞僵了与教授们的关系。与此同时，又有人记得他是他的数学教授教过的所有学生中"远远最好的学生"。装备着"一生难得一次的推荐信"[5]，1953年秋天埃弗莱特踏进了普林斯顿大学的研究生院，它那著名的新哥特式校园离奥本海默、爱因斯坦和冯·诺伊曼工作的普林斯顿高等研究院近在步行距离之内。

在普林斯顿，埃弗莱特学习了量子力学，冯·诺伊曼和戴维·玻姆两人的书都用到了。玻姆是在奥本海默门下拿到的博士学位，随后的几年里在普林斯顿工作当助教，直至埃弗莱特入学的前三年。玻姆曾活跃在共产党组织中，不肯举证自己的同事，当麦卡锡主义掌控了美国政治的时候他被逮捕并解雇。在物理学

---

① Byrne 2010, p. 25.
② Byrne 2010, p. 289.
③ Byrne 2010, p. 290.
④ Byrne 2010, p. 26.
⑤ Byrne 2010, p. 38.

中，他热衷倡导德布罗意方式，用隐变量去修补量子力学，但带有一种量子力学的一元论意味。在玻姆的教科书中，埃弗莱特会读到这样一些句子："如果量子理论是……要对世界上可以发生的一切事物提供一个完整的描述……那它也应该能以波函数的方式对观察过程本身进行描述"[1]，以及在经典物理学中，"世界可以被分析成泾渭分明的不同元素"[2]，而量子物理学则意味着"一切互相作用着的系统都不可分割地统一在一起"[3]。——这些见解以后会成为他在量子理论方面建树中的重要基石。

伴随着他对量子力学的学习，埃弗莱特还对博弈论产生了兴趣，这是由冯·诺伊曼和他在普林斯顿的同僚，经济学家奥斯卡·摩根斯特恩（Oskar Morgenstern）开创的一种数学分析，用来选择最佳的策略去赢得一场博弈，可以用来应对像冷战那样的对峙，或对股票市场进行投资。他听了阿尔弗雷德·塔克（Alfred Tucker）的讲座，塔克是后来的诺贝尔奖得主约翰·福布斯·纳什（John Forbes Nash）的博士导师，纳什就是2001年好莱坞传记片《美丽心灵》的主角。

埃弗莱特成了一位软件高手和博弈理论家。他后来会设计核战争的计算机模拟系统，包括一个用核武器瞄准城市的程序，以及为美国国家安全局（NSA）设计的一套密码破解算法。其中最重要的是，他对物理学的基础做了革命性的改变，对于量子力学、对于"现实真相"来说意味着什么，他拿出了最接近真相同时又最具争议的诠释。

额外花样有什么用？

1954年秋天，在埃弗莱特听了爱因斯坦的讲座半年后，尼尔斯·玻尔和他的助理阿杰·彼得森花了四个月造访普林斯顿高等研究院[4]。一天晚上在研究院，"喝下一两杯雪莉后"[5]，埃弗莱特、彼得森和后来的量子引力先驱查尔斯·米斯纳（Charles Misner）就开始细细梳理起量子力学的意义。埃弗莱特以指出米斯纳

---

① Bohm 1951，p. 583.
② Bohm 1951，p. 624.
③ Bohm 1951，p. 625.
④ Byrne 2010，p. 83.
⑤ Byrne 2010，p. 90.

和彼得森说的话里的荒谬之处来作消遣。"他就爱争论。我想这是他的最爱"[1]，米斯纳这样回忆他的朋友，并加上一句："尼尔斯·玻尔造访普林斯顿的时候，他的年轻助理试着要解释玻尔对量子力学的看法，休觉得它像中世纪一样落伍：虽然以数学公式表现的物理学在没人看着的时候适用于一切事物，可就在结果要揭晓的时候上帝掷出了骰子……"[2]

　　这些朋友间的笑谈不久就转化成了一篇论文。说到底，冯·诺伊曼在他那名著《量子力学的数学基础》（*Mathematical Foundations of Quantum Mechanics*）中已经总结出，这个理论具有"一种古怪的双重性质……无法做出令人满意的解释"[3]。换句话说：按薛定谔方程演进的波函数不能为测量提供一个独一无二的结果，因此它显然与现实体验不符。在这种情况下，有三个可能的选择：你可以争论说物理学描述不了"现实真相"——那是玻尔的方式；或者你可以尽量把物理学限定于实际体验——那是玻姆倡导人们去做的；或者最后，你可以把"现实真相"这个概念扩展到量子力学方程所能得出的结果。

　　埃弗莱特，由于醉心于悖论以及可能出现的各种现实，被吊足了胃口。他记得，他到惠勒那里去说"嘿，这个怎么样，这个才是要做的事情……这个理论里有一个显然讲不通的地方……"[4]，"就让我们相信那些基本方程吧，看看它们的额外花样有什么用？"[5]埃弗莱特心里想的是用一种纯量子力学的方式去看待物理学。正如他后来向彼得森解释的，埃弗莱特相信"我们不应该再把量子力学视为只不过是经典物理学的附属品，是用来处理微观系统中那些恼人的怪现象的"[6]。与此相反，埃弗莱特确信"已经是时候把（量子力学）本身作为一个根本性的理论了，不需要对经典物理学有任何依赖，且经典物理学是要从量子力学推导出来的"[7]。埃弗莱特提出了一个用以研究一切事物的量子力学方式，他将从适用于整个宇宙的一个万能通用波函数着手。"这么一来你确实就得到一幅怪异而有趣的画面。"[8]埃弗莱特兴高采烈地说。

---

[1] Charles Misner, in: Byrne 2010, p. xii.

[2] Charles Misner, in: Byrne 2010, p. xii.

[3] Byrne 2010, p. 103.

[4] Byrne 2010, p. 90.

[5] Barrett & Byrne 2012, p. 308.

[6] Byrne 2010, p. 171.

[7] Byrne 2010, p. 170.

[8] Barrett & Byrne 2012, p. 308.

埃弗莱特的这个量子力学方式，触动了惠勒的神经，惠勒认为自己是个"激进的保守派"。查尔斯·米斯纳，这样描述他的精神导师的哲学思想：惠勒"正在宣扬这样一种思想，说你应该只看着那些方程，如果那里面包含着物理学的基本原理，……你就跟随它们的结论，并认真听取它们"[1]。基普·索恩还说惠勒是从他自己的精神导师尼尔斯·玻尔那里继承的这一态度："惠勒对待自然界的看法经常不合常规，他从尼尔斯·玻尔那里继承了激进的保守主义原则，把这个原则贯彻到现实之中：以保守的态度坚持已经完善建立的物理学原则，但是为揭示出它们最激进的结论而进行探索。"[2]

惠勒对埃弗莱特的研究工作感兴趣还有一个实用目的。埃弗莱特集中精力研究的万能（通用）波函数看来有希望成为一种方法，可用来发展出一门量子引力和宇宙学理论。米斯纳可能是第一个使用"量子宇宙学"[3]（quantum cosmology）一词的人，他记得："那个时候，每个与惠勒谈话的人都有可能被鼓励去对量子引力进行思考。"[4]

一年之内，埃弗莱特声称他已经解决了那个测量问题。埃弗莱特那讨巧的解决方案把量子力学设定为普遍有效的，因此既适用于基本粒子也适用于宏观物体，例如宇宙本身。为了这样做，埃弗莱特把量子力学当作一个有关自然的理论认真看待，而不是像哥本哈根诠释所提示的那样，把它当作一个有关认知体验的理论。埃弗莱特也没有给这个理论添加任何新东西。与爱因斯坦不同，埃弗莱特不认为这个理论"不完整"。因此，他把德布罗意和玻姆的"隐变量"和冯·诺伊曼的"波函数坍塌"都摒弃掉了。根据埃弗莱特，在一次量子测量中，所有可能的结果都同等实现了，尽管呈现出不同的"相对态"——这是他自己的叫法，或者如后来布莱斯·德威特（Bryce DeWitt）重新组织的叫法——"平行宇宙"或"多世界"。

埃弗莱特的理论有一个特别引人注目的特征，是他对待EPR悖论的态度。如果把埃弗莱特的观点应用到那个颜色混合例子，就意味着原来那位化学家和她带回家的罐子分裂成许多副本，一一对应着每一种可能的油漆配比，留在实验室的

---

① Barrett & Byrne 2012，p. 309.

② Thorne 2008.

③ Byrne 2010，p. 182.

④ Byrne 2010，p. 132.

另外一个罐子也一样。由于量子位能不坍塌为单独一个结果，因此不需要由无限快的速度来传输坍塌。只有当该化学家带着她的罐子走回去——这个速度比光速慢多了，并将其与在她实验室的那罐进行比较时，相匹配的平行现实合拢了：回到家看到桶里是深蓝油漆的这位化学家与留在实验室的浅黄油漆共享一个现实，而带着暗绿油漆离开的那位化学家与留在她实验室的白色油漆落进同一个"平行现实"中。

这不仅使埃弗莱特得以解决EPR悖论，而且也使量子力学能讲得通，只消运用它的量子波形式体系，而不需要专门设置一个形式体系中没有的坍塌。但是埃弗莱特的想法附带着一个价码：它要求有大量的"平行现实"。1950年代初期，薛定谔就考虑过这种可能性，只不过立刻就把它排除掉了："这个想法……全部同时真实发生，看着像精神错乱了……根本不可能……。如果自然法则是这种形式……我们怕是要发现自己身边环境迅速变为一片沼泽，或者某种看不出像什么的果冻……"[1]与薛定谔相反，埃弗莱特没被精神错乱吓倒。事实上，他对此很享受。而且数学站在他这一边。量子多元宇宙由此诞生。

多世界

根据量子力学，在一次测试过程中，与在任何其他相互作用中一样，观察者与被观察的物体发生量子纠缠。当观察对象处于量子叠加状态的时候，比如一个粒子"半处在这里半处在那里"，观察者就分裂为两个拷贝：观察者的一个拷贝体验到"在此"的粒子，另一个拷贝则在观察"在彼"的粒子。"为什么我们的观察者看到的不是一根摊成一片的指针（仪器装置上用来指示出粒子位置的）？"埃弗莱特问，然后解释道："回答相当简单。当他看着指针的时候（就是相互作用），他自己就平摊开来，但是与此同时也与装置关联起来，从而也就与系统关联起来。"这么一来，"观察者自己就分裂为若干个观察者，个个都看到这次测量的一个特定结果"[2]。如此，根据埃弗莱特，当一个处于两个可能位置叠加状态的粒子被观察时，该粒子不是坍塌进其中一个可能的点位，而是观察者和他的观察装置分裂成两个拷贝，一个拷贝观察着在第一个地方的粒子，另一个拷贝看到

---

① Byrne 2010，pp. 100–101.

② Byrne 2010，p. 138.

的是在第二个位置的粒子。埃弗莱特接着说道："还有，如果我们的观察者把他的实验室助理叫过来看指针，该助理也会分裂，但他关联上的方式永远与第一个观察者相对于指针的位置保持一致，这样永远不会发生对不上号的现象。"①埃弗莱特甚至极端地，把观察者与通过细胞分割或"分裂"方式繁殖的阿米巴原虫相比，并得出结论："我们的阿米巴虫有的不是一根生命线，而是一棵生命树。"②

这么一来，每一个单独的量子过程都导致了一大堆观察者，见证着每一个可能的结果，从而活在他们专属的个人现实、宇宙或称为"埃弗莱特分支"之中。"这个宇宙在永恒不停地分裂成令人咂舌数量的分支……。再者，在每颗恒星、每个星系、宇宙的每个偏僻角落里发生的每次量子跃迁都在把我们地球上的本地世界分裂成亿万个它自己……。这儿来了一位抱着复仇心态的精神分裂患者。"③布莱斯·德威特用这种戏剧化的方式描绘埃弗莱特诠释的这一令人不安的后果。惠勒意识到，"这个'相对态'理论到底多么决绝地抛弃了各种经典概念，还真的很难搞清楚。对于迈出这一步，人在初始阶段感到的不快，在历史上也只有为数不多的几次"④，并接着把埃弗莱特的理论与牛顿、麦克斯韦和爱因斯坦发起的革命做比较："看起来从这个'相对态'形式体系逃脱是没有可能的……（它）的确要求对物理学的基础特性采取一个崭新的看法。"⑤

然而，就算惠勒对埃弗莱特既激进保守又彻底量子力学化的方式抱有好感，就算他自己很看重埃弗莱特，对于那喷涌而出的多世界和不断分裂的观察者，他还是不能坦然处之。"它那无限多的世界带来一个沉重的玄学包袱"⑥，惠勒指出这个症结。此外，还有一个更为个人的原因，也让惠勒对埃弗莱特的著作产生两难纠结：惠勒无论如何也想避免被牵扯进与玻尔的争斗中去。据德威特的妻子，物理学家赛西尔·德威特-莫雷特（Cecile DeWitt-Morette）说："当（惠勒）第一次看到埃弗莱特的论文，他真的十分忐忑，因为这篇文章就是在质疑玻尔⑦。"正如米斯纳解释的，"惠勒视玻尔为他最重要的精神导师。他真的崇拜玻尔"⑧。

---

① Barrett & Byrne 2012，p. 67.

② Byrne 2010，p. 138.

③ DeWitt 1970；Byrne 2010，p. 5.

④ Byrne 2010，p. 160.

⑤ Byrne 2010，p. 60.

⑥ Law without law，Byrne 2010，p. 332.

⑦ Byrne 2010，p. 118.

⑧ Byrne 2010，p. 161.

"玻尔,"惠勒承认道,"教了(我)一种看待世界的新方式。"[1]

埃弗莱特刚一完成他的论文,麻烦就开始了。"没人能从他的逻辑中找出错误,哪怕他们忍受不了他的结论……面对这么一个两难处境最普通的反应只能是忽略休的工作。"[2]米斯纳确定地说。在这一情况下,"坦率来讲,惠勒就是羞于"[3]把埃弗莱特的稿子拿给玻尔看。惠勒相信,"以它目前这个形式,虽然我觉得它有价值也很重要",其中有些部分有可能会变为"有太多外行读者把它拿来作神秘化的误读"[4]。

1956年1月埃弗莱特递交了他的论文之后,惠勒写信给玻尔,询问除了埃弗莱特的推论还有没有可能有其他的。5月份惠勒访问了哥本哈根,与玻尔和彼得森讨论了埃弗莱特的论文,但是很明显玻尔不喜欢埃弗莱特的文章给他留下的印象。惠勒写信反馈给埃弗莱特说,"除非把那些与那个形式体系搭配的词语做大幅度修改,否则对于物理学是讲什么的这个问题会落下完全错误的理解",并说那篇论文将需要"大量地写了再写"[5]。与此同时他又讨好埃弗莱特,"你有能力思考和写作(这样的人世界上极少,你是其中之一)……你行",并催促他把这件事直接与玻尔谈透:"去跟那位最伟大的斗士斗一场。"[6]

然而玻尔和彼得森的批评并不限于遣词造句。哥本哈根物理学家们反对的是,量子力学可以应用于测量装置或观察者这类宏观物体这样一个基本思想。"傻子才说仪器装置有波函数"[7],惠勒在对讨论所做的笔记中援引彼得森。当埃弗莱特读到这些笔记,他仅仅在他自己那份副本上潦草写了"胡扯!"[8]。就在惠勒试图安抚哥本哈根派物理学家,改变口气分辩说"埃弗莱特的论文不是要质疑当前对测量问题采用的方法,而是要接受它,扩大它的应用范围"[9]时,埃弗莱特则开始失去兴趣了。"如果他那些量子想法受关注受赞许,休当然会高兴了,但是当它们大部分被无视了,他就变得忧郁困惑,"米斯纳回忆说,"他想不通,

---

[1] Wheeler & Ford 1998, p. 139.
[2] Charles Misner, in: Byrne 2010, p. xii.
[3] Byrne 2010, p. 140.
[4] Byrne 2010, p. 140.
[5] Byrne 2010, p. 163.
[6] Byrne 2010, p. 163.
[7] Byrne 2010, p. 164.
[8] Byrne 2010, p. 164.
[9] Byrne 2010, p. 166.

为什么一个完全符合逻辑的想法却没有引起多少反响。但是他还有更重要的事情要去做，而不是去帮助世界正确地理解量子理论。他需要一份能挣来很多钱的工作，并能使他不受朝鲜战争后征兵的影响。"[1]1956年6月，埃弗莱特离开了大学，拿到了五角大楼的一份最高机密的工作。与此同时，由于想尽量找出办法来使埃弗莱特的研究成果与玻尔的空洞哲学能调和起来，惠勒把埃弗莱特的论文先搁置，要求他做出修改。在那之后，长达一年半的时间里，什么都没有发生。

1957年1月，只是在惠勒的团队出席了由北卡罗来纳大学教堂山分校的赛西尔·德威特·莫雷特组织的"关于引力在物理学中的作用大会"之后，事情才有了进展。埃弗莱特没有参加，但他的理论得到了讨论。除了惠勒和德威特，与会者还包括米斯纳，他利用这一机会把"量子宇宙学"一词引入了物理学语汇中。费曼也出席了，明确说出他对由埃弗莱特的通用波函数产生出来的"无限个可能世界"[2]不相信。大会一结束，埃弗莱特和惠勒就聚到一起重写那篇论文，这后来发表在大会的会议论文集中。在惠勒的督促下，该论文内容的百分之八十都删掉了，标题也由关于"万能波函数理论"（*Infinity of Possible Worlds*）改为"量子力学相对态的成形"（*Relative State Formulation of Quantum Mechanics*）。编辑了会议论文集的德威特起初持怀疑态度。他一面将埃弗莱特的方法描述为"有价值"和"构建得漂亮"[3]，一面反驳道："从我自己的内在体验出发我可以对此作证……我肯定没有分岔出去。"[4]埃弗莱特在回复中提到，哥白尼发现地球是绕着太阳转时，那些持反对意见的人说，"我不禁要问，你感觉到地球在移动吗？"[5]这时德威特态度放缓并用法语回答道："讲得好（Touche）！"[6]在接下来的10年中，他逐渐转变为埃弗莱特最热心的维护者。但是，在接下来的13年中，埃弗莱特的著作依然是"本世纪保守得最好的秘密之一"[7]，这是科学哲学家麦克思·雅默说的。德威特部分怪罪于惠勒对埃弗莱特论文的修改，"可笑的是，你必须非常仔细地……读那篇（重写过的论文）……才能发现那里真正要说的是什么。

---

[1] Misner, in: Byrne 2010 p. xii-xiii.

[2] Byrne 2010, p. 182.

[3] Byrne 2010, p. 175.

[4] Byrne 2010, p. 175.

[5] Byrne 2010, p. 176.

[6] Byrne 2010, p. 176.

[7] Freire Junior 2004.

而在 Urwerk（即'原始版本'）中它都是很清楚地明摆着的……"①。直到 1973 年埃弗莱特的原始版长篇论文才由德威特和他的博士生尼尔·格雷汉姆（Neil Graham）在一本名为《量子力学的多世界诠释》（*The Many Worlds Interpretation of Quantum Mechanics*）的书中发表出来②。

让事情变得更糟的是，哥本哈根物理学家们的激烈反对并没有减退。1959 年春天，埃弗莱特终于遂了惠勒的心愿，出差前往哥本哈根直接与玻尔去讨论他的论文。但是"与最伟大的斗士斗一场"没打响。正如埃弗莱特的传记作家彼得·伯恩（Peter Byrne）描述的，当埃弗莱特将他的理论甩向玻尔和几个其他物理学家时，包括玻尔的合作者，比利时物理学家莱昂·罗森菲尔德，"现场只不过是有礼貌地听着，还有好多喃喃低语"，间或因玻尔重新点燃他的烟斗而打断一下，"然后就没有了"③。正如埃弗莱特妻子南茜回忆的那样，"玻尔 80 多岁，也不愿意对任何（奇怪的）新潮理论做认真讨论"④。罗森菲尔德的裁决就不客气多了："至于埃弗莱特，当他来到哥本哈根造访我们……好推销他那被惠勒极不明智地，怂恿着发展出来的毫无希望的错误思想时，不光是我，就连尼尔斯·玻尔都不可能对他有什么耐心。他是难以言状的愚蠢，连量子力学中最简单的东西都无法理解。"⑤埃弗莱特自己回忆起来仍感郁闷："那就是个地狱……从一开始就注定了的。"⑥

情绪受到打击，埃弗莱特撤回到酒店房间，喝了很多啤酒，开拓出了那强大的优选法，他一方面把它成功地运用到他的战争模拟中，打造美国的冷战战略，同时还把它运用到他后来的咨询工作中去。除了极少几次例外，埃弗莱特很快就集中精力于他在五角大楼那份养家糊口的工作，使他有保障赚到"足够的钱，纵容自己享受美酒佳肴，美女艳遇和加勒比海游轮"⑦，就像他的传记作家彼得·伯恩所写的那样。

惠勒仍然相信埃弗莱特的才华用在军事工业中是个浪费，所以不懈地说服几

---

① Byrne 2010，p. 176.

② DeWitt & Graham，2015.

③ Byrne 2010，p. 221.

④ Freire Junior 2015，p. 140.

⑤ Freire Junior 2015，pp. 114–115.

⑥ Byrne 2010，p. 168.

⑦ Byrne 2010，p. 6.

家大学向埃弗莱特开出聘请就职学术职位的价码，但埃弗莱特没有显示出丝毫兴趣。埃弗莱特再也不愿意谈论量子力学了，有也是极为罕见。当他后来的朋友和生意伙伴，物理学家唐纳德·雷斯勒（Donald Reisler）1970年第一次申请与埃弗莱特一起工作的职位时，雷斯勒记得埃弗莱特有点怯生生地问他是否听说过相对态理论。"哦，我的上帝，原来你就是那位埃弗莱特，那位疯狂的家伙。"[1]雷斯勒心里想。他们再也没谈论过那个话题，而且三年后当他们一起建立一家公司的时候，他们一致同意，把他们的论文都锁进一个装文件的抽屉里，在接下来的十年里不谈量子力学，直到他们"觉得大概……能玩得起如此奢侈的这么一次转型"[2]。

与此同时，罗森菲尔德已经针对埃弗莱特和任何一位胆敢质疑哥本哈根正统思想的其他人发起了一场十字军东征式的大规模声讨。作为一位马克思主义者，他已经看出了玻尔的互补性与"辩证法"之间的并行不悖之处，辩证法这个思想认为分歧中的赞同和反对两方可以通过对论点进行综合而得到解决。虽然辩证法可以一路追溯到赫拉克利特和柏拉图，但是它后来被马克思和恩格斯采纳，成为马克思主义政治哲学的核心标志。由于这个缘故，互补性对于罗森菲尔德来说就事关意识形态了。根据科学史家安雅·斯卡尔·雅科布森（Anja Skaar Jacobson）的说法，罗森菲尔德以"与一切不相信互补性的人战斗为己任，不论……是马克思主义物理学家还是不知马克思主义为何物的因果派支持者。在这场斗争中他运用了一切可能的手段，包括论战文章、书评和个人关系"[3]。罗森菲尔德为几家重要的出版商以及地位尊贵的《自然》杂志提供咨询和仲裁调解服务，并且利用这个身份，他执意使凡是质疑正统哥本哈根哲学的思想全都受到压制。特别是埃弗莱特的著作，罗森菲尔德声称，"毛病在于从根本上理解错误"[4]，是"完全微不足道的，但同时也是惊人的背信弃义"[5]，它导致埃弗莱特得出的结论"只是幻象"[6]。

最后，正如米斯纳观察到的，不管怎么说，"1957年前后量子物理学家们都

---

[1] Byrne 2010，p. 339.
[2] Byrne 2010，p. 326.
[3] Byrne 2010，p. 250.
[4] Byrne 2010，p. 250.
[5] Byrne 2010，p. 251.
[6] Byrne 2010，p. 251.

业务饱满，从事着令人兴奋的研究工作，都发现玻尔的观点是够用的"。比埃弗莱特晚22年在惠勒门下拿到博士学位，并成为退相干理论先驱者之一的沃奇克·祖瑞克（Wojciech Zurek）形容这一实用主义态度说，"他们'量子化'这，'量子化'那，永远都是从经典物理学的立足点出发，而不试着从量子角度来理解宇宙（包括'经典宇宙'）"①。米斯纳细数了"新元素粒子是怎样发现的，它们的关系是怎样系统化的……开始明白了原子核结构的意义……也包括太阳里面的能源；超导刚刚得到了解释，依托着晶体管的成功，凝聚态物质理论正在绽放。如果采用休的量子观点，而不是玻尔的观点，这里面就没有一样能有收获"②。埃弗莱特同意的是这个评价："不巧的是，后来证明，我构建的理论解决了所有的悖论，而且与此同时，对我的理论和对常规量子力学进行任何可能的实验测试，都表明是完全相等的。因此，我的理论的净结果就是简单明了地给出一个完整且自洽的画面（而用不着与测量过程相关的任何专用'魔法'）。"③不仅如此，埃弗莱特还坚持认为，"如果有人能把这个理论所意味着的世界图像全盘接受下去，那我相信，人就拥有了当今最简单、最完整的框架来对量子力学做解读"④。

不过以现代眼光来看，埃弗莱特的诠释确实会带来重要的后续成果，尤其如果人们想理解量子力学对宇宙的描述，或量子计算，它是当今物理学最生机勃勃的科研领域之一。戴维·多伊奇（David Deutsch），量子计算领域的先驱之一，是丹尼斯·西阿玛（Dennis Sciama）的博士生（跟比他早大约15年的斯蒂芬·霍金一样），1977年在奥斯汀的一家啤酒花园遇到了埃弗莱特。埃弗莱特刚刚做了一次讲座，勾起了多伊奇的想象⑤。多伊奇解释了埃弗莱特见解的重要性，指出量子计算机就是得益于同时在不同的平行世界中实施运算的这一事实。"我不会说'埃弗莱特的诠释'，而说'埃弗莱特的理论'，它是量子理论"⑥，多伊奇坚称，因为"单一宇宙的理论甚至连爱因斯坦–波多尔斯基–罗森实验都解释不了，更不要说像量子计算这种理论了"⑦。为了强调这一见解戏剧性的一面，他写道："当

① Zurek 2009，p. 181.
② Charles Misner，in：Byrne 2010，p. xii.
③ Byrne 2010，p. 133.
④ Byrne 2010，p. 174.
⑤ See Byrne 2010，p. 321.
⑥ Deutsch 2010，p. 543.
⑦ Deutsch 2010，p. 542.

一台量子因数分解引擎正在对一个250位的数字进行因数分解，互相干涉的宇宙的数量会达到10^{500}量级，也就是，10的500次方……所有那些计算都是在平行的、不同的宇宙中执行的，并通过干涉共享它们的结果。"[1] 虽然埃弗莱特的理论并不提供有别于哥本哈根诠释的任何独有实验的特征，但它对于理解现代物理学的意义却起到关键作用，从宇宙学到它最先进的技术应用。尽管有这些优点，埃弗莱特的诠释仍然被看作是外行人的观点。

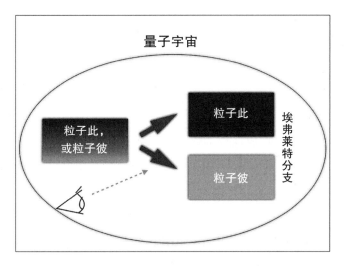

根据埃弗莱特诠释，在一次测量或观察中宇宙分裂为各种分支。然而从全球视角来看，所有的分支都还仍然是这个量子宇宙的组成部分。

从多世界到"一"

当我们探索埃弗莱特的理论对宇宙的一元论观点有什么要讲的时候，有一个核心矛盾需要解决。也许在人们看来，埃弗莱特为了能把量子力学认真看作一种描述自然"现实真相"的理论，牺牲了宇宙的单一独特性，代之以一个有多世界的多重宇宙。但是这个结论是肤浅思考的结果。南加利福尼亚大学哲学家大卫·华莱士（David Wallace）坚称，在这幅图景中最容易漏掉的是，埃弗莱特的多元宇宙并不是本质性的，而是貌似的或"显现"[2]出来的，从本质性的视角来看，

---

[1] Deutsch 1998，p. 216.

[2] Wallace.

埃弗莱特的形式体系不是把宇宙分裂，而是允许把量子力学应用到整个宇宙，从而让量子纠缠得以把宇宙融合为一个包罗万有的"一"。当1977年年轻的法国物理学家让-马克·列维-勒布朗（Jean-Marc Lévy-Leblond）问到这个问题的时候，埃弗莱特直接说穿道："这只是个专业术语名称的问题。我的看法是，只有一个单一的（量子）世界，它有通用波函数。没有什么'多世界'，没有'分支'等等，这些都是依旧坚持用经典物理学的观念去理解世界的产物。"[1]

在他的信中，列维-勒布朗附上了一份论文，是一年前他提交给斯特拉斯堡举行的一次会议的，其中进一步解释了他的观点。列维-勒布朗指出，埃弗莱特的诠释"被说成是描述了'多世界'——对应着这些分支"。于是关于哥本哈根和埃弗莱特之间的区别，最普遍的解说就是这样："哥本哈根诠释是要切断所有'分支'，任意选择'一个世界'，……只剩下一个（应该就是我们认为自己正坐在其上的那个吧）；而人们应该接受的是，同时存在着'多世界'，——对应着一次测量所得到的所有可能结果。"其实埃弗莱特诠释的定义性特征是，它是纯粹从量子力学意义上对宇宙进行描述，所以列维-勒布朗强调，"多世界"这个概念顾名思义说的就是经典物理学意义中的现实世界：列维-勒布朗发现，"'多世界'这个概念，仍然是沿用的经典物理学概念"，是明显与埃弗莱特的本意相矛盾的。"在我看来，埃弗莱特想法的深层意思不是许多世界的共存，而是正相反，是存在单一的一个量子世界"[2]，针对人们对埃弗莱特诠释的通常认知，列维-勒布朗把他的评论意见归结如是。

在回复中，埃弗莱特同意道："你的预印本……是我看到过的有关这个课题的比较有意义的文章之一，因此值得回复。"他澄清道，"'多世界诠释'……当然不是我起的标题，因为当时不论任何人选择任何形式，只要能把这篇论文发表，我都高兴！"并且确认了列维-勒布朗的结论："但是你的观察是完全准确到位的（就我所读到的而言）。"[3]

埃弗莱特再次强调了他在早年论文中已经写过的话，那篇论文向惠勒描述了他的论文项目。"物理'现实'被假定为是整个宇宙本身的波函数"[4]，以及他在

---

① Barrett 2012，p. 312.
② Barrett 2012，p. 312.
③ Barrett 2012，p. 313.
④ Byrne 2010，p. 140.

他那篇长篇论文中所做的解释:"追问一个子系统的绝对状态是没有意义的,人只能寻问,与该系统其余部分一个特定状态相关的那个状态。"①在这一点上,埃弗莱特完全同意戴维·玻姆,后者在自己1951年的教科书中就已经强调过,"在量子层面的准确性方面,整个宇宙必须被视为形成一个单一的、不可分割的单位,其中每一种物体都与它的周边环境联结在一起"②。事实上,埃弗莱特的原著是叫"通用波函数理论"(*The Theory of the Universal Wave Function*),在惠勒的影响下变成了"量子力学相对态的成形"(*Relative State Formulation of Quantum Mechanics*),后来更是被德威特重新命名为"多宇宙"或"多世界诠释"。就这样一步一步地,对宇宙的描述由专注于一元论的纯量子力学思维,转变到跟平行存在着无数经典物理学现实纠缠不清。已故牛津哲学家迈克尔·洛克伍德(Michael Lockwood)甚至于把德威特的标签称为"对这一观点明显用词不当的乱起名"③。

相反,本质上单一的量子宇宙不仅消除了讹传埃弗莱特诠释有一个"巨沉重的玄学累赘"(就像惠勒抱怨的那样)这个问题,它还使这一批评完全作废;因为这样一个本质性的现实不只是一个单独的宇宙,而且还是一个由物质、空间和时间以及一切有潜在可能性的事件和局面组成的独一无二的实体。不仅只有一个单独的世界,而且这个单独的世界就是所有存在着的一切!虽说知道这一点的人很少,但他这个理论的这一层意义后来会被证明是埃弗莱特的巅峰遗产。正如沃奇克·祖瑞克证实的那样,"是埃弗莱特让我们得以把宇宙想成是全然量子力学的性质"④。

然而,花了几十年时间埃弗莱特的思想才最终被认真接受为对量子力学的一种诠释。其中一个原因是,当时的物理学家们那种实用主义的"闭上嘴,数你的数去"态度。另一个原因是,来自玻尔和他的共事者的激烈抵抗。除此之外,然而,还有一个问题,那时还不是很清楚,就是埃弗莱特的多元宇宙是如何与我们体验到的、经典物理学的现实世界关联上的。

① Hugh Everett Ⅲ, in: DeWitt 1973, p. 43; Byrne 2010, p. 152.
② Bohm 1951, p. 584.
③ Lockwood 1989, p. 225.
④ Byrne 2010, p. 131.

朴实的布隆斯威克人

如果就像埃弗莱特强调的，他的理论把测量"当作纯粹波动力学理论里的一个自然过程"[①]来看待，且如果正像他肯定的那样，在一次测量中"由于相互作用的缘故，会与环境建立起强大的互相关联"[②]，而且"正是这个现象决定了宏观世界的经典物理学样貌，决定了了了分明的实体物件等的存在"[③]。——那么这个过程到底是怎样实际发生的呢？

这需要花 10 年以上的时间，以及一位与埃弗莱特相当不同的物理学家的研究工作，才能回答这些问题，并把埃弗莱特的理论落实到坚实的地基上。正当埃弗莱特在开发计算机程序来模拟核战争时，这位物理学家在一个因战争而千疮百孔的国家成长起来。他有一个朴实清明的灵魂，与沉迷性爱、吸烟不断、嗜酒如命的埃弗莱特截然不同，而且在物理学的基础方面有斗牛犬式的犟脾气。埃弗莱特面对自己的理论所遭遇的反对和轻视感到沮丧，"实际上，在 1956 年已经对这整件事情金盆洗手了"[④]，而且把他的论文锁了起来，以免受到什么诱惑又想谈论它。而现在这位物理学家呢，当他的导师，一位诺贝尔奖得主坦率地告知他"再对这个科目有什么动作，（你的）学术生涯就终结了！"之后，他仍然不肯退缩。他反而觉得，既然他的"生涯横竖被毁了"，那就干脆破罐破摔了："现在我正好去做我喜欢做的事，我再也用不着想办法搞到一个职位，或者诸如此类的事情。"[⑤]

海因茨-迪特尔·蔡赫（Heinz-Dieter Zeh），1932 年生于德国不伦瑞克，此地又名布隆斯威克。在德国人当中，布隆斯威克来的人普遍被视为内敛、谦卑且直率，用这种性格特征来描述迪特尔·蔡赫本人倒是相当贴切。纳粹夺取国家大权的时候蔡赫还不到 1 岁，当这个血腥的独裁统治集团引燃了第二次世界大战的时候他 7 岁，直至他 13 岁生日时，政权垮台了，欧洲战事结束，德国无条件投降。在之前的几个月，大约 90% 的布隆斯威克内城——这座城市可以追溯到中世纪统

---

① Barrett & Byrne 2012，p. 111.

② Barrett & Byrne 2012，p. 68.

③ Barrett & Byrne 2012，p. 68.

④ Byrne 2010，p. 331.

⑤ Freire Junior 2009，p. 282.

治者狮王亨利时期——都被盟军空袭炸为齑粉，而纳粹党则把只比蔡赫本人年长3岁的少年送上一场注定败仗的前线。据说希特勒争辩说，如果德国人无法赢得这场战争，那么他们就活该消失。好像这还不够似的，德国由于战败，在苏联的影响下被拆分为东、西两个国家，布隆斯威克还要遭受几乎半个世纪的经济磨难，因为它的地理位置靠近将欧洲分为东、西两个势力范围的铁幕。蔡赫的背景和他的童年是不是铸就了他，使他特别不愿意接受现成的观念并接受派系路线呢？这很难说。正如他的遗孀西格丽德·蔡赫强调的，她丈夫"特别不情愿讲述他的生活"[1]。

事实上，当蔡赫开始他的物理学生涯时，量子力学要走的派系路线就是哥本哈根诠释，而蔡赫则是说什么都不愿顺从。1980年他写信给惠勒说，"我预料哥本哈根诠释不定什么时候就会被称为'科学史上最大的诡辩'"[2]。蔡赫的主要动机就是"给现代物理学找到统一的、概念通顺一致的方法描述自然界"[3]，而哥本哈根诠释正是牺牲掉了通顺一致。

蔡赫已经开始在不伦瑞克学习物理学之后不久，又转到海德堡大学，在那里他可以和诺贝尔物理学奖得主约翰内斯·汉斯·丹尼尔·延森（Johannes Hans Daniel Jensen）一起工作。延森以原子核的壳层模型著称，这个模型也由同在德国出生的美国物理学家玛丽亚·格佩特-梅耶（Maria Goeppert-Mayer）独立研发出来（为此他们共享了1963年的诺贝尔物理学奖）。根据壳层模型，原子核就像一个微型的原子，区别在于它的轨道是由质子和中子占据着，而不是电子。就是在对这种原子核模型进行分析的过程中，蔡赫取得了他自己的突破性发现。

完成他的博士学位后，蔡赫在加州大学伯克利分校、加州理工学院和加州大学圣地亚哥分校待过一段时间做博士后，于1960年代中期回到海德堡，去准备他的"国家教授资格考试（Habilitation）"论文，那样他将有资格在德国申请教授职位。对于年轻的物理学家们来说，1960年代一定是个变革和希望的时代。离开他那灰色压抑的祖国，那里仍在挣扎着克服战争带来的巨大创伤，蔡赫先在受到阳光亲吻的加利福尼亚生活，后又回到德国，那里学生们在抗议要求自由恋爱、政治参与，反对越南战争、反对前纳粹官僚仍在德国行政管理当局占据高位。

---

[1] Sigrid Zeh，2010年2月2日写给本书作者的电子邮件。

[2] Camilleri 2009，p. 300.

[3] Zeh 2012，Location 25.

"蔡赫不像他那些保守的海德堡物理学教授同僚那么如临大敌。"[1]蔡赫的早期学生伯纳德·法尔克（Bernad Falke）回忆道。相反，"蔡赫观念开放，并对保守政治持批评态度。他驾驶着一辆白色保时捷，配备了一个挂钩用来拖着他的帆船四处游弋，还来到我们的聚会，学生们在那里讨论问题。"[2]在某个时间点上，蔡赫用他的保时捷换了一辆奔驰。"他肯定是遇到了他后来的妻子，所以想要看起来体面一点。"[3]法尔克怀疑道。当内卡河谷中动乱的学生和当局之间的冲突升级之时，当政治学研究所被占领，大学校长威胁关闭大学之时，当暴乱的抗议人群与警察之间的暴力加剧之时，蔡赫正在工作，在他的办公室里，在"哲学家小径（Philosophenweg）"，在临河北岸的半山腰上，推进着他自己的革命。

在这些日子里，蔡赫把各种常用的近似方法运用于核物理，从构成成分角度来描述原子核。这种思考引导蔡赫想到量子的子系统与整体之间的关系。"这一类比……引导我产生出一个漫无边际的猜测，一个巨大无比的原子核，大到足以容下复杂的子系统，比如测试装置甚至有意识的观察者。"[4]蔡赫后来这样回忆他对量子宇宙学的第一次探路。

就是这一把宇宙想成一个巨无霸原子核的思路启发蔡赫问出了一个具有导向性的问题：这么一个原子核，如果从质子和中子——那些构成它的粒子——的视角去观察，看起来会是什么样子呢？换句话说，如果观察者从里面去观察量子宇宙的话会是什么体验？最终，这些问题引导蔡赫去发现测量问题的解决方案，以及后来被称为"退相干"的那种现象。

量子退相干的作用，是保护我们的日常生活体验中不出现过多量子怪诞现象，解决了经典物理学体验是如何在量子测试过程中浮现出的这个难解之谜。不论何时，当一个量子系统被测量，或者称与它的环境咬合起来，量子纠缠就使量子系统、观察者和宇宙的其他部分互相交织在一起。于是，从局地观察者的视角来看，信息弥散到他所不知道的环境，因为他无法综观整个宇宙。这一从观察者视角看起来像是消失掉的信息就是各量子现实之间的黏合剂。没有它，量子力学的叠加——比如薛定谔那只名声不佳的非死之猫——就分裂为各个平行现实，在

---

[1] 2020年12月6日与Bernd Falke电话交谈，本书作者录音并翻译。
[2] 2020年12月6日与Bernd Falke电话交谈，本书作者录音并翻译。
[3] 2020年12月6日与Bernd Falke电话交谈，本书作者录音并翻译。
[4] Zeh 2012a, Location 2852 .

那里，准经典物理学物体，比如有确定位置的粒子就出现了。在这样的情况下，退相干的作用就好像在量子物理学的平行现实之间拉开了一条让人往里看的拉锁。从观察者的视角来看，宇宙和她本人似乎"分"成一个个分隔开的"埃弗莱特分支"。观察者会看到一只活猫或一只死猫，但绝不会有中间状态。世界在他看来是个经典物理世界，而从全球视角来看，它仍然是量子力学世界。事实上，在这一景象中整个宇宙就是个量子物体。这个状态正像一首著名的德国摇篮曲所形容的，"看呀看着月亮，奇怪呀奇怪，怎么她有一半在那边，她不是又圆又白亮的吗。我们才是在胡闹的人，因为我们在取笑，我们什么都不知道"；可以把这里的满月理解为量子宇宙，而它可见的一半"月亮"扮演的就是我们体验到的、经典物理学"埃弗莱特分支"的角色。

当蔡赫写完论文的初稿后，他离开了办公室，爬上那陡峭的步道去研究所图书馆做一些"完全不同"[①]的事情。在"哲学家小径"那所雅致的大房子里，俯瞰着海德堡市和内卡河谷，蔡赫偶然碰上了某样还挺相像的东西：一篇由布莱斯·德威特论量子引力的文章，引用了埃弗莱特的形式体系。蔡赫立刻意识到，他所发现的正是埃弗莱特的"多世界诠释"中缺少的那个内在本质环节：使我们所称的现实世界产生出来的那个环节。

物质是如何产生的

退相干最令人吃惊的效果之一是，被认为由粒子构成的固态物质，可能实质上是个幻觉。"不存在量子跃迁，也不存在粒子！"[②]这是蔡赫给1993年发表的一篇论文起的标题。在他的评论《粒子和波的奇怪历史》[*The Strange (hi) Story of Particles and Waves*]中他进一步肯定地说："粒子概念已经被认识到是个妄念。"[③]这篇评论他从2013年起直到2018年他逝世一直不断更新，最后的是二十三版。

这一理念背后的基本思想是，物质或更具体地说是粒子，不是根本性的东西，它们是"显现"出来的；这是哲学家们的说法，描述一些出于实用目的而有

---

① Camilleri 2009, p. 292.

② Zeh 1993.

③ Zeh 2018.

用，但仔细一看并不存在的那些概念的性质。这类概念比方说有"温度"，从微观视角来看，它归结为原子或分子的平均能量。比如蔡赫以光子，也就是光和电磁辐射的量子为例解释说："于是光子看起来像粒子一样自发出现（例如以单击计数器的形式），其实只是由宏观探测器造成的快速退相干的一个结果。"[①]蔡赫的学生艾里希·朱斯（Erich Joos）后来这样具体说明，"'粒子'看起来在空间中有具体位置不是因为存在着粒子，而是因为环境在连续测量位置。粒子这个概念似乎是可以从量子……状态推演出来的"[②]。根据蔡赫和朱斯，看起来像物质的东西是从量子力学波中通过量子退相干"显现"出来的。

蔡赫的发现让人回想起薛定谔对海森堡粒子观的评论。在1952年为《不列颠科学哲学学刊》（British Journal for the Philosophy of Science）所写的两篇随笔中，薛定谔论证说，在量子力学里也称为"能量包观点"的东西"是个幻觉"[③]，而且"你可以把微观相互作用看成是一个连续现象，而且对于能量包理论能解释的现象，你一样可以理解，没有任何损失"[④]。与蔡赫一样，薛定谔相信量子不是根本性的，而是我们对自然界粗浅描述的产物。"当我们听到同样的词汇一遍又一遍以权威性被念出来，我们往往会忘记，它们原本是个缩略词；我们被诱导着去相信它们所形容的是一个现实情况。"[⑤]但是薛定谔所回避的以纯粹量子力学为基础的物理学，那是个"泥淖"或"果冻"，到蔡赫手里，他不仅强调说，对他来说"（宇宙万物量子纠缠中）退相干最重要的成果是，再也不需要在根本性层面借用经典物理学的概念了"[⑥]，还证明了为什么埃弗莱特的通用波函数会看起来好像真的存在着粒子似的。换句话说：蔡赫解释了，如果一切即"一"，那么"一"又是如何看起来仍然是各种各样的事物。

要完全弄懂这个论点，我们要回到蔡赫第一次发现退相干的时候，当时他在研究对非球形、"畸形的"原子核的描述，运用的是核子物理学中标准的近似方法。虽然这种形式体系用起来完美符合要求，但蔡赫就是对为什么非要采用这些做法的理由感到深深的困惑。在这里的典型情况是，一个复合成的整体系统（在

---

① Zeh 2018.

② Joos 1986，p. 12.

③ Schrödinger 1952a，p. 116.

④ Schrödinger 1952a，p. 115.

⑤ Schrödinger 1952a，p. 120.

⑥ Zeh 2005，p. 5.

蔡赫的例子中就是那个原子核）要以若干单个构件（在蔡赫的例子中是组成那个原子核的质子和中子）的叠加状态来描述，而这些个体构件具备的特征那个整体系统却不具备。举例来说，核子可以以某种特定的方式旋转，而整个的原子核会保持静止。当把一个不含时原子核按含时构件做近似的时候也一样，蔡赫自己问自己："根据哪条逻辑可以让一个不含时方程的解近似于含时？"[1] 另一方面，严格来说这些个体构件并不是以清晰明确的状态存在的。作为一个纠缠起来的完整系统的子系统，各个构成部分都是全然融合在整体中的。蔡赫发现，在看着一个子系统的时候，人可以体验到在对全系统的完整描述中不存在的特性，正像原子核内的一个核子"感觉上是有明确（特性）的"，当把原子核作为一个整体看待时，这个特性就完全不存在。蔡赫想知道："那么一个处在内部的观察者难道就不会同样开始'感知'到某个特定的测量结果？"[2]

长话短说，退相干允许观察者体验到并不真实存在的东西，这是因为他对整体信息掌握得有限。虽然我们通常会把不常看到的东西忽略掉，但令人迷惑不解的是，退相干让我们看到的比真实存在的东西多。为了对这个有违常识的现象得到一个直觉的把握，我们可以再次利用那个放映机现实的比喻。实际上，在放映机的机芯里没有电影胶卷，只有一个无形无相的光源。在电影放映机的早期版本中，也就是幻灯机中，画在玻璃片上的图片被放在灯泡和投影幕布之间，吸收了从光源发射出来的一部分光。还有比这更早更原始的皮影戏，也能给退相干原理做比喻。在所有这些例子中，从光源射出的光被皮影傀儡、玻璃片上的图画或电影胶卷吸收，创造出展示在屏幕上的图像。我们通过观看屏幕体验到的那些角色、物体和故事是我们看到的，而不是从灯泡发出的全部光线的结果。另一个例子是彩色光学镜片的作用。虽然看起来这样一片镜片给没有颜色的太阳光添加了颜色，但真实情况是，镜片是把白色透明状态中所含有的所有其他颜色成分都吸收掉了。与退相干一样，一片彩色镜片，一副皮影道具、一片涂了颜色的玻璃片或一卷电影胶卷，看起来像是创造了信息，而实际是过滤掉了信息。在所有这些例子中，正是我们的"无知"成就了我们的体验。

但这就意味着，量子系统的构成部件并不真的存在，"唯一真的可以存在的

---

[1] Zeh 2012a，Location 2801-2852.

[2] Zeh 2005，p. 4.

观察对象是整个宇宙的量子状态"[1]。蔡赫早在 1967 年就作出了这个结论。对于蔡赫来说，放映机现实才是根本性的，它相当于一个包罗万物的单体，一个纠缠中的"量子宇宙"[2]。其他一切东西，包括物质或粒子，都是幻象。物质的这一非本质性最为戏剧化地体现在，约翰·惠勒的学生威廉·昂鲁（William Unruh）和其他一些研究人员在 1970 年代早期发现的一个效应中。根据在理解黑洞时有关键重要性的"昂鲁效应"，一个正在加速中的观察者在空无一物的空间中，也就是真空中会发现粒子，而处于静止状态或在恒定速度中的观察者则什么也看不到。粒子存在与否这件事本身取决于移动，或者不如说是取决于观察者的观察视角。这清楚地证明了物质存在与否是要依其他条件而定的概念，在不同的观察者看来都可相当不一样。

量子变大

物理学是一门讲求实验的科学。归根结底，把事实与虚幻区别开来的是实验而不是高远的理想。如果埃弗莱特和蔡赫是对的，那么只要把任何一个物体与它的环境隔离开来，避免产生退相干，从而展示出深藏内里的属性是量子物理学而非经典物理学就够了。如果这样做行得通，我们就可以创造出比粒子或原子大的量子物体，就像我们日常生活中的物体那么大。根据哲学家迈克尔·洛克伍德所说，"薛定谔之猫的例子的全部意义在于……显示出，只要存在合适的契合度，任何微观量子叠加都可以被拿来产生出一个相对应的宏观量子叠加"。洛克伍德解释说，"我们的一般体验，其属性中没有任何东西构成一丝证据证明量子力学真的在宏观层面上失去作用。与量子力学的万物皆准性对不上的并不是我们的日常体验本身，而是用来解释它的那种常识"[3]。不过，没有"一丝证据"证明量子力学对于大型物体不起作用是一件事；而要说明量子力学普遍有效，更加有说服力得多的证据应该是实际生产出宏观量子物体来。

事实证明，从 1990 年代起，实验物理学家们真的拿出了证明，有一个比一个更大的量子现象可以存在。"那不是容易做到的，"美国科学作家斯蒂芬·奥梅斯

---

[1] Zeh 1967.

[2] Zeh 2005，p. 5.

[3] Lockwood 1989，p. 224.

(Stephen Ornes)提醒说，"量子效应是逃逸的、微妙的、易碎的，哪怕最轻微的振动或热力学波动都会使它湮灭。要想好歹观察到它们，就需要有能把系统与外界的热和噪声隔绝起来的实验设置。"①然而，使用在超导线中循环的电流，就可以做到这一点。"物理学家可以使用磁场诱发电流同时在环路中向两个方向流动。那不是说一半朝一个方向走，另一半朝另一个方向走，而是所有的电子……同时以顺时针和逆时针方向串流。"②奥梅斯写道。

其他已经实现了的大型量子系统包括大分子、膜或远距离之间的量子纠缠。例如1999年，维也纳物理学家安东·蔡林格（Anton Zeilinger）和马库斯·阿恩特（Markus Arndt）及其他们身边的一群研究人员成功地展示了量子波干涉，对象是所谓的"布基球"或富勒烯，它是由60~70个单个碳原子形成的像足球形状的大分子。2012年，蔡林格团队继续推进，通过量子纠缠传输了量子特性，这个过程被称为"量子隐形传态"，跨越了加纳利群岛中相隔143公里的拉帕尔玛岛和特内里费岛两个岛屿。另一种方法是2016年在荷兰由代尔夫特大学的西蒙·格勒布拉赫尔（Simon Gröblacher）探索来出的，他通过使用1毫米直径的薄膜实现了量子纠缠。格勒布拉赫尔甚至梦想把活体组织，例如一只"缓步动物"或"水熊虫"，放到量子叠加中去。而且事实上，2021年12月一群包括来自牛津和新加坡的国际科学家报告称，他们成功地实现了一只活的缓步动物和一个超导固态装置之间的量子纠缠，这意味着其中每个子系统都存在于一个量子叠加状态中③。

此外，对宏观量子现象的研究不限于观察量子叠加，它还包括"观察退相干的渐变动作，从而看到量子领域和经典领域之间一步一步的转变过程"④，就像马克西米利安·施洛绍尔（Maximilian Schlosshauer）在他的著作《退相干与量子到经典的转变》（*Decoherence and the Quantum-to-Classical Transition*）中所写的那样。举例来说，施洛绍尔描述了"大型富勒烯分子产生的干涉图形通过衍射光栅发送后，被观察到逐渐衰退，这是随着周围气体分子的密度提高，且富勒烯和环境分子之间的散射事件率也因之增加而发生的"⑤。正像施洛绍尔强调的那样，"我们现在已经有能力去直接测量出，与环境连续相互作用是怎样逐渐降低我们

---

① Ornes 2019.

② Ornes 2019.

③ Lee 2021.

④ Schlosshauer 2008a，p. 9.

⑤ Schlosshauer 2008a，p. 9.

观察量子现象的能力的"[1]。"量子理论已经站住脚了",沃奇克·祖瑞克认定,还加上一句"而且越来越清楚的是,它那些最古怪的预测——量子叠加和量子纠缠——都是从实验中观察到的事实,原则上也是对宏观物体起作用的"。[2]

乌有之地

但是为什么花了这么长时间才认识到量子力学的普适性质,以及量子纠缠和量子退相干的本质性质?为什么——从量子力学的漫长历史来看——它对我们看待现实世界的观念所具有的翻天覆地般的意义没有被早些认识到?"蔡赫觉得,问题的关键在于要接受量子纠缠在量子理论中所起的根本性作用,……要认识到它是内在本质性'现实真相'的一个特征。"[3]科学哲学家克利斯蒂安·卡米勒利(Kristian Camilleri)写道。在另一个地方,蔡赫强调说他"已经确信,量子退相干在量子理论前60年里被忽略,恰恰是因为量子纠缠被误解为至多不过是各有位置的物体之间在统计学意义上的关联关系"[4]。事实上,量子纠缠,还有蔡赫看出物质似有颗粒结构、物体似以原子和粒子组织而成这些其实都是幻象,直白地说就是量子状态的"非定域性"。总的来说,量子物体在宇宙中没有位置,从字面上来理解也不过分。不过这个概念在蔡赫对它进行思索的那个时代还是相当另类的。蔡赫后来回忆道,"我早期用英文写的著作里'量子纠缠'这个词根本就没有出现,就是因为这个用语太不寻常了,我甚至不知道薛定谔的德文术语'Verschränkung'在英文中翻译成了什么"[5]。蔡赫还指出了量子纠缠的真正含义是如何被错过的,"甚至当薛定谔后来把量子纠缠称为量子理论的最大神秘现象时,他使用的也是个词不达意的短语'分隔开的系统间的概率关系'"。蔡赫强调说,"量子纠缠对于……氦原子的结合能的重要性,那时已经很清楚了"[6],然而,"爱因斯坦、波多尔斯基和罗森……冯·诺伊曼……这些伟大物理学家中无一人打算放弃现实必须是定域这个条件(也就是说,必须有确定的空间与

---

① Schlosshauer 2008a, p. 10.

② Zurek 2009, p. 181.

③ Camilleri 2009, p. 292.

④ Zeh 2005, p. 2.

⑤ Zeh 2012a, Location 2898.

⑥ Zeh 2002.

时间）"①。

蔡赫在海德堡发现了量子退相干那段时间前后，在日内瓦，约翰·贝尔（John Bell）和贝尔纳·德斯班雅正在为与此相关的一些问题绞尽脑汁。在1960年代，德斯班雅和贝尔两人都是在CERN（欧洲核子研究组织）工作的理论粒子物理学家。"在那个时候，我在量子力学方面有困难，他在量子力学方面也有困难。但是他不知道我有困难，我也不知道他有困难。有一次一位朋友告诉我，由于某些什么原因，人们似乎怀疑他是有些困难的。"②最后是一本书"出卖"了贝尔，"当我在约翰的书架上瞄见一本异端书时我就断定了这一点"③，德斯班雅这样回忆起他和贝尔是如何开始谈论起量子力学基础的。他们讨论的起始点之一是对量子纠缠的困惑，"我自己重新发现了……一些我从来没有在任何一本书中读到过的东西，其实，薛定谔……在很久以前就指出过了，那就是'不可分割性'"④——不可能在不失掉信息的情况下将一个纠缠中的量子状态分割为部件。"当我跟约翰谈到这一现象时，他当然同意了。"⑤

就像他们之前的玻姆、埃弗莱特和蔡赫一样，德斯班雅和贝尔很快就遭遇了来自他们同僚的同样敌意和实用教条主义的有毒混合体。德斯班雅发现，"麻烦在于很大一批效仿玻尔的物理学家紧紧抓住在哥本哈根发展起来的……形式体系不放，并抵制对它们进行任何改变的任何企图，但与此同时他们采用了一个相当不同的动机原则，那就是科学实在论。这么做的时候，他们把一致性都放弃了"⑥。贝尔对此表示同意，"物理学家普遍觉得，这些问题早就有了答案，而且只要他舍得花20分钟去思考一下这些问题，他就会完全理解究竟为什么会如此"⑦。正如物理学家安德鲁·惠特克（Andrew Whitaker）所说的，"甚至带着任何新奇感对量子理论的本质性以及它那些颇令人吃惊的特性进行思考都是被视为完全不正当的。对于那种问题，当时实际上无一例外都相信，早在30年前就被尼尔斯·玻尔一次性梳理清楚了"⑧。后来对贝尔的研究工作实施了第一次实验测

---

① Zeh 2002.
② Bertlmann & Zeilinger 2002，p. 12.
③ Bertlmann & Zeilinger 2002，p. 21.
④ Bertlmann & Zeilinger 2002，p. 22.
⑤ Bertlmann & Zeilinger 2002，p. 22.
⑥ Bertlmann & Zeilinger 2002，p. 28.
⑦ Bertlmann & Zeilinger 2002，p. 23.
⑧ Whitacker 2012，p. vii.

试的约翰·克劳泽（John Clauser）确认，"一种非常强大的……观念开始在物理学界蔓延，任何人如果胆敢大不敬，对量子理论的根基有所质疑，都会被人把名声搞臭"。这一偏执带来的后果还不止是影响一位研究人员的名声。"这个骂名的净冲击效果是，任何物理学家……如果认真对这些根基提出了质疑……都会立即被打成'假把势'"，而"'假把势'当然面临着在专业圈内找不到体面工作的窘境"[1]，克劳泽补充说。惠特克同意，说虽然"有几个勇敢的家伙确实从那矮栏杆上探出过头……但是他们都受到了以玻尔、海森堡和沃尔夫冈·泡利为中心的一群物理学强悍人物的严厉批评。就是要明确、明白地告诉你，任何人胆敢质疑哥本哈根观点，在物理学中就没有位置——找不到物理学方面的工作！"[2]。

因此这就迫使贝尔或多或少秘密地利用业余时间对量子力学的意义进行探索。"我是一个量子工程师，但是星期天我有我的原则"[3]，贝尔对这种工作理由是这么解释的。贝尔在闲暇时间做的工作中最了不起的一项成果就是以不等式改写了EPR悖论：如果量子力学当时那个样子就是正确的，如果它果真就是非定域性的，那么就应该违反贝尔的不等式。更妙的是，贝尔的这个非定域性的试金石不仅限于隐变量版本的量子力学。贝尔纳·德斯班雅回想起："它的线索还要深，因为实验对贝尔不等式的违反证明了非定域性在相当程度上不取决于量子力学是正确的还是错误的。这当然是最重要的。"[4]正如德斯班雅强调的："约翰把一个基础问题，关于定域性的问题，从云遮雾障的哲学天空拽下来到了更加脚踏实地的科研领域。"[5]贝尔的朋友莱因霍尔德·伯特曼（Reinhold Bertlmann）和量子信息先驱安东·蔡林格后来表示不解，"令人意外的是，虽然量子力学在贝尔的定理发表时已经建立完善了，却没有一次实验能明确让人排除掉定域实在论解释"。但这一局面不久就改变了。贝尔的想法拨动了美国一群年轻的反传统者的神经，他们把贝尔的定理作了综合概括，使之适合用来做实验测试，这就是现在人们知道的"CHSH不等式"。这个改写的公式允许粒子物理学家名副其实地把量子纠缠和尾随其后的量子力学非定域性拿来测试。要通过实验来确定，量子力学是否意味着整体要大于它的各部分，以及，一对粒子的总自旋在作为组件的单个粒子的自旋

---

[1] Bertlmann & Zeilinger 2002，p. 72.

[2] Whitaker 2002，p. 2.

[3] Bertlmann & Zeilinger 2002，p. 199.

[4] Bertlmann & Zeilinger 2002，p. 22.

[5] Bertlmann & Zeilinger 2002，p .26.

中是找不到的。约翰·克劳泽，也就是"CHSH"当中的那个"C"回忆道，"结论惊人，发人深思；要么多数搞研究的科学家所奉行的实在论哲学必须彻底放弃，要么就要对我们的时空观念做颠覆性的修正"[①]。现实世界的这一整体性，"一切即一"式特征最终证明，物质特性不是必须位于具体地点的，它们可以是"非定域"的，例如蔡赫的原子核，它的特性就不能从它的组分核子上找到。

但是，这不就是埃弗莱特的重要胜利之一吗，他不是证明了EPR悖论是"臆测"的？他不是指出测量的相互作用可以是定域性的，从而可以使量子力学与相对论调和？不是不需要用超光速信息传输来解释一对纠缠中的粒子在被测量时发生了什么吗？事实的确就是如此，然而，埃弗莱特诠释允许局地互动及测量这一事实并不意味着在任何环境下量子状态的特性都可以被定位。贝尔的不等式证明的就是这第二类非定域性，纠缠中的量子状态的特性不可能被降低为它的构成成分的特性，这仅仅是因为，只要那个整体状态被当作一个整体来看待，那么这些构成成分就不存在。这一发现与蔡赫的发现，即"量子力学不支持粒子，也就是有具体位置的物质团块的存在"完美吻合。

贝尔的研究工作确立了，本质性的量子现实是非定域性的，它存在于超出时空的一个"乌有之地"。但是它对于知识界的总体氛围，对于同僚们如何看待那些对量子物理学基础感兴趣的物理学家，也产生了一个效果。科学史学家小奥利瓦尔·弗雷利（Olival Freire Junior）是这样描写的："1970年有三件事可以佐证氛围的改变。"[②]第一个是面向普通公众的，是一篇评论埃弗莱特诠释的文章，由布莱斯·德威特在《今日物理学》（*Physics Today*）上发表。其次是科学杂志《物理学基础》（*Foundations of Physics*）创刊，它发表了对量子力学进行诠释的研究文章，包括蔡赫论量子退相干的原论文。最后，1970年夏天，"恩利克·费米"物理学国际学院在瓦伦纳举办，那是个风景如画的意大利村庄，从一个山壁架上伸展进科莫湖。据弗雷利所说，"瓦伦纳是量子物理学异见人士的伍德斯托克"[③]。

与此同时，身在海德堡的蔡赫仍在进行着斗争，好为他那论量子退相干的著作争取关注。"那个时候要与同事们讨论这些想法，或者甚至发表它们，都是绝

① Bertlmann & Zeilinger 2002，p. 61.

② Freire Junior 2004.

③ Freire Junior 2015，p. 197.

对不可能的。"①蔡赫后来回忆道。当他写完自己论文的时候，他的精神导师延森告诉蔡赫他理解不了这项研究。在满世界的人堆里，延森找到罗森菲尔德寻求指点，这个人之前就已经在破坏玻姆和埃弗莱特的研究工作了。罗森菲尔德的回答冷酷无情，也同样错得没商量："我以全世界能找到的一切理由认定，像这么一个不着边际到极点的胡言乱语大杂烩不可以托您的福散布到世界上去，而且我是想为您效劳，故而提请您注意这个不幸的事实。"②蔡赫记得的是，"延森从来没给我看（罗森菲尔德的信），他在信里肯定极其刻薄地评价我说的话，我记得延森把那些话讲给一些别的同事，然后当我注意到他们正在聊这些话题的时候，他们吃吃地笑起来。但是他从来没告诉我到底这封信里写了什么……然后延森告诉我，我不应该继续搞这项研究了，于是从那时起我们的关系变差了"③。唯一一位对蔡赫的突破做出积极反应的知名物理学家是尤金·维格纳，他是约翰·惠勒和约翰·冯·诺伊曼在普林斯顿的朋友和同事，维格纳与延森和格佩特-梅耶共享了1963年诺贝尔物理学奖。蔡赫回忆道，"他帮助我把它发表了，他还安排了一份邀请函，（让我）去参加1970年在瓦伦纳举行的量子理论基础大会"——就是那个"量子伍德斯托克"，由"贝尔纳·德斯班雅组织的"④。事实上，在瓦伦纳发言的包括贝尔、玻姆、维格纳、德布罗意、德威特、阿布纳·西莫尼（Abner Shimony）（CHSH里的那个"S"）以及阿兰·阿斯佩（Alan Aspect）——此人后来把证明违反贝尔不等式结果中的漏洞给堵上了。也是在瓦伦纳，德威特公开宣布他最近改而站到埃弗莱特诠释一边。

　　然而当蔡赫到达那所学校的时候，他失望了："我发现那些与会者，包括约翰·贝尔，正在就贝尔不等式的初次实验结果进行着热烈讨论，那是几年以前就发表了的。我从来都没听到过它们，但是那四处洋溢的热烈气氛不怎么能打动我，因为我已经全然确信了，量子纠缠（以及随之而来的非定域性）是量子状态中一个有充分道理的特性，它在我看来就是描述了'现实真相'，而不是各种关联的概率。所以我预料着每个人现在都很快要同意我的结论了。很显然，我实在是太过于乐观了……"⑤现在，蔡赫不得不倾听其他与会者"从那些证实了有违

① Freire Junior 2015，p. 306.
② Freire Junior 2015，p. 306.
③ Freire Junior 2015，p. 306.
④ Zeh 2005，p. 10.
⑤ Zeh 2005，p. 10.

反这些不等式的现象的实验中寻找漏洞……尽管到那时为止所有实验结果都被量子理论精确预测到了"[1]，蔡赫"从对'现实真相'的这种假定中看不到任何东西，除了偏见"[2]。

尽管如此，但蔡赫没有放弃：虽然很难想象蔡赫竟能把论文发表在默默无闻的杂志，像什么《认知学信件》（*Epistemological Letters*）上，或去参加位于艾萨林（Esalen）的加利福尼亚嬉皮士云集地举办的1983年工坊，在那里与者们会裸体坐在温泉池水中，同时讨论着超心理学和超光速旅行的物理学，但是他觉得为了宣扬"现实真相"的理性基础，他有必要去这么做。直到1991年，当沃奇克·祖瑞克在《今日物理学》上一篇经典的文章[3]里介绍这个概念时，量子退相干终于在更广大的量子物理学家圈子里赢得了认同。

青蛙和鸟类之喻

"量子退相干，依我一管之见，是上个世纪最重要的发现之一。"[4]麻省理工学院宇宙学家迈克斯·泰格马克（Max Tegmark）2017年在一份电子邮件中这样给我写道。毫无疑问，量子退相干给量子测量过程提供了一个优雅而极简的解释。但是要完全理解蔡赫这项研究的重要性，头等重要的就是需要拆穿对退相干的一个普遍错误认识。与它通常被描绘的不一样，退相干并不是解释所谓的波函数坍塌是如何进行的。量子退相干也不是解释在一次相互作用过程中，微观量子力学波是怎样转变成一个粒子一个具有确定位置的准经典物体的。量子退相干不描述在一次相互作用或一次测量中宇宙间会发生什么，相反它描述的是，在一个局地观察者看来一个纯粹量子力学式的宇宙是什么样的。

---

① Zeh 2005，p. 10.

② Zeh 2005，p. 10.

③ Zurek 1991.

④ 迈克斯·泰格马克，致本书作者电子邮件，2017年7月18日。

从鸟类视角来体验的话，宇宙是个"一"。

迈克斯·泰格马克把这两种视角生动地归纳成"鸟类视角"相对于"青蛙视角"，这其实是用"好莱坞电影情节"比喻把宇宙历史解释为电影胶卷还是银幕现实的又一版本。泰格马克是这么解释的，"当人把审视一个物理理论的两种方法作了区分的时候，这个理论就变得比较容易掌握：研究其数学方程的物理学家从外面看到的样子，就像一只鸟从很高的地方俯瞰一片大地；而住在被方程描述的那个世界里的一位观察者从里面看出去的视角，就像是活在被鸟俯瞰的那片景色里一只青蛙的"。根据泰格马克，"从鸟类视角来看，（埃弗莱特的）多元宇宙很简单。只有一个波函数。它顺畅而确定地沿时间线演化，不存在任何分裂或平行现象。这一演化中的波函数所描述的这一抽象的量子世界，则在内里容纳着平行存在着的经典物理式故事线，数量庞大，连续不断地分裂和融合，还包含着一定数量的量子现象，对它们则无法用经典物理学来描述"。处在里面的观察者们的体验就相当不一样了："从他们那'青蛙视角'来看，观察者们只感知到了这一完整现实中很细小的一个碎片。他们可以观察他们自己的……宇宙，但是量子退相干过程——它一边模拟着波函数坍塌，一边保持着（量子力学）——阻止他们看到……他们自己的平行副本。"①

---

① Tegmark 2009.

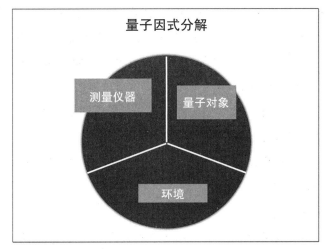

量子因式分解：为了进行测量，宇宙必须被分裂成观察者或测量装置、量子物体以及环境。

这样，退相干就有两个令人不安的后果。第一个：观察者"分裂"成"许多头脑"，即有多重副本在观察着每一个可能的结果。第二个：我们日常的经典物理现实世界不是宇宙的一个特性；它是个视角的产物；它是因为宇宙分裂成观察者、被观察者和环境（所谓的"量子因式分解"），再加上我们所不知道环境的确切状态而造成的；它是"显现"出来的，而非本质性的。对这些观点中的第一个一直进行着激烈的唇枪舌剑：埃弗莱特的平行世界是真的吗？

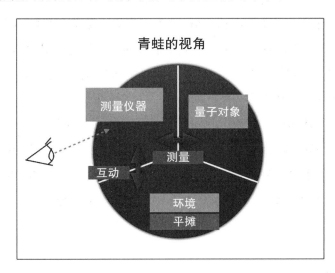

从观察者的青蛙视角来看，环境是未知的而且被平摊掉了，其结果就是退相干以及从量子到经典（事件）的转变。

到了1967年，蔡赫实质上等于再发现了埃弗莱特的理论，因为他还没听说后者的论文。他那著名的退相干论文有一份未发表的草稿，在其中他描述了"测量之后，人们实质上"是如何"在与两个（或更多）独立的世界打交道的。看来，只要人们接受量子力学的普遍有效性，就不可能避开这一后果"。提到薛定谔的猫的时候，蔡赫得出了与埃弗莱特相同的比喻，宇宙分裂为"一连串的世界，在其中每一个世界里面，那只猫死的时间都不一样"[①]。由于它们"与环境相互作用"，大型的、日常物体像汽车或桌子或啤酒瓶"永远都自动被测量着"，因此"作为这种测量的后果，自动被分隔开来"[②]。

是不是要把埃弗莱特的多世界诠释看成是"真实的"，取决于说这句话时所采用的视角。从鸟类视角来看，那些埃弗莱特分支压根儿就不存在，存在的只是单独一个、纠缠着的量子宇宙。从青蛙的视角来看，只有一个埃弗莱特分支是看得见摸得着的，那就是我们所体验到的这个经典物理宇宙。那么，其他那些描述着平行现实的埃弗莱特分支又该怎么办呢？它们是真实的吗？真实度至少不比我们想出来的其他有关"现实真相"的概念低，埃弗莱特和蔡赫两人都一贯这么论证："我们对于任何理论所能知道的一切，都以它能不能貌似与我们对真实世界所做的观察，以及我们能做的实验相吻合为限。超过此界限，我们永远无法知道，我们有没有哪个理论，到底在多大程度上捕捉到了宇宙真正的实际面貌，以及外面真正存在的究竟是些什么。"埃弗莱特对与他一起在五角大楼工作的一位同事这么解释过。埃弗莱特总结道："因此我们无法猜到我们的任何理论究竟能有多接近外面可能的真实样子。我们所能做的一切只是设定我们的理论想法，然后看看它们能不能很好地与实验相吻合。"[③]与此类似的是，蔡赫写道："由于它们是观察不到的，其他那些平行世界的存在当然可以不去理会。它们的存在意义与物理学中其他那些权宜说法相同。"[④]所谓"权宜说法"，蔡赫举出我们科学世界观里的一些成分，比如夸克之类：核子的构成成分如此强烈地相互吸引着，以至于从来没能单个观察到它们（只有最重的夸克，也就是1995年发现的顶夸克，在与其他夸克融合之前衰变）。还有各种恐龙，也是这种意思。戴维·多伊奇强

---

① Zeh 1967.

② Zeh 1967.

③ Byrne，pp. 205-206.

④ Zeh 1967.

调说："我们不会把数百万年前恐龙的存在说成是'对我们最好的化石理论的一种解读'。我们会说它解释了化石是哪来的。而那个理论主要不是关于化石的：它是关于恐龙的。"[1]科学哲学家大卫·华莱士同意道："没人会认真相信'恐龙'只是一种计算装置，意在向我们讲述化石；……实际上全部的科学几乎也就像这样。"[2]多伊奇坚持认为，平行宇宙"只是一种解读"，而不是"以科学方式确认了的事实"，"它采用的逻辑与给一些美国生物教科书中贴的胶贴一样，在上面写上进化论'只是一种理论'"[3]。在这个意义上，"'埃弗莱特的量子力学诠释'只是量子力学本身，对它的'解读'要跟我们过去对其他科学理论一直采用的解读一样：它是给世界打造的一个模型"[4]，华莱士强调说，并且还说要想替换掉这结论，唯一的做法只能是"换掉量子理论——这个有最强大预测性、被最彻底测试过也是科学史上可以最广泛应用的理论——换成一个我们还没建构出来的新理论"[5]。

然而，不论是对埃弗莱特还是蔡赫，平行现实的存在都不是他们发现中最重要的一点。在这场激烈辩论中经常被人忽视掉的是，"房间里那头真正的大象"其实是那第二个后果：经典物理学现实世界不只是测量系统与环境咬合而产生的后果，它还是对这个环境的不完整认知的产物。之所以是这样，当然是因为那个局地观察者，对于整个宇宙的确切状态，他怎么也无法拥有一切可能的信息。这意味着，从量子到经典的转变是由观察者那局地青蛙视角而人为形成的，它不同于鸟类视角；对于鸟类视角，整个的量子系统都被观察到，这当中不会发生量子世界到经典世界的转变。量子世界到经典世界的转变取决于视角！

于是，从原则上来讲就有两种可能的量子系统：第一种，孤立的（一般来说是微观的）系统，不与环境相互作用。由于我们打过交道的所有量子系统都是这一类型，这自然就是一个近似估计。那么还有一种就是整个的量子宇宙：全球性的、包罗万物的，没有外界环境，从而也就不发生量子退相干。就是这后一个系统构成了那唯一真正本质性的量子状态，一个对立各方的汇聚点，包容了物理上可能的一切事物。人们体验到的世界，于是，就从这个根本性的"一"里面通过

---

① Deutsch 2010，p. 542.

② Wallace 2012，p. 11.

③ Deutsch 2010，p. 543.

④ Wallace 2012，p. 38.

⑤ Wallace 2012，p. 35.

量子退相干"显现"出来。当然，只要我们坚守那个有理性依据的假说，即我们的意识是关在我们的大脑中的，我们就永远不可能以鸟类视角体验宇宙。不过当然，鸟类视角也不是完全接触不到的：正如蔡赫强调的，虽然青蛙不能像鸟一样飞，不能体验这一本质性的现实真相，但通过"理性思维引导下的想象"[1]，青蛙可以发展出用鸟类视角对量子现实做描述（通过求解薛定谔量子方程）。

所以不管量子退相干达成了什么，包括量子到经典的转变，很可能物质，甚至空间和时间本身的"显现"，在本质性的量子宇宙中都不是个真实的过程。它仅仅描绘出了一位处于时空中的观察者从这个本质性"现实真相"中得到的印象。泰格马克恰如其分地把这一观点说成是"柏拉图思路：那个鸟类视角……从物理上来讲是真实的，而那个青蛙视角以及我们用来描述它的所有人类语言都只是用来描述我们主观知觉的一种有用的近似说法"[2]。就像蔡赫总结的："量子理论需要量子宇宙学。"[3]

＊＊＊

量子退相干标志着完整建立一个与古代信仰惊人相似的一元论世界观的最后一步。正像古埃及人把他们的女神伊西斯，也就是一个隐态而包罗万物的单体象征，画成罩着纱巾，不让她暴露在凡人眼中那样，是那些"青蛙们"可以收集到的关于宇宙的有限信息造成了量子退相干现象，让他们把那纠缠中的量子宇宙体验为许多单个的物体。而在最为本质的层面上，就像从"鸟类"视角观察到的那样，实则"一切即一"。

但一元论的这些意义还远远不能成为一个普遍的共识。似乎有一个强大的心理屏障，阻碍我们接受这个直白的结论，从玻尔和海森堡，到今天进行量子力学研究的大多数物理学家都包括在内。这是一个深深植根于科学史和西方宗教的禁制。

---

[1] Zeh 2012, Location 76.

[2] Tegmark 2009, p. 12.

[3] Zeh 1994.

4 围绕着"一"的缠斗

乔尔丹诺·布鲁诺

如果宇宙中所有的东西都通过量子纠缠融合进单独的"一"当中；如果量子退相干解释了这一隐态单体是如何展开成为行星、鹅卵石和生物，在我们的宇宙中到处繁衍的；如果它那些深邃古怪且直白的革命性意义在量子力学的那些方程中是明摆着的——那么我们也许已经解决了我们宇宙中与生俱来的那些矛盾，但是另一个本质性的问题依然存在。也就是，像这么一个带有革命性的理念怎么会被忽视了这么长时间？

我们已经看到了哥本哈根派物理学家们是如何躲闪开，不去探索量子力学究竟对自然界意味着什么，以及他们又是怎样把物理学的基础重新归类成宗教的。与此同时，任何人如果胆敢质疑哥本哈根正统学派，并试图找出在我们日常生活背后藏着什么，在那个屏幕现实背后藏着什么，不管他是休·埃弗莱特，H.迪特尔·蔡赫，还是约翰·贝尔，都会被视为异端。然而以历史的眼光来看，那些反叛的物理学家们也很幸运，他们只是被忽视了。他们没有被活活烧死、折磨或杀掉，像古典时期衰落以来的乔尔丹诺·布鲁诺（Giordano Bruno）和许多其他一元论学者那样。一元论的"一"绝不是什么新潮的、抽象的科学概念——它是个有3 000年之久的论争战场。在这个战场上基督教成功地赢得了在壮阔画卷中一家独大，在这里科学被限定于对细枝末节进行填充，并拿出解决问题所需的配方。要想认识到一元论和对一元论的否定在西方文化中扎根有多深，我们必须回首一元论、科学和一神论宗教本身那一团乱麻般的历史和起源。

宗教的起源是反叛

与基督教徒、穆斯林和犹太人的一神论不同，各种原始宗教一般都是多神教。信徒们膜拜各种神祇，代表着世界的多样性。然而，这些早期宗教通常都带有一种明显的一元论味道，其中各种不同的神灵会代表这个独一无二现实真相的各个侧面。"多神论就是宇宙神论"①，埃及学家扬·阿斯曼写道，它只不过是泛神论的另一个名字而已，是对宇宙的崇拜。这其实就是以宗教形式表达的一元论，"这种宗教有一位内在神和一个纱巾掩盖着的真理，以一千个形象既展示又隐藏它自己，互相启发且补充着，而不是从逻辑上互相排斥着"②。在宇宙神论中，阿斯曼解释说，"复合原则是不可拔除地镌刻在这一世界观里的"③，而且"神性不能与尘世分离"④。

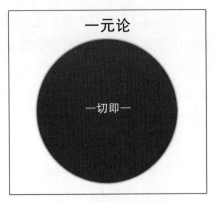

在一元论中，"一切即一"：每样事物都包含在一个包罗万物的整体中。

---

① Assmann 2010，p. 41.
② Assmann 2010，p. 43.
③ Assmann 2010，p. 40.
④ Assmann 2010，p. 41.

与此相反，犹太-基督教的一个鲜明特点是，它视上帝为一个从外面掌管着世界的力量。因此，尽管读音相近，"一元论"和"一神论"指代的世界观却不是一码事。事实上，根据阿斯曼，一神论宗教像犹太教或基督教，原本是作为边缘化和受压迫的人反对占主流地位的非《圣经》文化而发展起来的"对立宗教"：是一个受奴役民族的反叛，在摩西的带领下走出埃及，也是维护古罗马时代贫苦者及无产者的一股力量。所以也不奇怪，这些受压迫的早期犹太人和基督徒不把世界本身看作是神性的，而看成需要有神性来干预的。阿斯曼写道，如果说在多神论中，"神性不能与尘世分离"，那么一神论则"正是要去分离它。神性被从它与宇宙的共生依附中解放出来"①。阿斯曼解释说，一神论的一个定义性特征是"把它的人民从此岸世界的禁锢中释放出来，绑定到彼岸秩序中去"②，以便确立"神与尘世有别"③。正是"对立宗教"的这么一个特质使得各种一神论宗教"意识到它们自己是宗教，不仅仅与魔法、迷信、偶像崇拜和其他各种形式的'假'宗教对立，还与科学、艺术、政治……成鲜明对比"④，阿斯曼写道。

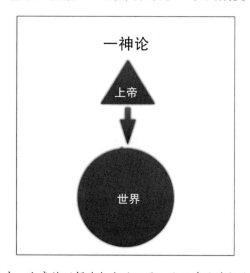

在一神论中，上帝被理解为与尘世不同，他从外面进行治理。

一神论中与生俱来的这种不宽容和对偶像进行破坏可以追溯到这个源头。阿斯曼详细解释道，"羔羊被用来献祭，因为它对应着埃及人最神圣的动物，公

---

① Assmann 2010，p. 41.

② Assmann 2010，p. 9.

③ Assmann 2010，p. 42.

④ Assmann 2010，p. 112.

羊"①，而且"埃及最显眼的习俗，对形象的崇拜，也就被视为最大的罪孽"②。阿斯曼写道，于是一神论宗教的一个鲜明特点是，"要树立的真理总是伴随着要打倒的敌人"。"只有他们知道异端分子和异教徒、伪教义、小宗派、迷信、偶像崇拜……异端，以及被打造出来的各种各样其他名目，用来编派他们谴责、迫害和指斥为彰显了不实之言的东西。"③

这一趋势在古典时代晚期随着基督教的兴起加强了。"通过崇拜那唯一的真神，犹太人把他们自己与其他民族隔绝开来，其他民族对他们来说不复存在的意义。通过严守律法，他们培育出一种生活形态，用来象征性地表达这种自愿的隔绝状态"，这是阿斯曼的观察。与此不同的是，基督教"则以终止这种自我强加的孤立为己任，并把自己向一切人开放。这么一来，每样东西和每个人，只要拒绝接纳这一邀请，就被排除在外。一神论就这样，至少最起码来说，变成了具有侵入性的，甚至偶尔还具备了攻击性"④。正是基督教这种同时既排他又侵入的特点演变成了未来冲突的根源，它既体现在与其他宗教的关系中，也体现在与一元论哲学和科学的关系中。

科学的基因

众所周知，现代科学携带着古希腊哲学的DNA。较少为人所知的是，这个源头用一元论思想浸润了科学。埃尔温·薛定谔引用了约翰·伯内特（John Burnet）的《早期希腊哲学》（*Early Greek Philosophy*）⑤中的话，写道"科学可以正确地被概括为以希腊方式对宇宙进行思考"⑥。薛定谔接着写道，是希腊人率先将主观与客观分离。在进行任何一种客观推理时，这么做都显得那么地特征鲜明且必要。似乎对于希腊哲学来说，一元论异类得不能再异类了。但这才只是整个故事的一半。

当希腊哲学形成的时候，科学和宗教还不能轻易分开。在英国哲学家乔纳

---

① Assmann 1997，Locations 845–846.

② Assmann 1997，Kindle Location 75.

③ Assmann 2010，p. 4.

④ Assmann 2010，p. 119.

⑤ Burnet 1963.

⑥ Schrödinger 2014，p. 20.

森·巴恩斯（Jonathan Barnes）的教诲中，现在所知的希腊哲学的起始点是公元前585年的爱奥尼亚，位于今天土耳其的西海岸，当米利都的泰勒斯（Thales of Miletus）预言了一次日食之时。[①]泰勒斯和多数早期希腊哲学家们原本信奉的是一种较谦逊的"实体一元论"。他们承认在宇宙中存在着许多事物，同时认为每样事物都是由同样的物质或构建块做成的（在泰勒斯看来就是水）——这个观念很像现代粒子物理学中的大一统概念。该概念试图确认，宇宙中一切物质都是源自独一无二的一个量子场（或一小套各种场），或者是弦理论，它认为，在自然界观察到的物质，其各种构成粒子是各种根本弦的不同振荡图谱。

在泰勒斯和他的后继者为分析推理和现代科学打下基础的同时，那个更激进些的理念"一切即一"也在其他地方传播。它是通过文学和各种玄秘宗派及信仰传播的，其中有些受到埃及的影响或是从埃及引进的。这些精神聚会与专门侍奉宙斯和赫拉身边那些著名的多神教的奥林匹亚众神的官方宗教并行存在。希腊诗歌的最早作品之一，公元前8世纪作家赫西奥德的《工作与时日》，描写了一个史前天堂，明显媲美《圣经》里的伊甸园。在这个"黄金时代"，人类被想象成与自然界和谐生活在一起，经常被描绘为与仙女们随着希腊的大自然之神潘神的笛声共舞。几个世纪之后，"俄耳甫斯教"的信徒们创作出了赞美诗，赞美黑夜和上天，风与火，大海与大地，月亮，恒星与行星，以及一个包罗万物的自然界[②]：

> "天地造化，万物本宗，悠悠岁月，唯神唯灵，全能之母，艺术源头；
> 上天荣耀，财富丰饶，无所不具，皆为尔土，神圣可敬，是我女王。"

另一首赞美诗直接提到一个一元论的整体，是用大自然之神潘神指代的，"潘"这个名字在希腊语中也可以翻译为"全或一切"[③]：

> "我呼唤伟大的潘神，你就是团团整体的本质，以太般缥缈，海洋般深沉，大地般厚重，遍及一切的灵魂，永生的圣火；
> 因为整个世界都属于你，而且万物无不是你，哦神性的大能。"

---

① Barnes 1987，p. xi.

② Taylor 2016，Location 915.

③ Taylor 2016，Location 933.

这一群人的根基可以追溯到那位神话中的诗人奥菲厄斯，据说他可以用他美妙的音乐迷惑所有的男人和女人、动物甚至是石头。根据传说，他的音乐还让他能够迷惑地下世界的神祇，使他得以至少把他的妻子尤里代克从死神那里暂时领回来。

古典时代有一个最著名最有影响力的神秘社团，它的中心主旨也采用了一个类似的关于死亡和重生以及生命周期的神话。厄琉西斯秘仪推崇的是以一种原始的、周期性的方式把握历史和时间，这在埃及传统中也有。与现代观念认为的，时间是过去、现在和未来的前后相续不同，埃及人的时间概念受到了每年的季节更替、行星轨道的周期变化和尼罗河水潮起潮落的启发。希腊人把这一概念改编运用到了得墨忒耳的神话中。得墨忒耳是掌管收获和农业的女神。她的女儿贝瑟芬尼被死亡之神哈迪斯拐走了，哈迪斯要让她在地下世界做他的新娘。当得墨忒耳听说了这件事，这位伤心欲绝的女神使果树、谷物和蔬菜停止生长，导致人类、动物和神祇挨饿。在某个时刻众神之王宙斯出手干预，并谈成了一项妥协。根据这一解决方案，贝瑟芬尼需一年中有三分之一的时间与哈迪斯生活在一起当冥界王后。这段时间就变成了冬天，是得墨忒耳悲哀的时候，田野凋敝；三分之二的时间是春季和夏季，大自然生机勃勃，贝瑟芬尼可以与她欢天喜地的母亲一起生活。

在古希腊，这种以及其他神秘崇拜信仰盛行，一直被解释为表达了人类内在对大自然的渴望。古典时期也许在感觉上像是离我们悠长久远，甚至就在古希腊社会当中，面对城邦的兴起，人类的反应也是怀念之前到来又消逝掉的时间。从史前时代起，伴随着组成社会，宗教的作用也改变了。劳动的专业分工导致了人与自然界产生隔阂，社会的成长也需要由伦理规范来取代人际熟识关系，以此作为社会和谐的基础。宗教从一堆原始的、科学原生态式的解说转变为一套道德准则。于是，当小股史前人群和部落演进到酋长国和城邦时，虽然官方宗教已经演进到脱离了一元论，而这些神秘社团则携带了一种融合进生命自然周期的感觉，"与自然界合为一体"的感觉，这是面临着日益膨胀的古代文明时所丢失的。再者，由于有自己的秘密和入会仪式，这些信仰团体把在小的部落社会中生活时天然会有的亲密感复活了起来。

与此同时，当老子在中国写出《道德经》的时候，这些不同的脉络开始汇集了。泰勒斯预言的日食被观察到之后仅仅一两年，有两个哲学家出生在了爱奥尼亚海岸，那是与埃及和中东进行贸易的集散地。这两人后来都移民到了位于今天意大利南部的希腊殖民地，在那里他们各自建立了一个有影响力的学派。毕达哥拉斯，因据称是他发现了直角三角形的三条边之间的几何关系而著称，离开了他的出生地，离爱奥尼亚海岸只有几英里远的希腊岛屿萨摩斯岛，成为了一个紧凑的数学家–哲学家团体的开山祖。学者们对毕达哥拉斯是个理性的数学家还是个萨满式人物，还是介乎于这两者之间，现在悬疑不决。有几位古代的毕达哥拉斯传记作者有记载称，毕达哥拉斯青年时代在埃及待过一段时间，在那里他师从于一些埃及神职人员，并传承到了秘传之术。希俄斯的伊翁（Ion of Chios），一位在毕达哥拉斯死后不久诞生的学者，曾提示毕达哥拉斯才是《俄耳甫斯颂诗》（*Orphic Hymns*）的真正作者。事实上，毕达哥拉斯学派开创了以数学和实验方式对音乐进行研究，发现了小自然数、里拉琴弦的长度与音高之间的关系，演变成了一个紧密抱团的宗教团体，相信宇宙是由数学与各种和谐关系制约的。在这一命理哲学范畴之内，毕达哥拉斯的后继者菲洛劳斯（Philoaus）确定了数字一为宇宙的中心[①]，而且1世纪的哲学家欧多鲁斯（Eurderus）后来作证，"毕达哥拉斯学派教导说，从寻根溯源的角度来看，'一'是一切事物的基准……排在下面的……是以正反相对方式构成的一切事物……物质和一切存在物的存在都源自它"[②]。

毕达哥拉斯的同代人，色诺芬尼（Xenophanes）来自爱奥尼亚城市科洛芬（Colophon），后来迁居到埃利亚（Elea），那是第勒尼安（Tyrrhenian）海岸上的一个古代港口，在那不勒斯南边约90英里。他的追随者中最著名的一位是他的学生巴门尼德（Parmenides）。就我们所知，巴门尼德只创作了单独一篇著作，一部史诗形式的六音步长诗，标题为《论自然》（*On Nature*），讲述的是作者参访众神之家的神秘之旅，高潮之处是一位无名女神透露了宇宙和哲学的真理。巴门尼德描述了女神是如何向他透露了两种探究方法的。大约同一个时期，赫拉克利特（Heraclitus）在爱奥尼亚那边宣称"一切即一，一即一切"以及"大自然热衷于隐藏"，并把他的书寄存在伊西斯在本地的化身阿耳忒弥斯（Artemis）雕像的脚下，雕像所在的巨大神庙是古代世界的七大奇迹之一，位于以弗所（Ephesus）这

① Riedweg 2005，p. 85.
② Kahn 2013，p. 97.

个区域大都会中，而巴门尼德则写道"有说服力的现实那不动摇的心"[1]，把它描述为"那个'一'，它既是，又非不是……"而且还"侍奉'现实真相'"[2]。与赫拉克利特强调自然界的无常不同，巴门尼德强调，这一贯穿于万物内在的真实现实是没有时间的，是永恒的，就跟厄琉西斯秘仪所祭拜的主宰季节变化的永恒法则一样。而且正像电影院里的观众可能对放映室里在做什么一无所知一样，巴门尼德把"凡人"比作"同时既聋又瞎，头晕目眩，没有辨别能力的群氓"[3]，强调说他们对这一本质真相"一无所知"[4]。虽然，由于支离破碎的记载以及采用的语言是诗歌形式的，因此对巴门尼德的诗作存在着多种解释争奇斗艳，但一个普遍被接受且有影响力的解读是，对于那个看起来自相矛盾的观点，即"不多不少只存在着一样东西"[5]，它"不生不灭，囫囵一体，独一无二，不可撼动且完美无缺"[6]，而且是由像光明与黑暗这类的互补法则构成的。巴门尼德提出了一个早期的综合揭示。

事实上，希腊哲学传统中有相当大一部分都传承着这一鲜明的一元论风格——最突出的是柏拉图主义，正是经由柏拉图主义，俄耳甫斯教和那些神秘信仰团体、毕达哥拉斯学派和巴门尼德才融合成一个强大的叙事，从而打造出了科学、宗教以及从那之后的全部哲学历史。

柏拉图的秘密

19和20世纪的英国数学家和哲学家阿尔弗雷德·诺思·怀特海（Alfred North Whitehead）写道，"要对欧洲哲学传统的一般特征做个最保险的概括，就是它是由一系列对柏拉图的注解构成的"[7]。柏拉图是公元前5世纪"雅典黄金时代"的一位巅峰代表。那个时代的成就很广泛，其中包括建造了雅典卫城，希波克拉底和希罗多德分别成为了医学和历史之父，菲迪亚斯（Phidias）创作了他那

---

[1] Coxon 2009，p. 54.

[2] Parmenides Fragment 2，Palmer 2019，p. 365.

[3] Parmenides Fragment 6，Palmer 2019，p. 367.

[4] Parmenides Fragment 6，Palmer 2019，p. 367.

[5] Palmer 2019，p. 17.

[6] Coxon 2009，p. 64.

[7] Whitehead 1979，p. 39.

著名的镀金大理石雕像以及戏剧诗人埃斯库罗斯、索福克勒斯、欧里庇得斯和阿里斯托芬创作了他们不朽的戏剧。作为苏格拉底的学生和亚里士多德的老师，柏拉图可以说是历史上最有影响力的哲学家。他的学校"学园（The Academy）"，被认为是西半球第一所学术研究机构，虽然几经停办及重建，但在900多年时间里持续构建着古代世界。哪怕一元论看起来是个全球现象，那也是柏拉图主义，特别是它的历史及其与基督教多变的相互作用影响了哥本哈根派物理学家们对量子世界的接受。

柏拉图是厄琉西斯秘仪社团的成员，也是阿契塔（Archytas）的亲密朋友。阿契塔有一次还救过他的命，阿契塔是毕达哥拉斯最出名的后继者之一。柏拉图的著作《菲洛劳斯》（*Philolaus*）和《蒂迈欧篇》（*Timaeus*），受到了毕达哥拉斯派思想的强烈影响。《蒂迈欧篇》就是后来启发了开普勒（Johannes Kepler）和海森堡两人的那本书。而且在他的《巴门尼德》一书中他周详地分析了埃利亚学派的哲学。因此，一元论变成了他那学派的一个品牌。柏拉图主义一元论思潮的一位特别擅长雄辩的维护者是3世纪的新柏拉图主义者普罗提诺（Plotinus），他在自己的代表力作《九章集》（*The Enneads*）中写道："'一'是一切事物，而非它们之中的任何一个；一切事物的根源不是一切事物；然而在一种超越感官的意义上它就是一切事物——可以说，是一切事物退回到它那里的状态。或者，更正确地说，还没到全都在它里面的状态，但它们将会。"普罗提诺还解释了这个本初的"一"是怎样与我们从自己周遭观察到的万千事物关联起来的："恰恰因为这个'一'里面一无所有，一切事物才都是源自它：为了要让'有'（Being）出现，开头处必须是没有'有'，但又要在被认为是'产生'的那个原初动作中充当'有'的产生者。"①

然而，与他的追随者不同的是，柏拉图本人倒不是以他的一元论而著称。柏拉图的哲学最为人所知的恐怕是他的"理念论"或叫"理型论"，它贯穿于可见体验的每一要素中，就像电影胶卷上的不同情节贯穿在银幕现实中。他在早期写的几个对话中充实了这个教义。事实上，为了从柏拉图的大多数书面著作中找到一个突显出一元论的信条，人必须从字缝里读出意思来。有些学者甚至论证说，柏拉图是被他那些柏拉图主义、一元论追随者误解或故意歪曲了的。然而，柏拉

---

① Plotinus，The Enneads 5.2.1.，see MacKenna 1991，pp. 360-361.

图也对书面文字的威力表示怀疑，"对于这个主题，既没有，也永远不会有我作的论述。因为它不像其他知识分支那样允许解说"①，这位哲学家在他的《第七封信》（*The Seventh Letter*）中坦白说。从那以后一直就有猜测，柏拉图是不是把他哲学中的核心思想保留为秘密的、专属性质的口头传播，并且是亚里士多德和其他一些人说出的柏拉图学园中传授的这种"不成文信条"。20世纪当图宾根和米兰的哲学家们试图再现这一不成文传言，他们得出的结论是"柏拉图的哲学专一聚焦在'太一'上"②——一个包罗万物的"现实真相"，它后来在新柏拉图主义者的教导中成为突出的特点，但是极少明确出现在柏拉图自己的书面著作中。

有一个值得注意的例外，即他那本令人迷惑不解的书《巴门尼德》，在其中他讨论了埃利亚学派所声称的"一切即一"。不同寻常的是，通常代表柏拉图心声的苏格拉底，在这里作为一位年纪较大的巴门尼德的年轻学生出现。接下来，这次对话好像是在批评柏拉图自己早期教诲中的某些方面，是关于贯穿在人生体验里的各种思想和形式的。最后，叙事陡然结束，只是把与主题相联系的悖论暴露出来，而不是它能带来什么益处。例如，由于一个包罗万物的"一"既蕴含着蓝颜色的东西，也蕴含着不是蓝颜色的其他东西，那么它本身就既不能全然是蓝色，也不能是"不蓝"。它也不能由蓝色和非蓝色的东西构成，因为在后一种情况下它就会是许多东西，它就不能是"一"，再也不能。柏拉图用了各种不同事物比喻，但是逻辑保持不变，"那个'一'不论是对它自己而言还是对其他方而言，都既不能是一样的，也不能是不一样的"③。

其他一元论哲学也在与同样的悖论较劲：如果一切事物都融合进单一一个概念，那么这个概念必然就成为对立面的交会点。它不接受以具体特性来进行任何描述，比如说，老子《道德经》的最初几句就突出强调了这一点："可以被说出来的道，就不是那个恒常的'真'道（道可道非常道）；可以被命名的那个名字就不是那个恒常的'真'名（名可名非常名）。"④

这些错综复杂的关系，事实上，恰好正是玻尔用他的互补性概念在描述的。只需把"蓝色"和"非蓝色"替换成"粒子"和"波"，柏拉图的《巴门尼德》

---

① Plato：*The Seventh Letter*，341C–E. Jowett 2017，p. 837.

② Albert 2008，Preface.

③ Plato：Parmenides 139b，Jowett 2017，Kindle Location 12243.

④ Lau 1963，p. 5.

读起来就像一篇标准的量子力学教科书导论。正像魏茨泽克写的那样，"我们发现……互补性的基础在柏拉图的《巴门尼德》中已经提前讲授过了"①。

必须强调，巴门尼德和柏拉图没有预料到玻尔会否认在体验到的世界之外存在"现实真相"。对于希腊哲学家来说，科学、哲学和宗教的截然分隔是不存在的。例如，米利都的泰勒斯认为，宇宙是一个活的机体，它的灵魂可以等同于上帝。巴门尼德是因为《论自然》而为古人所知，在他讲述的天堂之旅中，一位女神透露给他的根本性真理是一个独一无二的、一元论的、不变的且没有时间的现实，与之相对照的则是我们看得到的这个世界，它是个形成中、发展中的宇宙，是个幻象。与此类似的是，在柏拉图的著作《蒂迈欧篇》中，这个物质世界被理解为是"造物主"永恒世界的一个模仿品，"造物主"是个有神性的手艺人。与此相应，柏拉图的"太一"是"超自然的"和"玄奥的"。它不能直接观察到，是处于日常生活领域之外的。对于柏拉图来说，玄学不是虚幻；事实上它比可观察到的现象更真，它才是那个真正的世界，而不是世界的影子。最终，基督教对柏拉图哲学的那种收编方式产生的效果是把柏拉图的一元论推入了彼岸世界的领域。

从一到上帝

亚略巴古是位于雅典卫城西北约200米的一处岩石群。在当今时代，每当温暖的夏夜，这个地方都挤满了从欧洲以及世界各地涌来的衣着亮丽的学生和年轻游客。他们弹吉他，喝廉价红酒，目光像被磁石吸引般地望向那被照亮的古老城堡，它所围绕的那座异教神庙，希腊女神帕拉斯·雅典娜神庙，正是雅典名字的由来。据《圣经》记述，差不多2 000年以前，使徒保罗爬上这处巨石对希腊人讲话。保罗被认为是基督教早期最重要的人物之一，在将这一新宗教向非犹太信徒敞开的过程中起到敲门砖一般的作用，以此构建起它作为未来一个世界宗教的角色。并且为了达到这个目的，保罗开始把泛神论的希腊哲学融入到原本犹太主体的基督教信仰中，"他是天地的主，就不住在人手所建造的殿宇里……我们生活，动作，存留，都在乎他"②，《使徒行传》引用保罗的话如是说。

---

① Weizsäcker 1971, p. 490f.

② King James Bible, Acts 17: 24-28.

亚略巴古布道提供了一个上好的例子，说明了早期基督教为宣导异教徒皈依，把福音散布到所有民族所做的努力。但是，保罗布道后300多年，柏拉图主义依然与基督教竞争着，要成为地中海世界的主导世界观。基督教最终在这些斗争中胜出，但是也继承了化身为"泛神论"或"万有在神论"的柏拉图主义的思想，把宇宙完全或至少部分与上帝等同起来。

一个著名的例子就是基督教关于三位一体的信条，即圣父、圣子和圣灵三个位格集于上帝一身。这是个关键概念，有了它耶稣基督的神性才成为可能，它原本追溯到柏拉图主义者泰尔的波菲利（Porphyry of Tyre）——他是基督教强硬的对手，他把三位一体理解为"存有""生命"和"灵魂"的汇聚[1]。把柏拉图哲学整合进亚伯拉罕信仰的这一主张，有一个早期倡导者是犹太哲学家亚历山大的斐洛（Philo of Alexandria），他生活在基督出生前后的时代，他把上帝形容为"不可名""不可说"和"不可解"[2]，暗指纱巾下的伊西斯，象征着那个隐态的、一元论的"太一"。斐洛和他的基督教追随者尼撒的贵格利（Gregory of Nyssa）和亚略巴古的丢尼修（Dionysius the Areopagite）于是将柏拉图《洞穴之喻》中的攀升比作了摩西在西奈山往高处走向上帝的旅程[3]。根据哲学家查尔斯·H.卡恩（Charles H. Kahn），"斐洛的伟大成就在于利用希腊哲学，以及希腊寓言的技巧……为的是给希伯来《圣经》提供一个系统的哲学性解读"[4]。在这种情况下，卡恩还是好奇，这种一神论的解读有多少反作用于柏拉图主义，好奇"这种由斐洛从犹太一神论中引进的新视角，对那个日益超凡脱俗的……新柏拉图式哲学中神的概念的影响究竟有多么重大"[5]。事实上，根据卡恩的观察，斐洛的哲学描述了上帝与世界之间在力量方面的层级结构样式，实际上导致了"最高神祇（也就是那个唯一的上帝）和自然世界之间的距离"的增加[6]。

除了把柏拉图主义留为己用，同时又把它搅浑以外，基督教也不仅仅从一元论取得借鉴。以波斯先知摩尼的名字命名的"摩尼教"，倡导一种与一元论相当对立的世界观，相信世界深陷于善与恶的史诗级缠斗。通过摩尼教，"二元"的

[1] See Halfwassen 2004, pp. 149, 152.

[2] Kahn 2001, p. 100.

[3] See Carabine 1995, p. 294 and Albert 2008, p. 67.

[4] Kahn 2001, p. 99.

[5] Kahn 2001, p. 99.

[6] Kahn 2001, pp. 102-103.

概念，像天使和妖怪、上帝和魔鬼，或者天堂与地狱，在基督教的信仰体系中被赋予了显要作用。在这一过程中起到重大转折作用的一个人物是希波的奥古斯丁（Augustine of Hippo），他是个主教、哲学家、圣者和天主教会四"神父"之一。奥古斯丁，母亲是基督徒，父亲是异教徒，354年生于罗马帝国的努米底亚（Numidia）省，即今阿尔及利亚。年轻时他先成为了一名摩尼教徒，后来迁徙到罗马，受到了柏拉图主义的熏陶，最终皈依了基督教。奥古斯丁写道，"在柏拉图主义者的书里，上帝和他的话语暗示比比皆是"，他还描述了在他们的书中他是如何发现"虽然不是原话但就是那东西本身，是因所有各种原因得到佐证的"[1]。事实上，奥古斯丁早期关于真理、时间或爱情的理念都显示出鲜明的柏拉图主义味道。然而在他后来的著作中，二元论观念变得越来越重要，其中包括把人类看成是"永劫沉沦的一群"的思想，一场正义、神圣和全方位的"上帝之城"与站在魔鬼一边的敌对势力间的战争，以及鲜明的反犹太教和反异教思想。

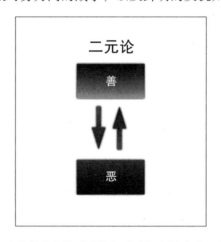

在二元论中，宇宙被看作是由像"善"与"恶"这样的对立力量制约着的

这些观念结合着对物质自然界的进一步厌弃，转而更亲近超凡脱俗的彼岸世界，驱动着基督教狂热者鄙视尘世乐趣，摧毁古代庙宇，焚毁无比珍贵的书籍，并在性观念方面实行强制压抑。"4和5世纪期间，基督教会拆除、破坏和熔化掉的艺术品数量令人不敢想象。经典塑像从底座上被敲碎、毁容、污损，从一端到另一端被扯碎肢体。寺庙被推平到地基层，烧为灰烬"[2]，凯瑟琳·尼克赛

---

[1] Coleman 2008，p. 29.

[2] Nixey 2017，Location 204.

（Catherine Nixey）这样说，她在书中细致入微地列举了新世界宗教对古典时期的衰落做了哪些"贡献"。对凡俗世间一切的蔑视在侵袭私人领域的时候也未曾止步，"每样东西，从每个人盘子上的食物（必须是素净的，当然不能有调味料），到人上床睡觉时可以带什么东西（当然也一样必须是素净的，不得花里胡哨），有史以来第一次，都归于宗教控制之下"，尼克赛这样写道，还举出具体例子："男性同性恋被非法化；拔除毛发会被人瞧不起；有同样待遇的还有化妆、音乐、暗示性舞蹈、厚味食品、紫色的床单、丝绸服装……这个清单还有很长。"[1] 取而代之的是，基督教圣贤们赞美极端禁欲主义、自我谴责和殉教。尼克赛描绘了圣安东尼是如何仇视自己的身体的，而且"不仅每天对它进行攻击，拒绝用油脂涂抹护理和清洗它，还穿一件用毛发制成的衬衫，从不清洗"[2]，他是如何"燃烧着殉教的渴望"[3]，以及叙利亚僧侣们"出于对上帝的爱，终其一生站在柱子上，或住在树上，或在笼子里生活"[4]。

这样的狂热自然挑起了冲突。基督教、犹太人和异教徒之间愈演愈烈的紧张关系中有一个著名的牺牲者就是那位天文学家、数学家和哲学家、亚历山大的希帕蒂亚（Hypatia of Alexandria，350—415 年）。亚历山大城被赞誉为"万城之花"[5]，是公元前331年由亚历山大大帝在埃及土地上建立的一座希腊城市。它不只是罗马帝国的第二大城市以及古代世界七大奇迹之一法罗斯灯塔所在地，也是杰出的学术中心。这座城市的知识分子包括阿基米德、欧几里得、萨莫斯的阿利斯塔克（Aristarchus of Samos）——他第一个提出了日心说模型，还有盖伦（Galen）——他可能是古典时代有最高成就的医学家。这座城市的知识中心是"博物馆（Musaeum）"，这是按照柏拉图在雅典的学园范式打造出来的学园，收纳了帝国一些最优秀的学者，而且可能是古代世界最伟大的图书馆，馆藏有几万卷书卷。希帕蒂亚的父亲，数学家亚历山大的西奥（Theo of Alexandria）是博物馆成员，他出版的欧几里得的《几何原本》直到18世纪仍然是数学论文中被称赞为"史上最有影响力教科书"[6]的唯一版本。希帕蒂亚本人则是已知最早的女性

---

[1] Nixey 2017，Location 237.

[2] Nixey 2017，Location 364.

[3] Nixey 2017，Location 1292.

[4] Nixey 2017，Location 290.

[5] Bernardi 2016，p. 28.

[6] "Euclid of Alexandria"，in：Boyer & Merzbach 1991.

数学家之一，也是受人纪念的最后一位伟大的亚历山大天文学家。根据一位当代史料编纂者，她是按照柏拉图和普罗提诺的传统教授哲学的，并且吸引了大量听众，"其中许多人从遥远的地方赶来聆听她的学问"①。

作为一位本地名流，希帕蒂亚渐渐卷入了基督徒和犹太人之间日渐升级的冲突中。当西里尔（Cyril），这位亚历山大主教煽动起暴民抢夺和践踏犹太会堂和犹太人的生活区域时，希帕蒂亚的朋友，那位谦和的基督教贵族总督俄瑞斯忒斯（Orestes）向罗马皇帝抱怨了西里尔的所作所为。这却惹得西里尔更加恼怒，很快总督本人也遭到一群骚乱者的攻击，被一块石头打中。俄瑞斯忒斯抓到行凶者并加以刑讯，之后，暴民的愤怒就集中到希帕蒂亚身上。作为一位富有的受过教育的女人，又是异教少数派的一员，这位著名的哲学家在那些穷苦、没受过教育和疯狂的暴徒看来一定显得令人生疑，很快就有谣言散布开来说她可能就是俄瑞斯忒斯行动的幕后指使者。一天，当希帕蒂亚骑马从城市街道通过的时候，她中了埋伏，"他们用陶器碎片刮烂了她的衣服和身体，挖出了她的眼睛，把她的尸体在亚历山大的街道上拖行，还焚烧了她的躯骸"②。当帝国中的大多数人，基督教和非基督教徒，被这一无端谋杀吓得惊恐万状时，这一事件终止了俄瑞斯忒斯的职业生涯，西里尔却仍然是教会中一位有影响力的人物，最终还被封为圣徒。对异端宗教和古代哲学的镇压反而变本加厉。

当基督教最终在4世纪的罗马帝国作为官方国教胜出之时，这一事态的发展令官方教会陷入窘境。一方面是新到手的主宰地位给它带来财富和权力，另一方面它那些原教旨信徒对世俗特权的不屑持久不散，使它处于两难境地。为了调和这些互相对立的潮流，一个策略就是背弃一元论本身，并且谴责它把上帝世俗化了。在后来的世纪中，这一冲突滋生出来的事件将会影响宗教，宗教将会塑造哲学，而哲学将会伤害科学。到了356年对于向异教神献祭的人已经有了死刑。到388年对宗教问题进行论证已被定为非法。而到了407年，过去的异教节日被禁止。一元论的传统逐步被砍掉。

① Bernardini 2016，p. 36.
② Watts 2017，p. 3.

东方亮起，西方现出曙光

随着基督教兴起，罗马帝国衰落了，至少在它那几个围绕着意大利中部和西部的省是如此。君士坦丁大帝把皇城迁到君士坦丁堡之举，加速了把地中海世界分为东西两半。结果希腊的语言、哲学和书籍被遗忘掉了，遗失在西欧。然后，于410年和455年西哥特人和汪达尔人洗劫了罗马，于476年日耳曼军事领导人奥多亚克（Odoaker）推翻了最后一位西罗马皇帝，随后他自己又被东哥特人（Ostrogoths）的国王狄奥多里克大帝（Theoderic the Great）谋杀。狄奥多里克的首相波爱修斯（Boethius）可以被视为古典时代的最后一位柏拉图主义者。当他试图修复东、西罗马帝国的关系时，他被指控叛逆罪并处死。在监狱中等待执行死刑的时候他写了《哲学的慰藉》，这是一段虚构的对话，哲学化身为一个美丽的女人帮助他接受自己的命运。借由这篇作品，"太一"的理念还将注入中世纪的思想中，许多其他资料源头则枯竭掉了。波爱修斯于524年被处决。五年以后，于529年，雅典的柏拉图学园最终被东罗马皇帝查士丁尼（Justinian）关闭。它所剩余的一些成员先是在波斯哲学家之王（Nasir al-Din Tusi）的朝廷找到庇护，该王在贡迪沙普尔（Gondishapur）建立了一个学园，以便把柏拉图和亚里士多德的著作翻译成波斯文。一年以后，这些哲学家还是回到了罗马帝国，而且可能在上美索不达米亚的哈兰（Harran）定居下来。在一座今天的土耳其边境靠近叙利亚的城镇，一座新的学园建立起来了，它存在了400年，并且可能以一元论的哲学启发了伊斯兰的黄金时代[①]。

正是在东罗马或拜占庭帝国和伊斯兰世界，一元论的哲学和古典时代的知识才被保存下来留给后世。从7世纪开始，伊斯兰的扩张先后征服了叙利亚、埃及、波斯、西北非并入侵了伊比利亚半岛，直至在西欧达到了它的强弩之末，于732年被查理·马特（Karl Martell）打退。但是与基督教不同，穆斯林保存、恢复并发展了他们在新获领土上找到的相当一部分希腊科学、哲学和艺术。8世纪时的阿拔斯哈里发国在巴格达建立了"智慧宫（Houses of Wisdom）"，这是一个研究和学习中心，所配备的一座图书馆是以雅典的柏拉图学园或亚历山大的博物馆为

---

① Halfwassen 2004，pp. 164–165.

模式建立的。还有与此类似的一些机构，例如开罗的"知识宫（House of Knowledge）"（1004年），随后又有了科尔多瓦和塞维利亚的"智慧宫"。

这里面有一些后来成为了一元论哲学的主要道场。举例来说，巴格达智慧宫的一位有名望的人物，哲学家、数学家、医学家和音乐家艾布·优素福·肯迪（Abu Yusuf Al-Kindi），后来西方称他为"阿尔金度斯（Alkindus）"或直接叫"阿拉伯人的哲学家（Philosopher of the Arabs）"[①]。肯迪受到好几位哈里发的任命，负责督办把希腊文书籍翻译为阿拉伯文的事业，并在840年前后他把普罗提诺的《九章集》主要部分收录到自己的书中。在他的论述文章《论第一哲学》（On First Philosophy）中，他写道，"'一'之特性存在于一切……事物中"[②]，并得出结论，说因此就必然存着"一个真正的'一'，它的整体性不是造作而成的"[③]。比肯迪更加著名的是阿布·伊本-西拿（Abu Ibn-Sina，980—1037年），他生于中亚（今天的乌兹别克斯坦），曾供职于几个不同的波斯朝廷，在西方以"阿维森纳（Avicenna）"或"医生王子（Prince of Physicians）"[④]之名著称。根据琼·麦金尼斯（Jon McGinnes），新柏拉图主义的要素在伊本-西拿的哲学和在更普遍意义上阿拉伯中世纪哲学家的著作中都显得特别突出，"新柏拉图主义的'一'……是宇宙中一切统合体……的首要之义"[⑤]，以至于"宇宙自身的存在或存有都是从这个'一'溢出来的，或说散发出来的"[⑥]。伊斯兰教中的一元论传统在其神秘派别苏菲主义中也显而易见，比如，从诗哲拉鲁丁·鲁米（Jalal al-Din Rumi，1207—1273年）描写上帝的美丽诗句中可见一斑："我的地方叫无地，我的踪迹是无迹；……我已将二重性推开，我看见两个世界为一；一是我所寻，一是我所知，一是我所见，一是我所呼。"[⑦]

在西欧，这一传统的大部分都丢失掉了。古代知识，包括一元论哲学，只在西欧与各穆斯林帝国的关系在13世纪紧张起来时才慢慢回流，一方面是通过商贸活动的增加，另一方面是通过诺曼人军事夺回西西里、十字军夺回巴勒斯坦，以

---

① Freely 2010，Location 1244.

② Adamson 2007，p. 49.

③ Adamson 2007，p. 49.

④ Freely 2010，Location 882.

⑤ McGinnes 2010，p. 8.

⑥ McGinnes 2010，p. 8.

⑦ Nicholson 1973，pp. 79-80.

及西班牙"重新征服"伊比利亚半岛期间的军事行动。接下来可以看到，古代哲学在人们心目是什么样的，以及它得到了怎样的珍重：一元论或被神圣化或被妖魔化，但几乎总是被推入一个彼岸世界的领域。要说明基督教对待一元论的矛盾心态，比较一下五位哲学家的人生轨迹可以说明问题，他们是：亚略巴古的丢尼修、约翰·司各特·爱留根纳（John Scotus Eriugena）、麦斯特·埃克哈特（Meister Eckhart）、库萨的尼古拉（Nicholas of Cusa）和乔尔丹诺·布鲁诺。所有这五位都强烈标榜柏拉图主义并把柏拉图的"太一"等同于基督教的上帝，而且所有这五位都奋力将上帝与自然界区别看待。尽管他们各自的哲学显示出惊人的相似之处，但他们个人生活及命运却不同到没法更不同了。

匿名哲学家和他的未知上帝

关于这组人物中的第一位，人们所知甚少，这人后来以"亚略巴古的丢尼修"著称。由于他生活在5世纪末期至6世纪初期，正是古典时代晚期向中世纪过渡的时候，经常世道混乱，我们之所以对丢尼修了解得这么少的主要原因，就是因为他机智的生存技巧。这位匿名作者，极有可能是一位叙利亚僧侣，用了一个假身份，装作是《圣经》记载的圣保罗在亚略巴古布道时的一位皈依者，这个假身份直到20世纪之交才被揭露。在这一笔名的掩护之下这位号称丢尼修的人进一步大胆将柏拉图主义掺进基督教中。正如迪尔德利·卡拉宾（Deirdre Carabine）所指出的，这一骗术是要同时达到三个目的：首先，"冒充圣保罗的雅典皈依者，这不是一时兴起，而是颇用心思的选择，以此来暗合雅典和罗马相聚在向未知上帝礼拜的圣坛旁之意"[1]——从而着重强调了丢尼修哲学思想中的核心关注点，是要把基督教与希腊哲学调和起来。接下来，这个把戏就起到了宣传手法的作用、"没有次使徒地位赋予的权威性"，卡拉宾写道，"他的著作毫无疑问就不可能对基督教思想在哲学和神学方面的发展产生像它实际已产生的那种巨大影响"[2]。最后，"丢尼修以犯下中世纪早期最重大的几起欺诈案之一的方式，毫无疑问躲过了受审判的羞辱，而且还确保了一种神学分析方法能存活下来"[3]——

---

[1] Carabine 1995，p. 279.
[2] Carabine 1995，pp. 279–280.
[3] Carabine 1995，pp. 299–300.

更别说他的一元论哲学了。

充分利用假身份赋予他的权威地位和保护，丢尼修大胆地将一元论的太一与上帝等同起来。"'太一'这个名字的意思是，上帝独一无二地等同于一切事物……而且他是一切事物的起因，却又一刻也没有从那个'一'的特性上分离。世界上没有任何事物不在那个'一'里有份……所以一切事物，以及一切事物里的一切部分，都参与到了那个'一'里。因为是'一'，它就是一切事物。"①这位哲学家在他那部《神圣的名字》（The Divine Names）的著作中写道。在上帝可能有的所有名字当中，丢尼修认定，"太一"是"其中最经久不衰的"②。与亚历山大的斐洛的上帝一样，丢尼修的太一即上帝是"不可言说"③，"不可知晓"④，且"非头脑或推理所能及"⑤，然而又不是全然与世界分离的。"从一切事物的安排中我们感知到他，因为一切事物就是，从某种意义上来说，从他身上投射出来的……因此上帝被从每一样事物中感知到，同时又与一切事物截然不同。"⑥丢尼修写道。丢尼修关于现实世界是从上帝身上投射出来的思想，令人惊讶地让人想起那个用来解释量子力学的放映机现实。这又提出了约翰·贝尔在他对哥本哈根诠释所作的批评中提出的同样的问题："究竟该怎样把世界分割为我们可以谈论的……可谈论器物……以及我们没法谈论的量子系统？"⑦

效法着亚历山大的斐洛，丢尼修试图将宗教和理性推理和谐起来，办法是通过树立超自然的"未知上帝"，一个超出于有形世界之外、不可知且不可说的单体，"它是不可说的，也不可名状，不可知晓。黑暗与光明，谬误与真理——这些都不是它。它超出于肯定与否定之外"⑧。确实就像卡拉宾强调的那样，"在中世纪时期，后来的基督教作家们没几个能如此认真地对待否定手法或者以如此彻底的风格来运用它"⑨。从积极的一面来讲，丢尼修设法成功地为西方传统保留住一元论哲学。在随后的好几个世纪中，丢尼修的著作都是西欧唯一的无可怀疑

---

① Luibheld 1987，pp. 127–128.

② Luibheld 1987，p. 127.

③ Luibheld 1987，p. 188.

④ Luibheld 1987，p. 108.

⑤ Luibheld 1987，p. 108.

⑥ Luibheld 1987，p. 108.

⑦ Bell 1988，p. 171.

⑧ Luibheld 1987，p. 141.

⑨ Carabine 1995，p. 299.

的一元论思想源泉，他的"否定神学"能够在科学与宗教之间划出清晰的分界，帮助避免冲突。从消极的一面来讲，通过严守本就已深植于基督教思想中的神与俗世之间的界线，他在终极意义上巩固了那种势力，让它在14个世纪之后阻挠了玻尔和海森堡去接受存在着一个本质性的量子现实。

根据丢尼修帮助打造出来的那套潜规则，在科学框架内为理解"现实真相"的基础而做出的任何努力都不被鼓励。任何违规进入这片未知上帝领域的行为，必然被认为是染指了宗教领域，也因此会被认为是对科学和宗教之间脆弱的和平关系造成了威胁。事实上，这一观念直至今天还在决定着哲学子科目的术语命名"形而上学"［这个英文单词（metaphysics）的字面意思］就是超出物理学范围之外的东西，它包括了物理学的基础，以及围绕上帝概念所做的哲学思索。在实践中，任何东西"太过形而上学"就经常会招来物理学家们怀疑的眼光或嘲讽。

总的来说，丢尼修的造假没有白费，他的哲学也触及了要害。正如卡拉宾所写的，他的著作在"整个中世纪在东方和西方的基督教学者中都有着巨大的反响，而且实际上一直影响到我们的今天"[1]。作为一项终极荣誉，丢尼修被看作是"教会之父"之一，就是那些为基督教建立了知识和教义基础的学者。

生活在天堂里的革命家

大概又过了300年，从8世纪开始，查里曼帝国加洛林王朝的国王们开始花费精力刺激学术的复兴，支持教会和教育的改革，这就是现在所知的"加洛林文艺复兴"。秃头查理（Charles the Bald）朝廷里有一群杰出学者，爱尔兰人约翰·司各特·爱留根纳是其中之一。这些人来自不列颠群岛和意大利，始于当年秃头查理的祖父查理曼大帝（Charlemagne）网罗到自己的头牌学者约克的阿尔昆（Alcuin of York）身边的。特别是，蛮族入侵和罗马帝国垮台后移民潮时期的动荡都相对没怎么冲击到英格兰和爱尔兰。由于这个缘故，英伦诸岛在中世纪早期就变成以知识和学问著称，在加洛林朝廷这些知识分子的专长特别受欢迎，为的是抄写和保存经典作者的文章。所下这番功夫的一个范例，是4世纪的基督教罗马帝国（Christian Roman Empire）和拜占庭帝国（Byzantium）。宗教哲学家迪尔德

---

① Carabine 1995，p. 279.

利·卡拉宾写道，"秃头查理"跟他祖父查理曼大帝一样，"对拜占庭的东西十分迷恋"[①]。根据哲学史专家库尔特·弗拉施（Kurt Flasch）所说，一条名副其实的"书籍小径从罗马到约克最后到富尔达（Fulda）"[②]发展起来。

848年一位名叫戈特沙尔克（Gottschalk）的僧侣在富尔达的一所寺院挑起了麻烦。当时正处于人们所称的"黑暗时代"之中，这段插曲引发了一系列的事件，导致对"人类的堕落"有了一个非正统的神学解释，它那种现代感简直令人吃惊。我们将要看到，想要把柏拉图的一元论与基督教的天堂和地狱的概念调和起来，使得基督教神学陷入了一个两难境地，与此同时，这一插曲也像寓言一样令人惊讶地被用来比喻量子退相干以及人们所知的"量子因式分解问题"。量子因式分解问题说的是，如果说"一切即一"，那么那位在经典世界显现过程中起开关作用的观察者又从哪里来。

这场冲突的起因是戈特沙尔克的一篇论述，它否定了自由意志的存在。依靠圣奥古斯丁的权威，这位令人讨厌的僧侣声称，每一位男人和女人都是被上帝预先决定了最后是下地狱还是上天堂，不论他或她是怎么生活的以及有什么成就。戈特沙尔克甚至还宣称上帝不打算让每个男人和女人都得救，很是相反，人类中有一半是应该被判下地狱的。戈特沙尔克的解读确实是根据奥古斯丁较晚时候的一些著作，但是从政治观点来看，这样一个观点被认为是危险的：它携带着的风险会损害中世纪社会的伦理基础，而那是建立在基督教信仰之上的。因此一次教会会议判了戈特沙尔克鞭刑，并终身监禁。但这还不是故事的结束。为了使它的判决更有分量，教会会议要求秃头查理的宫廷文法学家爱留根纳发挥专长。秃头查理是西法兰克的国王以及后来的罗马皇帝。

正如期待的那样，爱留根纳的报告真的对戈特沙尔克的教言进行了谴责：他作证戈特沙尔克的"反常思维"[③]，并批判他的论述为"骇人听闻、有毒的、致命的教义"[④]，但是接下来他以一种颇令人意想不到的方式化解了这一论点。他自由发挥道，"奥古斯丁的意思不是他说的那样"[⑤]，爱留根纳援引了柏拉图主义，发展出对世俗和神性现实，以及基督教概念中天堂、地狱和人类堕落的一套

---

① Carabine 2000，p. 6.

② Flasch 2013，Location 2299.

③ Brennan 2002，p. 27.

④ Brennan 2002，p. 130.

⑤ Carabine 2000，p. 21.

带有颠覆性的重新解读，不仅如此，还发展出了一套一元论哲学，显示出与量子力学作用原理的一些惊人相似之处。文章一开始，爱留根纳反驳了戈特沙尔克，断言道，上帝是如此地全然纯善，把任何的邪恶或罪愆与他扯上关系都是彻底的异端。由于这个缘故，只要是邪恶的东西就都不是上帝的愿望。爱留根纳反而还认为世界上的邪恶就是没有上帝，与此类似的是，上帝永远不会把任何人打入地狱。"上帝不会诅咒他所创造的东西，只会祝福它们。"[1]爱留根纳写道。于是，地狱不仅不是空间和时间中的一个物理地点，还应该被理解为一种心理状态，是在拷问那些忽视了自己与上帝之间关联的人。

直到这里，这听起来还不像是会跟物理学有多大关系。但是随后秃头查理要求爱留根纳翻译一件珍贵的手稿，那是他父亲虔诚者路易（Louis the Pious）从拜占庭皇帝那里收到的一件礼物，内容有亚略巴古的丢尼修著作全集。追随着丢尼修的足迹，爱留根纳把柏拉图的"太一"与基督教的上帝等同起来。这对于一位新柏拉图主义哲学家来说就是个顺理成章的结论：既然确信了"一切即一"，那基本上就没有比这更合适的选择了。作为中世纪的一位虔诚基督徒，生活在天使、妖魔和地狱火充斥的宇宙中，这是一次彻底的飞跃。"一切事物都源自'太一'，而且没有任何东西不是源自它的"[2]，所以"上帝即一切事物，而一切事物即上帝"[3]，爱留根纳在他的力作《自然界的分割》（*The Division of Nature*）中写道。

就这样，爱留根纳达致的一种对自然界的赞赏有着醒目的一元论特征。"整个既有宇宙的美，是由类同与不类同的奇妙和谐构成的，其中多种多样……以及各门各类……的物质……组合成一个难以言说的单体。"[4]换句话说，"存在着一个最普遍意义上的自然界，一切事物都参与其中，它是由那个唯一的万物准则创造的"，并且"从这一大自然中滋生出了各种有形生物，……（像）溪流般，都出自那个无所不有的唯一源头，……破散开来……成为自然界不同形状的各种单独物体"[5]。需要强调的是，这是个由科学和数学主宰着的自然界。"一切可见的

---

① O' Meara 1987，848C.
② O' Meara 1987，956B.
③ O' Meara 1987，650D.
④ O' Meara 1987，637D.
⑤ O' Meara 1987，750A.

和不可见的事物各有无限多，都依照数字规则形成自己的本体"①，爱留根纳解释道。他心目中的英雄是"一切哲学家中的第一等"②，是"顶尖的"③毕达哥拉斯和柏拉图，"是对世界作哲学思考的人当中最伟大的"④，是"唯一从生灵中发现了造物主的人"⑤。正如迪尔德利·卡拉宾总结的那样，爱留根纳著作的中心思想是"创造就是上帝的显现，因此是神圣的，因为一切事物都来自这同一个源头"⑥。

《圣经·创世纪》描述的人类堕落和人类原罪，现在被理解为一个隐喻，说的是个体从与上帝合而为一的状态中分离出来这件事。甚至连万物在空间和时间中显现这件事也被认为源自这次分离。卡拉宾强调，"说不定堕落带来的最重大成果就是它致使了身体和物质世界被创造出来"⑦。与此类似的一些重要思想，会再现在一千年以后黑格尔、谢林（Schelling）和克尔凯郭尔（Kierkegaard）的哲学中。更加令人称奇的是，爱留根纳的著作看起来像是对量子退相干的隐喻，在其中，宇宙分裂为主观、客观和环境，构成一个望向世界的局地视角，从而得以显示出时间和有确切位置的经典物理学意义上的物体。当然还有善与恶，要是没有时间就没有事情可以发生，也就没有东西可以被视为邪恶。就像在量子退相干理论中，物质包括潜在来讲的空间和时间，都是从量子宇宙或叫无所不在的"一"中显现的那样，爱留根纳的哲学认为——就像卡尔·雅斯贝尔斯（Karl Jaspers）所归纳的那样——"人已经背离了上帝，现在全靠自己了。他失去了在上帝永恒中的存在。他不得不在空间和时间中的某些确定位置存在。物质曾经本身也是精神性的，现在成了尘俗物件。万物合一的单体已经被撕裂。每样事物现在都是分开的，上帝和世界、心灵与物质、物种和个体、男人和女人。"⑧

虽然这已经令人惊叹地接近量子力学起作用的原理，但还没有道尽量子退相干与爱留根纳的理念之间不谋而合之处。甚至连泰格马克和蔡赫设想出来的鸟类视角这一概念，在爱留根纳那里也有预见，比如他赞扬圣约翰（St. John），说他

---

① O' Meara 1987，652A.
② O' Meara 1987，721C.
③ O' Meara 1987，652A.
④ O' Meara 1987，476C.
⑤ O' Meara 1987，724B.
⑥ Carabine 2000，p. 25.
⑦ Carabine 2000，p. 79.
⑧ Jaspers 1984，pp. 362-363.

是飞翔在高空的孤独老鹰的声音，"这声音不是来自翱翔在物质空气之上的那只鸟……盘旋在整个可感知世界中……这声音来自那只精神性的鸟……它超越一切可见世界，在超然一切有与无的地方飞翔"[1]，而且它，正如卡拉宾解释的那样，"可以从优越的空中制高点看到现实真相的整体"[2]。就像在量子宇宙中量子纠缠整合起宇宙一样，对于爱留根纳来说，是"平和的遍及一切的爱的拥抱"在"把一切事物聚拢到一起，成为一个不可分割的单体，这个就是他本身，他把他们不可分割地聚拢在一起"[3]。

尽管他是这样的富有革命性，爱留根纳还是能从古人那里有样学样，这不仅包括那些他自己读到或翻译过的哲学家，也包括他通过其他作者间接学习到的其他一些哲学家。在这一传统中最引人注目的是《会饮篇》（*Symposium*），它经常被称为"柏拉图最优美的著作"。它描写的是一群男人在雅典欢聚一堂，其中有哲学家苏格拉底、政治家亚西比德（Aristophanes）和喜剧作家阿里斯托芬。由于多数与会者还遭受着前夜的宿醉，他们决定少喝点酒，改用演讲竞赛自娱，题目围绕着"厄洛斯（Eros，性爱之神）"，也就是关于"爱"。轮到阿里斯托芬的时候，他讲了一个神话，说在远古时代人们都有四条胳膊和四条腿，还有两套性器官。由于如此的配置，这些原始人类足够强壮到可以反抗众神。在接下来的斗争中，人类被打败，作为惩罚，他们被撕裂。从那以后，人类就感到自己一个人的时候是不完美的，这就是柏拉图的阿里斯托芬所讲述的，就是为什么人类要寻找爱情，是为了找回他们失去的一半，以此来变回一个完整的人[4]。

柏拉图讲述的故事在后来的文学中被频繁地借鉴，在当时就已经跟《圣经·创世纪》和"人类的堕落"有着异曲同工之妙。在《圣经》中也是，夏娃是从亚当身上剥离出来的，而且，也有一个本有的天堂乐园被丢失掉了，其原因是亚当和夏娃反抗了上帝。在《旧约》中，"人类的堕落"关联着获得自由以及认知到区别：认识到男人亚当与女人夏娃不一样，而这种分化就为个体的过程带来了时间和死亡。比柏拉图的《会饮篇》更加明确无误的是普罗提诺，在他的《九章集》中："让灵魂忘记了其父上帝，让他们虽然是神性的成员，完全只属于那个

---

[1] Bamford 2000，Location 806.

[2] Carabine 2000，p. 19.

[3] O'Meara 1987，520A.

[4] 柏拉图《会饮篇》的一个较为当代的改编版本可以从艾瑞克·弗洛姆（Erich Fromm）的全球最畅销书《爱的艺术》（*The Art of Loving*）（Fromm 1956）中找到。

世界，却立即对自己和那个本源视而不见的会是什么？掌控住他们的那个邪恶，其根源在于自我意志，在于进入了过程的领域，以及在于与自我拥有欲望的最初分化。"[1]

通过把"爱"看作是量子纠缠的一个隐喻，确实就有可能把《圣经·创世纪》解读成量子退相干的类比，但在中古时期的法兰克王国，这类思想就令人起疑。瓦朗斯评议会于855年对爱留根纳的论述给出的评价是一锅"爱尔兰粥"[2]，并对其进行了谴责。说到底，用"包罗万物的单一体"这样的概念来代表上帝，会威胁神职人员独揽大权。如果上帝无所不在，岂不根本就不再需要任何教士来充当让教徒们触手可及的媒介了。由于这个缘故，爱留根纳的《自然界的分割》被收纳在1050年、1059年、1210年和1225年的谴责案卷中。1681年《自然界的分割》在牛津出了第一版之后，三年以后几乎立即被收入《禁书目录》（*Prohibited Books*）之中。[3]

尽管如此，由于受到国王保护，即使他的著作被禁，爱留根纳也还是毫发无损。戈特沙尔克、爱留根纳和官方教会之间的争论是一个绝佳的例子，可以用来说明基督教中自相矛盾的传统，它在二元论和柏拉图主义之间被撕裂，与此同时还在争夺政治地位。这本书也是一份匪夷所思的文件，显示一元论哲学在历史流变过程中盛行——以及让人更加难以理解的是，为什么，在这么长时间里，一元论都没有被认真视为对量子力学的一种解释。

理性主义者变成神秘家

450年之后，基督教对一元论的凌虐进一步加剧，以至于敢于顶撞一位身居高位的僧侣和神学家，并令他惊愕不已。当麦斯特·埃克哈特于1260年出生的时候，部分由于卡洛林文艺复兴推行的那些改革之故，教育、财富和商业在西欧复苏了起来，一座座汇聚着新兴中产阶级的中心城市欣欣向荣。1088年欧洲第一所大学在博洛尼亚（Bologna）建立，随后跟进的有1150年的巴黎大学和1167年的牛津大学。13世纪新建的包括剑桥大学和帕多瓦（Padua）大学，是由牛津大学

---

[1] MacKenna 1991，p. 347.

[2] Brennan 2002，p. x.

[3] Carabine 2000，p. 23.

和博洛尼亚大学的反叛学者们分别在1209年和1222年成立的。14世纪的时候欧洲已经有了几乎50所大学，包括比萨、布拉格、海德堡和科隆大学。前面几十年的成就都是在腓特烈二世治下打造的，他是德国皇帝腓特烈一世弗雷德里克·巴巴罗萨和诺曼国王罗杰二世两人的孙辈，有高度学养，在宗教方面宽容。他在西西里长大，那是他的诺曼祖先们在11世纪从阿拉伯人手中征服来的，腓特烈从童年时代就精通阿拉伯语、希腊语和拉丁语，而且对科学和数学怀有强烈的兴趣。1232年，他向博洛尼亚大学捐献了一些有关亚里士多德的自然哲学书之后，艾尔伯图斯·麦格努斯（Albertus Magnus）把它们引入“自由七艺（Seven Liberal Arts）”的课程中，要求所有学生都必须掌握了才能成为律师、医生或神学家。大约两代人以后，埃克哈特在科隆、斯特拉斯堡和巴黎学习、布道、举办讲座，在此期间科隆大教堂、斯特拉斯堡大教堂和巴黎圣母院都在建造。就在他的有生之年，马可·波罗出发旅行去了东亚；据传是耶稣的荆棘冠冕被移交到巴黎；还有他的精神导师，弗莱贝格的西奥多里克（Theodoric of Freiberg）依靠几何学和实验对彩虹的形成及其颜色作出解释。

然而，西欧的新财富、知识和提升的自信心也挑起了紧张关系。这包括基督教和穆斯林帝国之间新的战争、富人穷人之间的冲突、世俗和教会权力、基督徒和犹太人，以及理性推理和信仰之间的冲突，并以十字军东征和大屠杀到达顶峰。1096年第一次十字军东征，已经以残暴屠杀莱茵兰的犹太少数人口为开端，参与者是成千上万的基督教志愿者，他们绝大多数都是穷人，一路从法国东部杀向德国西部。1099年十字军东征以征服耶路撒冷并屠杀该城市的平民而告终。第四次十字军东征也丝毫没有好到哪里去。1204年达到巅峰，对基督教城市君士坦丁堡进行围困和大屠杀，圣殿被践踏，陵墓被抢劫，无法估量价值的艺术品或被盗走或被摧毁，成千上万的平民被冷血强奸或杀害。这次围城永久性地削弱了拜占庭帝国，为西边威尼斯和东边奥斯曼帝国的兴起做了贡献。当腓特烈二世在犹豫要不要踏上一次应允的十字军东征时，教皇格列高利九世（Gregory Ⅸ）于1227年将这位皇帝逐出了教门，后来甚至还诋毁他为“敌基督”。

与此同时越来越多的信徒批评官方天主教会的财富和他们堕落的世俗举止。一些基督教托钵修士团体，例如多明我会（Dominicans）和方济各会（Franciscans）在宣讲贫穷的生活方式，关爱日益增多的无家可归者和贫病交困者。由于类似的原因，从13世纪早期开始，清洁派（Cathars）或阿尔比派

（Albigensians），这些摩尼教传统的二元论宗派也在法国南部获得了重要地位。对于清洁派来说，尘世间的每一样东西都是撒旦在起作用，包括婚姻、性、财产、畜牧产品和官方教会。格列高利的前任，英诺森三世（Innocent Ⅲ）雇用了多明我会和方济各会僧侣，试图根除这些异端，首次对欧洲基督教所及范围内的一个区域发动了十字军，直到演变成大屠杀。十字军拿下了贝济耶城的时候，据称那位教皇特使下令"把他们全杀光，上帝自会知道谁是他自己的人"[①]，屠杀了城中几乎每一个男人、女人和小孩。军队把法国南部荡平20年之后，清洁派仍然没有被彻底根除，教皇格列高利九世最终于1233年设立了教皇宗教裁判所，不久将要对天主教会整个势力范围内的二元论信奉者、一元论信奉者和科学家一视同仁地进行清查和迫害，长达500年。格列高利派驻德国的首席调查官，马尔堡的康拉德（Konrad of Marburg）一人就确保了几百名号称异端分子的人在火刑柱上活活烧死。在这种气氛之下，血腥诽谤扩散开来，如谎称犹太人用仪式谋杀别人，从而挑起大屠杀。甚至连黑猫都几乎在整个欧洲灭绝，因为格列高利九世相信它们都是由魔鬼装扮而成的。

与此同时重新被发现的希腊和阿拉伯文献在巴黎和牛津则启发了新一代的自然哲学家。在巴黎大学，亚里士多德派自由艺术与奥古斯丁神学之间的嫌隙日益加大。1210年，亚里士多德物理学被巴黎主教禁止教授，1215年又被教皇特使和巴黎大学校长禁止，1231年被教皇格列高利九世本人禁止，直到1255年才又在必读清单中再次列出。在这种局面下，巴黎的一群学者甚至搬出了一种观点，说存在着双重真理，自然哲学中正确的东西可能同时在神学中就是错误的，反之亦然。这一自欺欺人的信念，还只是上帝与世界之间割裂程度的一个极端例子，是基督教从它那作为一种对立宗教的起源那里继承下来的，它是后来在量子力学中凸显起来的那句座右铭"闭起嘴来数你的数"的中世纪先声。这些争论由艾尔伯图斯·麦格努斯的学生，后来的圣人托玛斯·阿奎那（Thomas Aquinas）来调和，最后导致了对经院哲学采用了一种根治性的搁置手法，即有关本质性"现实真相"的任何言论都被严格阻止。对应用范围的这一划分后来在罗马使徒宫里的拉斐尔的湿法壁画《雅典学院》中得到了清晰明了的图解。这幅画中亚里士多德被描绘成向下指着地，旁边是柏拉图向上指着天，前瞻性地演示了量子力学中放映机和银幕现实之间那种玻尔式的垂直互补性——也可以说是海森堡式思维，认为

[①] 见 https://en.wikipedia.org/wiki/Caedite eos. Novit_enim_Dominus_qui_sunt_eius, accessed Sep 19, 2021.

宗教和科学在世界上各有其不同应用——这些都是起源于13世纪的信仰。

1277年巴黎主教谴责了219篇具体的论文。根据他的法令，不准对决定论、原子论、唯物论、时间的非现实性或只有哲学家才是聪明人进行论证。基督徒也不准就权威、死后来生、祈祷和忏悔的合理性、同性恋和婚外性的罪过，或者杀害动物的合法性这些问题发问。这一涉及颇宽的清单，是对该主教七年前发表的十宗异端邪说清单进行补充的更加详细的版本，醒目地摒弃了"上帝不知道单数"，也就是对于上帝来说，"一切即一"的说法。实际上，在13世纪的曙光来临之际，贝纳的阿玛里克（Almaric of Bena），巴黎大学的一位讲师，就已经为爱留根纳的哲学正名，并教导学生说"一切即一，因而一切存在即是上帝"[1]。1204年，阿玛里克作为异端被定罪。6年以后，他的遗骸被从坟墓中挖出并抛进不洁之地，而他的10名追随者，据称拒绝圣礼且自由恋爱[2]，在巴黎被烧死在火刑柱上。据说，这些罪犯中有一位，把他的审讯者逼到盛怒至极，因为他声称他不可能被火烧死，或者被酷刑折磨，因为只要他存在着，他就是上帝。人们不禁纳闷，这项异端行为怎么就那么严重，以至于托玛斯·阿奎那感觉不得不强调，就连"一块石头就是上帝"这样的一句话都必须受到摒斥[3]。700多年以后，1913年版的《天主教百科全书》（*The Catholic Encyclopedia*）仍然评判道，阿玛里克派的泛神论"本身就足以证明那些严厉措施是正确的，巴黎委员会有权这样处置"，因为"巴黎大学被当成了一个现场，以有组织的方式企图在拉丁基督教的学府中，塞进以阿拉伯泛神论解释的希腊哲学私货"，而且"鉴于这些情况……彻底铲除阿玛里克派……不可以被评判为为时过早或不够克制"[4]。

与阿玛里克派不同的是，埃克哈特尤为急切地强调，人只有当他过着正当生活的时候才是上帝——但这没用。埃克哈特把说理的着重点放在相互关系以及整体上，因此就突破了经院哲学的严密束缚，这就足够把他拖进麻烦堆里。埃克哈特论证道，例如，正义并不是一件属于正义者的财产，而是应当反过来说，正义者应该是一个参与全球正义的人，而全球正义就是上帝。更糟的是，他的论述和布道暴露出他的一元论倾向。对于埃克哈特来说，"上帝……就是处于隐态合一

---

[1] Albert 2011，p. 200.

[2] See Pünjer 1887，p. 43.

[3] 在他的书《反异教大全》（*Summa contra Gentiles*），亦称《论天主教信仰之真理反对不信教者的种种谬误》（*Book on the truth of the Catholic faith against the errors of the unbelievers*）中。

[4] 旧版《天主教百科全书》（*Old Catholic Encyclopedia*）。

单体中的'太一'"①，而且"流入一切事物中去"②，他是处于"无一例外每样事物最最里面的那部分"③。所以，"我们应该在一切事物中把握到上帝"④，并且"如果我们把一只苍蝇看作存在于上帝里面，那么由于它是在上帝里面，它就比存在于自身里面的最高等级的天使更尊贵"⑤，埃克哈特在布道时这么讲。

尽管埃克哈特比阿玛里克派更加谨慎，并且是消息灵通的多明我会的一位高阶成员，又是宗教裁判所的骨干，他还是被定罪了。当科隆大主教对他下达第一道判决时，埃克哈特否认了大主教的权威，并且上诉到教皇。在差不多70岁的年龄上，他徒步走上前往阿维尼翁的885公里的旅程，那里是教皇们居住的地方，自从与腓特烈二世发生冲突之后，作为后果他们来到了法国的势力范围之下。埃克哈特到此之后不久就去世了，但是他的案子仍在继续，最后等来了教皇谕旨，认定埃克哈特是受到了魔鬼的蛊惑，"才想要了解超出他需要的东西"。

虽然埃克哈特本人没有受到定罪，但是他的28份论述被认定为异端，包含这些内容的书籍成为了禁书。埃克哈特仍然作为一个神秘学家留在人们的记忆中，尽管他倡导的是一种对待宇宙的理性态度。又过了一百年，一元论在天主教会中依然止步不前。

一元论外交家

库萨的尼古拉（1401—1464年），或者在拉丁语里被称为"库萨努斯（Cusanus）"，生于摩泽尔河畔的小城库埃斯（Cues）——这是德国最精美葡萄酒的产区之一，他是一位船主的儿子。然而，继承家庭产业不是他的志向，这在很早的时候就很明显了。根据本地轶事，他那愤怒的父亲有一次把他从船上扔了下去，因为他一直在读书而不是划船。虽说如此，他的家庭还是足够殷实的，于是在他15岁的时候把他送进了海德堡大学。这标志着一段职业生涯的开端，而且从很多方面来说，它还真的造就了历史。

他接受教育的那个时间点实在是够幸运的。仅仅一年之后，那位托斯卡纳人

---

① Davies 1994，p. 143.
② Davies 1994，p. 327.
③ Davies 1994，p. 327.
④ Davies 1994，p. 83.
⑤ Davies 1994，p. 249.

文主义者，教皇的秘书、如饥似渴的书籍收藏家波焦·布拉乔利尼（Poggio Bracciolini），可能是从富尔达的本笃会图书馆中，重新发现了卢克莱修（Lucretius）的书《论事物的本质》（*De rerum natura*），从而永久改变了欧洲文化①。卢克莱修的书赞美了一种自然主义的世界观，开头是一段赞美诗，祈请维纳斯，那位罗马的爱之女神，也是伊西斯的又一化身、一元论中人格化的大自然。

还在帕多瓦大学学习法律的时候，尼古拉就被引导着见识到科学中的最新成就，读了刚刚重新收到的古希腊书籍，而且结识了一些最有影响力的意大利家族。他的新朋友包括数学家保罗·达尔·波佐·托斯卡内利（Paolo dal Pozzo Toscanelli），此人是菲利波·布鲁内列斯基（Filippo Brunelleschi）设计佛罗伦萨大教堂穹顶时他的咨询师。拿到博士学位之后，尼古拉回到德国，作为特利尔市王子大主教的一名律师，并在闲暇时梳理各图书馆，寻找被遗忘的古代书籍。

在1431年的一次主显节庆典上，尼古拉发表了一通引人注目的讲话，赞扬了《圣经》中的"东方三博士"（Biblical Magi），说他们是可以在所有民族国家中找到的圣贤，并把他们比作柏拉图。这一讲话反映出尼古拉的两大毕生首要关注事项：他努力在宗教和民族之间达成和解，以及他对一元论哲学的兴趣。当拜占庭皇帝要求教皇军事支持他抵御土耳其人时，尼古拉因其精彩演讲已然吸引到了注意力，就被任命远航至君士坦丁堡去陪伴拜占庭皇帝和他的代表们，前往教皇召集的费拉拉理事会。对于尼古拉来说，这一定是他此生的重大意义之旅。在返回威尼斯的那次风雨交加的航行中，尼古拉把他的船与三位希腊哲学家共享，这三位原来都是志同道合者：格弥斯托士·卜列东（Gemistus Pletho）以及他的两位学生贝萨里翁（Bessarion）和约翰·阿吉罗普洛斯（John Argyropoulos）。与这几位穿着异国风情服装的希腊学者成为朋友，一定就像是尼古拉大约在7年前布道时提到过的《圣经》东方三博士出现在现实中。他布道时把东方三博士比作从大自然里求索上帝真谛的希腊哲学家。现在，尼古拉一边望向暴风雨抽打着的大海，一边体验着那种他后来所描写的神性之光，它启发着他思索"太一"中相互取长补短的各个方面。

在他的著作《论习得的愚昧》（*On learned Ignorance*）中，尼古拉描写了"那

---

① 斯蒂芬·格林布拉特（Stephen Greenblatt）在其获普利策奖的著作《急转弯》（*The Swerve*，2012年）中认为就是这一事件引发了文艺复兴运动。

唯一永恒的东西"①，他将之等同于上帝："上帝是……整个世界，或宇宙……的那唯一一样最单纯的本质。"②像量子力学的波函数一样，对于尼古拉，上帝"就是所能存在的一切"③。像在他之前的爱留根纳以及之后的 H. 迪特尔·蔡赫一样，他思考了"事物，或宇宙……的一的性质是如何以多形式存在的，以及反过来说，（事物的）多形式又是如何存在于一的性质里面的"④。在量子力学语境中被理解为量子纠缠和量子退相干的东西，尼古拉描述为"一切事物的折叠与舒展"⑤，它是从一个隐态的现实世界中显现出来的，这个隐态现实"虽然凌驾于一切感官和每副头脑之上让人一直无法理解……却以从它里面分身出来的种种不同形象重重展开……显现出来……"⑥。库萨努斯的"太一"是本质性的真相，是"宇宙的一的性质"⑦，也就是"万物之根源"⑧。跟随着柏拉图的《巴门尼德》，库萨努斯也发展出了一个互补性的观念，他论证道，"创造既然是创造，就不能被称为一，因为它出自一；但也（不能称为）多，因为它的存在依附于'太一'"，而且"关于简单和复杂，以及其他两相对立的东西，似乎也应该是类似的道理"⑨。结论是，库萨努斯的"太一"不是空洞无物、超然世外的概念，它拥抱大自然，因为"一切尽在'太一'"，也就是说，这个缤纷多样的世界"其实就是那个'太一'"⑩。库萨努斯解释说，"看到事物间的不同，我们惊异，一切事物共有的唯一最纯粹的本质同时也就是每一件事物的那个不同本质"⑪。值得注意的是，他甚至赞扬了异教徒，因为他们以"多种方式称呼上帝，都与被创造出来的事物有关"，而且他们还称"他（上帝）为大自然"⑫。实际上，尼古拉相信，从本质上来说，异教徒、犹太人和基督徒所崇拜的都是同一个神性："古代异教徒嘲讽犹太人，因为犹太人崇拜一个广大无边的上帝，却又对其一无所

---

① Hopkins 1990，p. 14.
② Hopkins 1990，p. 39.
③ Hopkins 1990，p. 9.
④ Hopkins 1990，p. 72.
⑤ Hopkins 1990，p. 68.
⑥ Hopkins 1990，p. 68.
⑦ Hopkins 1990，p. 74.
⑧ Hopkins 1990，p. 74.
⑨ Hopkins 1990，pp. 62–63.
⑩ Hopkins 1990，pp. 16–17.
⑪ Hopkins 1990，p. 84.
⑫ Hopkins 1990，p. 43.

知。然而，这些异教徒自己所崇拜的也是他（上帝），只是体现在已经展开的各种事物中。"①最后，尼古拉以对自然界的观察和数学描写为依据，把这种一元论哲学与一个出奇的现代风格的科学观念结合起来。②

能有这样的结果，既是因为尼古拉的外交技巧，也是缘于他生活的那个时代，所以这些思想没有引发与教会的任何冲突。尼古拉还高升成了红衣主教，后来甚至还被选中成为教皇在罗马的代言人。他们到达意大利以后——这个事件应该与之前20年发现卢克莱修的书一样，在文艺复兴历史中占有同等转折性的意义，尼古拉和他的新朋友卜列东和贝萨里翁继续前往参加费拉拉理事会。然而这座城市正面临着黑死病的威胁。在富有的意大利银行家和政治家科西莫·德·美第奇（Cosimo de Medici）的邀请下，会议改到佛罗伦萨举行，在那里，它改变了历史进程。

卜列东向尼古拉的朋友托斯卡内利（Toscanelli）提供了一份1世纪的希腊地图，图上标示着一条向西去的海路，指向一片陆地，号称是亚洲。托斯卡内利后来把它寄给了克里斯多夫·哥伦布，哥伦布第一次航行到美洲的时候就带着它。就好像这还不够似的，卜列东还做了关于柏拉图的宣讲，这启发了热情高涨的科西莫·德·美第奇，指派他医生的儿子马西里奥·菲奇诺（Marsilio Ficino）去建立一所新的柏拉图学园，并把所有柏拉图和普罗提诺的著作都翻译成拉丁文。后来科西莫指派菲奇诺为他的孙子洛伦佐·德·美第奇（Lorenzo de' Medici）的私人教师。就在"奢华者"洛伦佐、菲奇诺和他的学生们身边的圈子里，聚集了一批巨匠，例如画家桑德罗·波提切利（Sandro Botticelli）和米开朗基罗（Michelangelo），诗人叶理诺·贝尼维耶尼（Girolamo Benivieni），可能还有博学多才的列奥纳多·达·芬奇。

这些艺术家和学者一起为文艺复兴思想注入了一元论哲学。在柏拉图、普罗提诺以及被称为《赫耳墨斯》（Hermetica）的哲学文本的启发下，菲奇诺和他的学生皮科·德拉·米兰多拉（Pico della Mirandola）发展出一种混合着埃及和希腊一元论思想的基督教，它把柏拉图的"太一"，同时等同于两类不同的概念，一边是人格化的自然界，也就是伊西斯或维纳斯；另一边是基督教的上帝。这一观念在波提切利的油画《维纳斯的诞生》中得到了最精美的展现，它描绘的是这位

---

① Hopkins 1990，p. 43.

② Flasch 2013，Location 9332.

裸体的爱与大自然之女神，被从海洋（比喻"太一"）上方吹到海岸，在那里一群被称为"霍莉（Horae）"的掌管季节与时间的次级小神祇正拿着斗篷恭候着她，以便当这位女神作为舒展开来的大自然，过起有肉身和有时限的生活时，罩上她、遮住她。在接下来的时期，从佛罗伦萨开始，先是意大利，然后是西欧的其他地区，受古典思想启发而产生的建筑、艺术和科学成就爆发般喷涌而出。这场革命是由赞赏人文精神、拥抱大自然铸就的，被认为昭示出了那个万物内在的统一本质，或者称为"太一"。这一新思维境界闪耀着"倡导和谐和宽容的理念"①，就像哲学历史学者保罗·奥斯卡·克里斯泰勒（Paul Oskar Kristeller）写的那样；这可能最明确不过地体现在那篇带有鲜明柏拉图风格的《论人的尊严的演说》（*Oration on the Dignity of Man*）中，其作者是菲奇诺的学生兼朋友皮科·德拉·米兰多拉。

世界变得愈加现代了，但是人文主义、科学和艺术之花的绽放并没有按直线前行。文艺复兴带来的科学和经济新发展所创造出来的财富，其分配变得越来越不公平。"奢华者"洛伦佐的儿子乔万尼（Giovanni），也就是后来的教皇利奥十世（Pope Leo X）变成了腐败、贪婪和奢靡的活象征。正像保罗·斯特拉森（Paul Strathern）描写的，乔万尼享用的宴会有"几十道菜，每道都是盛在成套或银或金的不同盘子中供受用。有些菜品甚至结合视觉享受的细节，馅饼上飞出夜莺鸟，布丁上跳出穿得像小天使的小男孩……他的奢侈达到了传奇级别，而且是在罗马帝国的尺度上尽情享受，也许最能体现这一点的是他最心爱的那道菜，那就是孔雀的舌头"②。这种穷奢极欲，到了他成为利奥十世的时候愈发变本加厉，除了其他一些事例以外，还包括耗资巨大修建的圣伯多禄大教堂（St. Peter's Basilica），后来气得马丁·路德（Martin Luther）将他的论文钉在威登堡那所大教堂的门上，最终导致了宗教改革。乔万尼的兄长彼罗（Piero）继洛伦佐之后成为了佛罗伦萨的统治者，他在无能、刚愎和麻木不仁中挣扎，直至最终被原教旨主义传教士吉洛拉谟·萨伏那洛拉（Girolamo Savonarola）赶出佛罗伦萨。彼罗再也没有回到他的故乡城市，尽管他与冷酷无情的恺撒·博尔吉亚（Cesare Borgia）共谋企图夺回权力，并毒死了皮科·德拉·米兰多拉和他的爱人，哲学家安杰洛·波利齐亚诺（Angelo Poliziano），此人还同情过萨伏那洛拉。与此同时，萨伏

---

① Kristeller 1980, p. 91.

② Strathern 2007, Location 4473.

那洛拉的狂热追随者们将佛罗伦萨市民的一切所有剥夺罄尽，包括化妆品、珠宝、艺术品、乐器和书籍，然后将这些珍宝在所谓的"虚荣之火"中付之一炬。萨伏那洛拉，在最终被佛罗伦萨市民处决后，成为新教教会的一名殉道者。

一元论不安分了一阵子，但是各种二元论意识形态又流行起来，在天主教和新教中都是这种情况。这包括路德那令人反感的反闪米特主义、加尔文宗疯狂的破坏偶像主义以及宗教裁判所日益残暴的行动，随后而来的是宗教战争，又一波针对异端分子和不信教者的恐怖行动、大范围谋杀据称是女巫的人，以及来自反宗教改革势力的反科学回马枪。

殉道者

1600年2月17日黎明，一元论与天主教会之间的紧张关系达到了至暗的恐怖巅峰。吃过最后的早餐，蘸了马尔萨拉（Marsala）的杏仁饼干之后，乔尔丹诺·布鲁诺被用一块皮子堵住喉咙禁声。很明显，在宗教裁判所的监狱中待了8年之后，这位囚犯的伶牙俐齿仍然令他的主审人员恐惧。接下来他被放到一头骡子身上，驮到罗马鲜花广场那堆准备好的木柴旁，那里是罗马的集市兼刑场。到了行刑地以后，布鲁诺被剥光，绑在火刑柱上活活烧死，有一群穿黑斗篷的修士一边祈祷，一边唱诵祷文，恳求他认错。他最后自主做出的动作是，在登上火刑台的时候把头从举在他眼前的十字架扭开。后来，他们把他的骨灰倒进了台伯河。

关于布鲁诺究竟是位科学和哲学的殉道士，抑或仅仅是位言论自由的殉道士，这种辩论直到今天仍在继续。在他的著作中，布鲁诺宣扬了行星体系中哥白尼的日心说模型，还画了一幅画，广阔无垠的宇宙弥散着神性精神——这是他从库萨努斯那里采纳的思想。就像阿尔贝托·马丁内斯指出的那样，虽然从做实验、做观察、进行数学分析或建立模型这个角度来看，布鲁诺不是个科学家，但他对宇宙的见解比哥白尼、伽利略或开普勒的还要更加精准。布鲁诺从许多学科汲取了知识，就像这几页中提到的那么多其他人物一样，他也把这些看作都只是"一"。

正像丢尼修、爱留根纳、麦斯特·埃克哈特和库萨的尼古拉这些他的前人一样，布鲁诺把他的哲学思想建立在一元论的基础上。在他的著作《论原因、准则与"太一"》（Cause, Principle and Unity）中，布鲁诺热烈地赞同"赫拉克利特的论述，它宣称一切事物都只是'一'"①，它"容纳着一切事物在它里面"②。布鲁诺热情洋溢地描述"至高的完美、至极的喜乐存在于那个合一体中，它包容着整体"，就如同"颜色，就包含着一切颜色"，"声音，不是……哪一个特定的声音，而是……（那个）综合的声响，它是由许多声音和谐而成"，"那个'一'，它本身就是这一切"③。换句话说，"整体就是'一'，估计是巴门尼德……想到的这点"④，而且"没有……哪个部分能够与整体有所不同"⑤。与其他人一样，布鲁诺的一元论思想也伴随着对自然界的高度崇敬。他在《驱逐趾高气扬的野兽》（*Expulsion of the Triumphant Beast*）中写道，"大自然……不是别的，正是上帝展现为万物"⑥。布鲁诺从柏拉图那里采纳了森林的形象，用以作为对物质世界的一种比喻，"在那里，神性的脚印隐蔽地藏着，但是当我们通过理性思维的方法注意到它们的时候……神性之光"⑦就变得伸手可及。

显然，布鲁诺在这里拥抱的是一个"异教宇宙"，也许是泛神论。相当肯定的是，他把埃及尊奉为"天堂的形象"⑧，并且召唤伊西斯来解释"一个一切事物中无不具备的纯一神性，一个生养万物的大自然，守护宇宙的母亲，是怎样从各不相同的物体中闪耀出光芒……并取用了不同名号的"⑨。迪南的大卫（David of Dinant），按照贝纳的阿拉玛里克（Alamaric of Bena）传统来看是位异端人物，他"认为物质是一种绝对精妙且神性的东西"。而布鲁诺竟然如此大胆敢于断言大卫"没有被引上歧途"⑩。布鲁诺不仅丝毫不嫌弃凡俗物质，对他来说"宇宙的精髓既在无限中，也在任何被认为是宇宙一部分的东西中"⑪，"它的囫囵整体以及它的每一部分都只不过是'一'"⑫，并且"巴门尼德是……对的，他说宇

---

① Blackwell & de Lucca 2004，p. 93.
② Blackwell & de Lucca 2004，p. 93.
③ Blackwell & de Lucca 2004，p. 101.
④ Blackwell & de Lucca 2004，p. 69.
⑤ Blackwell & de Lucca 2004，p. 88.
⑥ Imerti 1964，p. 235.
⑦ Imerti 1964，p. 50.
⑧ Imerti 1964，p. 241.
⑨ Imerti 1964，p. 238.
⑩ Blackwell & de Lucca 2004，p. 7.
⑪ Blackwell & de Lucca 2004，p. 91.
⑫ Blackwell & de Lucca 2004，p. 91.

宙是'一'"①。很明显，布鲁诺打破了凡俗世界与上帝的分隔，对于一般的一神论，尤其对于基督教来说这可是个根本性的问题。虽然布鲁诺和库萨的尼古拉都在倡导惊人相似的思想，但尼古拉兴旺发达了，而布鲁诺却被烧死了。

与尼古拉不同的是，布鲁诺绝对不是因其外交手腕而闻名。在那不勒斯的多明我会修道院刚开始修道的时候，他就已经开始质疑起天主教信仰中的一些信条，因此第一次被举报到宗教裁判所。10年之后，一个宗教裁判所的调查员在修道院的厕所发现了一本禁书，边边沿沿上有布鲁诺的手写注释，布鲁诺决定逃跑。他踏上了一条奥德赛式的寻访之途，想找到一处能自由安全工作和生活的地方，旅途靠步行或骑驴穿越了大部分欧洲，但到处因宗教冲突而日益四分五裂。例如，1572年巴黎发生的圣巴塞洛缪大屠杀，当时几千名新教徒被瑞士雇佣军屠杀，以及天主教暴徒发出三十年战争来临的信号，后来几乎杀掉了中欧一半的人口。

在这些旅程中，布鲁诺的好斗性格一再把他卷入与当地知识分子的冲突中，他喜欢称这些人为"死较真的蠢驴"②。经过日内瓦的时候他批判了一位教授，结果被剥夺了领受圣礼的权力，并被投入监狱直到他双膝跪地道歉为止。他在法国的时候就幸运一些，被要求在亨利三世国王的朝廷中演示他的记忆术。继续前行到达英格兰的时候，他在牛津受到嘲弄，还被指控抄袭。在法兰克福这座著名的图书博览会之城，他发表了诗作，预见到量子宇宙学中那颇有争议的见解，说时间是个幻觉："Past time or present, whichever you happen to choose, or the future: All are a single present, before God an unending oneness.（大意：过去现在或未来，随便哪个任你选：全部都只是当下，上帝无尽唯太一。）"③最后，布鲁诺回到意大利，在帕多瓦短暂地讲过学，本来有希望拿到教授职位，但是却被比他小6岁的伽利略·伽利雷（Galileo Galilei）拿到了这个职位。在那之后，布鲁诺做了那个致命的决定，接受了前往威尼斯的邀请，在那里他的东道主将向罗马宗教裁判所检举他。

宗教裁判所最终以布鲁诺拒绝对八条罪状悔改而核准了他的死刑。八条罪状包括质疑天主教的信条，比如做弥撒的时候面包变为血肉，基督施展了真实的奇

---

① Blackwell & de Lucca 2004，p. 91.

② Rowland 2008，p. 79.

③ Rowland 2008，p. 219.

迹，或圣三一中的人物都是各不相同的，以及直接向教会本身提出挑战，例如渴望创立他自己的宗派，使他能够实践占卜术以及应用毕达哥拉斯理念——在宇宙中存在着许多世界之类。虽然这些指控没有一项明确显示是一元论的，正像阿尔贝托·马丁内斯在他的《活活烧死》一书中指出的那样，"这条毕达哥拉斯线索很引人注目，因为它在哥白尼式革命的许多重要人物的著作中都明确出现过，包括哥白尼、布鲁诺、开普勒和伽利略"[①]。毕达哥拉斯主义和柏拉图主义从古典时代开始就紧密交织在一起，以至于越来越难区分它们。从本质上来讲，这两套哲学在根本上都是一元论的。

其他一些迹象表明，布鲁诺的一元论是导致他被判死刑的关键因素。布鲁诺既不是第一个也不是最后一个死在火刑柱上的人。早于他400年阿玛里克派就被烧死在巴黎，晚于他19年一位叫卢西里奥·瓦尼尼（Lucilio Vanini）的哲学家，料想到了生物进化论，宣扬猿类和人类有共同祖先，并宣讲了一个大自然宗教，被指控为无神论。当拷问他的人问他是不是相信上帝的存在，瓦尼尼据说拔下了一根草叶说，"这片叶子就已经证明了上帝的存在"[②]。他被判处割掉舌头，在火刑柱旁掐死，然后焚烧他的尸体。几乎整整200年之后沃尔特·惠特曼（Walt Whitman）出生，他写下了这段著名的诗句：

"I believe a leaf of grass is no less than the journey-work of the stars, and the pismire is equally perfect, and a grain of sand, and the egg of the wren, ... And a mouse is miracle enough to stagger sextillions of infidels. （大意：我认为一片草叶的神奇不亚于斗转星移，就连蚂蚁也是同样地完美，或者是一粒沙或者一颗鹪鹩的蛋，……哪怕一只老鼠也是一个奇迹，足以震撼无数无信仰的人。）"[③]

把对布鲁诺的判刑与伽利略对宗教裁判所的顶撞做比较也很能说明问题。布鲁诺死后16年，哥白尼的书被宗教裁判所搁置。在200多年时间里，只有那些强调它所提出的只是数学模型，绝不曾对现实做表述的版本可以得到出版。在1616

---

① Martínez 2018，Location 208.

② "Et levis est cespes quid probet esse Deum"，Leibniz 1763，p. 778.

③ Whitman 2004，p. 93.

年同一年，还是那同一个红衣主教贝拉明（Bellarmine），他已经审讯过布鲁诺，警告伽利略要将日心说模型作为假说而不是真理来教授。又过了16年，伽利略最终被正式指控为异端，在他公开认错之后，被判软禁在家。这些事件表明，宗教裁判所极为重视禁止科学对基础现实做表述，同时也极为重视维护世界与上帝的分隔，因为一元论就是威胁要打破这种分隔。H.迪特尔·蔡赫后来把宗教裁判所对伽利略的迫害与他和埃弗莱特对量子力学的现实主义诠释遭到物理学既有体制的反对做了对比："伽利略遭到迫害是因为他把哥白尼的世界观看作是真实的，而不只是做计算时使用的工具。降格科学的真知灼见的类似做法今天仍普遍存在，不仅神创论者是这样，在许多哲学家之间也是这样……甚至大多数物理学家也是这样。"①

乔尔丹诺·布鲁诺至今仍然没有被天主教会完全恢复名誉。他的著作位列《禁书目录》至1966年，那年该目录正式作废。2000年，教皇约翰二世（若望二世）追悔了在布鲁诺一案中使用了暴力，但坚持认为布鲁诺的教言与天主教的信仰不符。这一态度在1913年版《天主教百科全书》的评判中有反映，它确认了布鲁诺是如何"受新柏拉图主义者影响而导致他的思想倾向于一元论的。从前苏格拉底哲学家们那里他借取了对'太一'的唯物主义解释。哥白尼信条在他所生活的那个世纪吸引了如此多的注意力，他学会了把物质性的'一'等同于可见的、无限的日心说宇宙"②。以布鲁诺的一元论为依据，该作者最终做出了那个强硬的裁定，布鲁诺"没有能体察到基督教作为一个宗教体系的任何一点本质意义"，他是一个'没有一丝宗教信仰'的人"③。

＊＊＊

一元论的历史和它对科学及宗教的多种多样意义，同时对艺术和政治的多种多样意义，其本身就是个引人入胜的话题，不过在这里，我们自然也只能做些隔靴搔痒的功夫，做不了更多。我希望我已经能讲清楚的是，不论是玻尔拒绝承认量子力学的理论基础是"真实的"，还是人们普遍对接受量子力学的一元论意味犹豫不决，都不能一味归咎于20世纪早期科学家们的主流是奉行实证主义：一个

---

① Zeh 2012a, Location 1312.
② 旧版《天主教百科全书》。
③ 旧版《天主教百科全书》。

隐约已经证实的推脱说法，说玻尔是受到了"德国唯心论"魔咒的影响；也不能归咎于，依照科学史专家保罗·福尔曼（Paul Forman）的论证，1920年代战后的欧洲以及特别是在魏玛共和国知识分子当中号称的盛行倚重的"因果论、个性化，以及……可视觉观察性"[①]。几千年来，官方教会不遗余力地禁止一元论的自然观，并把一元论推到一个纯然宗教的彼岸领域。从那位以丢尼修之名为人所知还成为一名教会神父的匿名哲学家，著作遭禁的爱留根纳，被判定为被魔鬼附体的麦斯特·埃克哈特，到爬到了教皇行政体系中最高级别的库萨努斯，再回到被烧死在火刑柱上的布鲁诺，教会一直挣扎于一方面想把一元论收纳进它的上帝概念中，而另一方面又轰轰烈烈地压制任何把上帝或一元论与自然界混为一谈的企图。

在20世纪初期，玻尔和海森堡肯定没有必要害怕会被烧死在火刑柱上，或被教会训斥，他们自己也不是十分的宗教化。然而，不知怎的，他们还有许多其他科学家，也都把教会想要表达的那套说法化为了自己的内心想法，也就是，一元论与自然界或一元论与科学不能在一条船上。那个"一切即一"的假说压根儿不是正经科学。本书的主要关注点之一，就是要驳斥这项指控，并把一元论请回科学中归位。然而，尽管量子力学先是重新发现了一个3 000年之久的哲学观念，随后又忙不迭地拒绝了它，这件事相当引人入胜，但是这个哲学观念什么时候真的对科学产生过任何直接影响吗？而且就算曾经有过，这一如同石头般年深日久的思想，会在我们今天在本质性物理学方面所面对的那些挑战面前可能起任何作用吗？

[①] Forman 2011，p. 204.

5 从"一"到科学与美丽

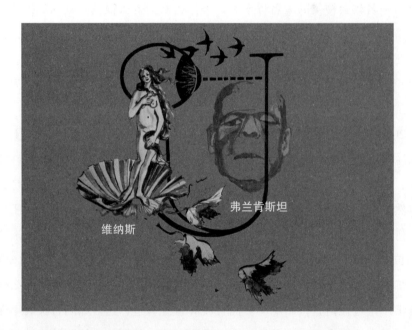

维纳斯

弗兰肯斯坦

　　什么是科学，又有哪些理论和假说真的可以称得上是科学呢？今天在科学家之间激烈地辩论着的这些问题，还得追溯到文艺复兴和启蒙运动时期。事实上，我们现代世界观中很大一部分都起源于16世纪以来的历次伟大科学革命，通常与之相关联的名字有尼古拉·哥白尼、伽利略·伽利雷、艾萨克·牛顿、迈克尔·法拉第和詹姆斯·克拉克·麦克斯韦。这种时候很少会提到一元论和柏拉图、马西里奥·菲奇诺、列奥纳多·达·芬奇或歌德的著作。即便这样，一元论作为灵感源泉，也还是激发着对大自然的统一性和美的追寻，成为了科学创造力的强大触发器和催化剂。推动科学革命的过去是，现在仍然是柏拉图和毕达哥拉斯哲学中传承着的一元论传统，而远非典型体现在中世纪思想中亚里士多德式的小肚鸡肠。

从柏拉图式的爱到对科学的爱

在中世纪晚期，浸透着一元论思想的古典时代书籍，由于保存在君士坦丁堡和伊斯兰世界从而在罗马衰亡中存活下来，缓慢回流到了西欧。这一潮流在 14 和 15 世纪，通过与繁荣的意大利城邦进行贸易而加强了，尤其还因为君士坦丁堡于 1453 年被土耳其人征服了。虽然这座城市被洗劫了三天，虽然平民被谋杀、强奸和奴役，教堂被玷污及摧毁，但是一个小型船队仍然逃脱了，把难民和珍贵的手卷文档带到了意大利。书籍、思想和影响席卷了西欧，由于在这一时期前后约翰内斯·古腾堡（Johannes Gutenberg）发明了印刷机，这些手卷文档都得以被复制了一遍又一遍。这些（手卷文档的）刺激不仅带回了对希腊哲学的觉知，而且还昭示了中世纪传统的不完美，激发出一种新的批判精神。因此之故，它们帮助点燃了文艺复兴时期以及随之而来的艺术及科学大爆发。而且它们又把"太一"哲学归位，与科学绑定在一起。

重要的是，与柏拉图主义中的一些派别不同，特别是与中世纪基督教不同，文艺复兴时期的一元论没有轻贱大自然。相反，它拥抱大自然，认为大自然是那无法触及的"太一"的展现。一元论从佛罗伦萨和马西里奥·菲奇诺的柏拉图学园散播开来，开始在全球为艺术和诗歌带来灵感。此外，菲奇诺的圈子演变成了后世各家科学院的范本，例如罗马的山猫眼学院（Accademia dei Lincei，1603 年建立），它很荣耀地拥有伽利略·伽利雷为其成员，佛罗伦萨的西芒托学院（Academia del Cimento，1657 年由伽利略的学生们建立），最终有了伦敦皇家学会（Royal Society，1662 年）和巴黎的皇家科学院（Academie Royale des Sciences，1666 年）[1]。正如造诣深厚的文艺复兴研究学者保罗·奥斯卡·克里斯泰勒指出的，"如果我们想了解培根、伽利略和笛卡尔的哲学和科学思想与圣托玛斯·阿奎那，或邓斯·司各特的之间有什么显著区别……佛罗伦萨的柏拉图主义将占据一个不可或缺的地位"[2]。在接下来的几个世纪中，也是在一元论氛围的启发之下，伽利略·伽利雷认识到所有的物体都以同样的速度下落，牛顿发现了主宰着

---

[1] Giulia Giannini：Scientific Academies，In：Sgarbi. Marco （ed.）Encyclopedia of Renaissance Philosophy. Springer. https：//doi.org/10.1007/978-3-319-02848-4_79-1.

[2] Kristeller 1980，p. 101.

地球上的运动和行星与恒星在天空中穿行的是相同的物理法则，而斯宾诺莎（Baruch Spinoza）则把"上帝"和"大自然"等同起来，它是个单一的、永恒的，且必定存在的物质。

菲奇诺的佛罗伦萨柏拉图主义的一个中心要素是柏拉图式的爱。这一思想的来源又一次要回到柏拉图的《会饮篇》。实际上，阿里斯托芬用神话方式讲述的相爱的人们互相从对方寻找自己丢失的一半的故事并不是《会饮篇》的结束。阿里斯托芬的寓言只是为柏拉图的最终发言人苏格拉底铺垫好了舞台，是苏格拉底把相爱行为中的大圆满提升为普遍适用的生命哲学，后来在文艺复兴中以"柏拉图式的爱"这个名称为人所知：柏拉图式的爱经常被误解为一种无生育的、无性行为的友谊，但它事实上描述的是一种相爱的方式，指的是对具体个人的爱只不过反映了在更深层次上对整个宇宙的爱。

这条信息分明指向了科学。柏拉图是明确对"继续向科学进军"的研究者讲的，说"他会看到科学的美，而不会像是一名仆役爱上了一位青年，或一个男人，或一个机构……的美，而是被吸引进去，对汪洋大海般的美进行深思"[1]。通过科学，科学家们"将突然感知到大自然神奇的美"，这种"美是绝对的、无与伦比的、简洁质朴的，且永恒持续……不会有……任何变化"，"一切其他事物永恒产生又消失的美无不源自于它"[2]。依照柏拉图《会饮篇》的思想，克里斯泰勒解释说，"菲奇诺把爱看作是万物合一的宇宙学准则"[3]，继而断定，一元论哲学演变成了16世纪哲学中一股至关重要的势力[4]。

菲奇诺的一元论——虽然它原本的形式仍然与占星学、炼金术和其他一些形式的迷信不分你我——最终为科学革命注入了动力，使世界走向了现代。至少可以看出有三条主线，其中"部分看作整体"代表这种思维方式，它是如此典型的一元论哲学，它所造就的科研样式、实践方法和陈述方法直到今天仍然意味着现代科学。

首先，文艺复兴的一元论意味着以新方式欣赏大自然，它最终把自己体现为经验主义，这是现代科学的基础，总体来说强调感官体验，特别是受控体验的重

---

[1] Jowett 2017，p. 1668.
[2] Jowett 2017，p. 1668.
[3] Kristeller 1980，p. 97.
[4] Kristeller 1980，p. 99.

要性。逐渐地，自然界不再被视为对人类来说仅仅是个从属的，要加以开发利用并对其掌控的领域，而是要为了它本身而研究它。

其次，人们期待可观察的自然界会反映出"太一"统合万物的和谐性。由于文艺复兴时代的一元论者仍然都是虔诚的基督徒，这份对大自然的尊崇鼓励了一股倾向于"自然神学"的潮流，这一思想认为上帝可以从他的创造物中被认出来。要说明这一观点，经常用到的说法是存在着一本"大自然之书"，说这本书能与文字写成的书一样有效地让人管窥到神性，甚或效果更好。越来越多的文艺复兴及启蒙运动哲学家和科学家现在要么视自己为自然神论者，认为上帝是创造者，只可以通过理性思维来理解，唯独只显现在大自然中，而不会通过奇迹或神谕显示；要么就视自己为泛神论者，把上帝完全等同于宇宙。显然，这样的神学完美的适用于复活古代柏拉图和毕达哥拉斯的思路，用以在环宇中搜寻对称与和谐。即便这一见解启发出来的思想后来并不是个个都被证实有成果或正确，但是为了给各种自然现象找到简单、理性且在审美上令人愉悦的解释，这种求索一直持续到了今天，对于应该怎样进行科学研究仍然产生着经久不衰的影响。

最后，一元论的根底支持一种潮流，即要为大自然中最不相同的各种领域找出一些通用法则。说到底，宇宙的各个不同区域和不同时代是不是存在着相同的自然法则，并不是想当然就明摆着的。事实上这种统合万物的哲学是与中世纪传统相矛盾的。正如保罗·克里斯泰勒写的，"在中世纪对宇宙的概念中，占主导地位的是一种物质层级思想"。与此对照的是，"在开普勒和伽利略的天文学中容不下天地之间，或者各种星辰之间，或者各种元素之间在等级和完美程度方面的差别"[1]。克里斯泰勒把"旧有的层级思想逐渐解体"归功于库萨的尼古拉、乔尔丹诺·布鲁诺和菲奇诺的一元论哲学，它"寻求的是一种中心环节，它……可以在宇宙中两两相对的极端之间进行调和"[2]。这一统合万物的思想，也就是尽可能少的一组自然法则主宰着宇宙中现在正在发生、过去已经发生以及未来将要发生的每一样事物的思想，显然出自将大自然想象为"一"的传承。

---

[1] Kristeller 1980, p. 109.
[2] Kristeller 1980, p. 109.

大自然的门徒

在文艺复兴时期，一元论哲学与各种新柏拉图主义和毕达哥拉斯概念的混合体拧成了一股强大的动力，促成了科学革命以及自那以后的现代科学。一位杰出的代表就是那位托斯卡纳博物学家列奥纳多·达·芬奇，他对文艺复兴精神的代表作用无人能及。

达·芬奇把自己看作是"大自然的门徒"[①]。他大力提倡精准观察，"扎扎实实的经验"对于他来说是"一切科学和艺术的共同母亲"[②]。虽然他的这种信守无不彰显在他那纤毫毕现的解剖图习作中，他那精准的植物、几何形体或天文现象素描中，却不与他对自然界的看法相左，认为大自然是由理性与和谐主宰着的。"虽然大自然本身始于理性并止于结果，但我们必须追随那条相反的路径，始于……经验再借由它找到理性"[③]，达·芬奇写道。根据他的自传作家沃尔特·伊萨克森（Walter Isaacson），列奥纳多"对大自然的完美无缺心存敬畏，对它的和谐韵律心怀感动，他看出这些都体现在或大或小的各种现象中"[④]。在他的笔记本中，列奥纳多热情洋溢地赞扬了"宇宙之美"[⑤]"天然之物"，以至于他感觉"仅瞥上一眼，和谐融洽之感就油然而生"[⑥]。这是遵循着数学法则的美。"任何人如果不是数学家的话就不要读我著作中的东西"[⑦]，列奥纳多总爱（套用柏拉图的名言）说并强调，"人类的体验中不存在可以被称为真正科学的东西，除非它可以用数学方式演示出来"[⑧]。正如他那著名的素描《维特鲁威人》所透露出来的，达·芬奇十分痴迷于几何学和自然比例之间的关系。例如，列奥纳多在讲解一张脸的美时，提到"四肢的神圣比例把彼此结合在一起，……组合成……（一种）神性的和谐"[⑨]。这种痴迷也反映在列奥纳多为他的朋友数学家

[①] Richter 1883, Location 3735.

[②] Richter 1883, Location 304.

[③] Baring 1906, Location 1700.

[④] Isaacson 2017, p. 2.

[⑤] Baring 1906, Location 910.

[⑥] Baring 1906, Location 984.

[⑦] Richter 1883, Location 196.

[⑧] Baring 1906, Location 1440.

[⑨] Baring 1906, Location 962.

卢卡·帕乔利（Luca Pacioli）的书所作的插画中，该书把神性比例等同于一个具体的数字，也就是那个"黄金比例"。根据观察，如果要把一条线段分成两个部分，使得较长那部分的长度与较短那部分的长度之比，等于这两部分的长度之和与较长部分的长度之比的话，就只有一种可能的分法。黄金比例就是这么定下来的。结果蹦出来的代表这个比例的数字是个独一无二的无理数（要把它写下来需要无限多的数位），且层出不穷地出现在数学级数中，如在像立方体和多面体这样一些几何形体中，也在艺术作品和大自然里。

像菲奇诺和乔尔丹诺·布鲁诺一样，达·芬奇把地球甚至于宇宙想象成一个活着的生物，一个有机体。对于列奥纳多来说，人体是个"小世界"[①]，是整个宇宙的微缩化身："就像人在自己身体里面有骨骼，作为肉体的支撑和框架，世界也有岩石作为大地的支撑；正像人在自己的身体里面有一汪血水，有肺在他呼吸的时候扩张和收缩，大地的身体也有它的大海。"[②]对于他来说"每一个整体都大于局部"[③]，同时"整体（也仍然体现）在每一个最小的局部之中"[④]。"每一个局部都在整体内，整体也在每一个局部之内"[⑤]，达·芬奇这样总结他的哲学思想。亚历山大·冯·洪堡后来称赞列奥纳多是"第一个踏上了通往那个节点的道路，在那个点上我们的感官收集到的一切印象都汇聚成一个认识：大自然是一体的"[⑥]。

达·芬奇的一元论至少部分地可以追溯到佛罗伦萨的柏拉图主义：他出生在靠近佛罗伦萨的地方，在佛罗伦萨一位画家的工坊接受教育，他一定是在那里接触到了波提切利和菲奇诺。后来，他在米兰、罗马继续他的职业生涯，最终应国王弗朗西斯一世之邀搬到了法国。虽然，佛罗伦萨文艺复兴中播撒下的一元论种子，经常导致它的早期倡导者英年早逝在火刑柱上，但它最终还是通向了现代风气。它的传播经由商人和其他旅行者，但更主要的是经由在意大利的大学中学习过的学生们，他们后来回到了他们的祖国，于是一元论哲学和柏拉图式的爱变成了欧洲主流文化的一部分。

---

① Suh 2013，Location 1436.
② Suh 2013，Location 1436.
③ Suh 2013，Location 2811.
④ Suh 2013，Location 990.
⑤ Suh 2013，Location 1019.
⑥ Richter 1883，Location 101.

一切科学革命之母

这些学生中有一位23岁，刚被任命为波兰弗龙堡教堂牧师。他的名字是尼古拉·哥白尼——这个人将会推翻托勒密和中世纪的传统宇宙学。哥白尼1543年死的时候，他的手里拿着（人们是这么说的）他的那本书《天体运行论》（*On the Revolutions of the Heavenly Spheres*），它最终将把人类从宇宙的中心驱赶出去。

哥白尼的背景，像达·芬奇一样，可以追溯到一个一元论的传统：作为一名在博洛尼亚的学生，哥白尼与天文学家多梅尼科·玛丽亚·达·诺瓦拉（Domenico Maria da Novara）一起工作，与他一起观测了一次月掩恒星毕宿五，后来哥白尼将用这颗星来批驳托勒密的地心说模型。诺瓦拉曾在佛罗伦萨列奥纳多·达芬奇的朋友卢卡·帕乔利门下学习过。帕乔利是如此沉迷于黄金分割率，以至于把这个数字与上帝本人的独一无二、不可理解且无处不在的性质联系在一起。诺瓦拉还认为自己是德国数学家雷格蒙塔努斯（Regiomontanus）的学生，雷格蒙塔努斯在贝萨里翁家生活了四年，贝萨里翁是个柏拉图主义哲学家，与库萨的尼古拉和卜列东一起从君士坦丁堡航行到意大利。贝萨里翁后来被任命为红衣主教，又成长为一位引领潮流的知识分子，组建了他那个时代最大的私人图书馆，后来成为威尼斯著名的圣马可图书馆的核心部分。他还为天文学做出了一项重要贡献，是命雷格蒙塔努斯把托勒密的希腊天文学纲要整理出一个新的精简版，即《天文学大成》（*Almagest*），后来哥白尼和伽利略都用过这本书，而且他一直是柏拉图主义一位有影响力的维护者。

就这样，在意大利，哥白尼不仅掌握了天文学的最新进展，新知识还引领着他着手解决地心说模型中讲不通的地方和问题。根据安德烈·戈杜（Andre Goddu）的说法，"直接接触到柏拉图主义的复兴"是这位波兰年轻人经历中"在意大利的第二大事项"[①]。哥白尼开始阅读柏拉图和毕达哥拉斯学派作者的著作，像菲奇诺翻译的柏拉图的《巴门尼德》和《蒂迈欧篇》，普鲁塔克和贝萨里翁，养成了"对柏拉图的兴趣与敬仰"[②]，正如戈杜所指出的，他与"贝萨里翁的诠

[①] Goddu 2010，p. 221.

[②] Goddu 2010，p. 224.

释以及总体上与新柏拉图主义的传统都是一致的"①。

在罗马和帕多瓦继续深造之后，哥白尼最终回到了波兰，在那里他对行星系统传统模型的疑问、零散注意到的古代作者对地心说模型的质疑，以及从柏拉图派和毕达哥拉斯派理念中汲取的灵感，一并都汇拢起来，使他确信是太阳，而不是地球，位于行星体系的中心。事实上，这么一排列就与一些柏拉图主义者的理念圆满吻合了，他们认为太阳可以被当作"太一"的物质形象来看待。正如戈杜指出的，哥白尼完全以柏拉图派或毕达哥拉斯派的风格看待他的力作《天体运行论》，认为它"关注于最美丽的物体，是最值得了解的"②。然而，在二十多年时间里，他没有发表他的著作。正如他后来向教皇保罗三世表白时解释的那样，"感觉非常为难，我该不该把自己的看法大白于天下"，因为"鉴于我的看法之新颖和荒谬，我不能不害怕那些嘲讽"③。

相传哥白尼是在他去世那天收到他那本书的印刷本的。在它的标题页上印着，先前已然征服了达·芬奇的，据称是柏拉图学园的名言，"没有几何学知识，不要进入这里"，它的第一部分则以对毕达哥拉斯派哲学和秘密的一次涉猎结束。确实，"地球是移动的"这一观点后来被普遍认为是一个"毕达哥拉斯学派的信条"④，它的拥护派和反对派都这样看。例如开普勒后来就称毕达哥拉斯为"哥白尼派所有人的祖父"⑤。根据阿尔贝托·A.马丁内斯，正是这一传统把布鲁诺和伽利略扯进与宗教裁判所的麻烦中，"宗教裁判所判定哥白尼派为新毕达哥拉斯派的一个异端'宗派'"⑥。

虽然哥白尼的模型缺少后来被开普勒发现的椭圆轨道概念，还不能更好地解释观察到的数据，但它依然标志着一项重要突破，推翻了给地球指定宇宙尊贵地位的传统的层级宇宙学。在哥白尼之后，地球就得以被理解为只是更大宇宙中的一个复合体，都受同样的物理学法则制约，这一思潮在伽利略和牛顿的物理学以及在19世纪和20世纪的现代物理学中继续着。看来，就是一元论的哲学，帮助哥白尼放弃了那种认为人类占据了宇宙中心的人类中心说观点。它有可能还曾诱

---

① Goddu 2010，p. 229.
② Goddu 2010，p. 327.
③ Freely 2014，p. 164.
④ Martinez 2018，Location 199.
⑤ Ferguson 2010，p. 252.
⑥ Martinez 2018，Location 70.

使他把自己的宇宙学限制于完美的圆圈和球体，致使它难以与观察数据相调和。正像我们马上就要看到的那样，这一精确观察或实验与追求数学上的完美与统一相结合的混合体，将会演变成科学的一个标签。

"天体音乐"与自然之书

伽利略·伽利雷成了哥白尼在意大利的维护者。伽利略生于比萨，父母是佛罗伦萨人。他的父亲文琴佐·伽利雷是位著名音乐家，是名为"佛罗伦萨卡梅拉塔"团体的成员，致力于复兴古典时期的音乐，这项努力最终导向了歌剧的发展，以及音乐界巴洛克时代的开始。他们的一个主要灵感源泉，同时也是他们活动中的一项研究课题是柏拉图和毕达哥拉斯学派的传统。正如保罗·奥斯卡·克里斯泰勒指出的那样，"卡梅拉塔的理论家们以引用柏拉图为权威，并受……他的信条影响"[①]。这一哲学有个特征突出的理念是假定大自然、数学和音乐之间存在着一种密切的关系。再一次地，这一毕达哥拉斯派思想可以追溯到马西里奥·菲奇诺，他是个鲁特琴演奏高手，甚至还把自己比作古代那位神秘的歌手奥菲厄斯[②]。对于菲奇诺来说，音乐行使着一项宇宙使命。克里斯泰勒解释说，菲奇诺相信"人的灵魂通过双耳收取对神性音乐的记忆，它首先存在于上帝那永恒的心思里，其次存在于上天的秩序与运行中"[③]。文琴佐·伽利雷的老师，威尼斯音乐理论家兼作曲家乔塞福·扎里诺（Gioseffo Zarlino），人们都知道他接受了菲奇诺的观点[④]。一次与扎里诺争论什么才应该是乐器的正确调音体系时，文琴佐·伽利雷从探究波爱修斯的《论音乐》（De Musica）中讲到的那个毕达哥拉斯派神话下手，并最终驳斥了它，它说弦的紧张度与音高的关系应该与弦的长度和音高之间的线性关系相同。通过进行"实验，这个万事之师"[⑤]，文琴佐·伽利雷这么强调说，他最终找出，正确的关系应该是二次方的，而且这可能是物理学

---

① Kristeller 1980，p. 156.

② Kristeller 1980，p. 157.

③ Kristeller，pp. 157–158.

④ Ehrmann 1991，p. 244. 另请参考 James 1995，pp. 91–92："每一项理由都在规劝我们要相信，世界是由和谐构成的，既因为它的灵魂是和谐（柏拉图相信），也因为上天是由和谐驱动着围绕其智慧运转的，这从它们的运行中可以猜测出来，因为它们之间的速度形成了比例关系。"

⑤ Cohen 1984，p. 82.

中已知最古老的非线性关系之一。当然文琴佐没有把这一失误算到毕达哥拉斯身上，而是算到了他那些过于狂热的追随者身上[1]。相当有可能，文琴佐的儿子伽利略在通过实验开始学习大自然时受到了他父亲工作的启发。可以肯定的是，伽利略后来继续了他父亲的实验且在多种乐器的音高上取得了改进。事实上，伽利略最重要的成就之一是以数学方式描述自由落体和抛体运动，其垂直距离取决于与时间的二次方关系。

除了他那些设计周密的实验以外，伽利略·伽利雷还因为他倡导数学，以及他提及的《大自然之书》（*Book of Nature*）而大受欢迎。就像他在自己的《试金者》（*Assayer*）一书中写的，"哲学就写在这本巨大的书，也就是宇宙中，它一直就打开在那里任我们浏览。但是除非人首先学会理解它的语言，能读得了组成这门语言的字母，否则就无法读懂这本书。它是用数学的语言写就的，……不掌握它，凭人类自身就不可能理解它的只言片语"[2]。伽利略追寻统一，在他的这个发现中就是显而易见的：在真空中一切物体，不分质量、形状或成分，都以同样的速度下落。还有，伽利略发现大地和天空没有根本性的区别：当他把他的望远镜指向月亮，发现群山和峡谷就跟在地上一样。他事实上复活了毕达哥拉斯学派的古老看法，"认为月亮应该说就是另一个地球"[3]，1610年他在自己的《星际信使》（*Sidereal Messenger*）一书中这样写道。

与此同时在布拉格，在神圣罗马皇帝鲁道夫二世的朝廷中，约翰内斯·开普勒正急不可耐地想要看到伽利略的论文，哪怕只瞥上一眼。自从6年前，当开普勒观察到了那颗壮丽的超新星出现，后来那颗星就以他的名字命名，他就确信，亚里士多德的信条——认为上天是永恒不变的——是错误的。当伽利略邀请开普勒对他的研究结果进行评价时，开普勒热情地祝贺他"刺破了苍穹"[4]。但是开普勒也表达了批评意见。因为他知道一元论哲学家们此前就在倡导一种统合起来的宇宙学，所以他责备伽利略没有向他的先行者们表达敬意，尤其是乔尔丹诺·布鲁诺[5]，因为他早在1584年就预见到月亮上有群山和峡谷[6]。不过鉴于布鲁诺被

---

[1] James 1995，p. 93.

[2] Drake 1960，pp. 183-184.

[3] Van Helden 1989，p. 9R.

[4] Kepler in De Padova 2011，p. 80.

[5] Gatti 1997，p. 299.

[6] Martínez 2018，Location 93.

宗教裁判所烧死在火刑柱上仅仅只是10年前的事，还有伽利略本人很快也将成为宗教裁判所的调查对象，所以恐怕伽利略才心里更有数吧。但是开普勒的一元论世界观也比伽利略坚定得多。开普勒在德国图宾根接受教育，准备成为一名新教传教士的时候，就已经开始阅读一元论哲学家们的著作，例如库萨的尼古拉和乔尔丹诺·布鲁诺。不过开普勒从来没有被任命为传教士，因为在他能够完成他的学业之前，他就被他的大学派到奥地利格拉茨的一所学校去教授数学。一次在格拉茨教授天文学课，正在黑板上写着字时，开普勒得到了一个启示，改变了他的人生道路：似乎一个等边三角形连接着木星和土星之间的相合，也就是，从地球上观看过去，木星和土星的位置好像互相穿过似的。以色列裔美国天体物理学家马里奥·利维奥（Mario Livio）这样介绍开普勒的想法，"不像他之前的那些天文学家那样，满足于只是把观察到的行星位置简单记录下来，开普勒则在寻求一个理论，以期能够用于解释所有这些现象"[1]。开普勒持一种明确无误是柏拉图派的态度，他相信"在汲取知识的一切过程中，首先是那些事物作用到了我们的各种感官上，然后经由头脑的运作，我们被引领到了更高层面的东西面前，它们是再清晰的感官也无法把握的"[2]。开普勒立即着手查看，其他正多边形例如方形能不能适用于其他各对行星之间的天文学"相合"的现象。但由于存在着无限多系列的正多边形，所以这一方法在预测方面没有任何实用价值。

接下来，开普勒把行星轨道摆进多面体，也就是表现为三个维度的多边形，这样存在的就只剩下了5种正多面体，也就是人们所知的"柏拉图立体"。这看起来比较有希望了，但是真的要把他的模型与观察进行比对，他还需要当时已有的最可靠的天文学数据。就是那位暴脾气的丹麦天文学家第谷·布拉赫（Tycho Brahe）的数据，此人是恃才傲物的天才，在与其表兄弟用剑决斗过程中失去了一大部分的鼻子，起因是这两人为了谁才是更优秀的数学家发生了争执。现在，在与丹麦国王发生争吵之后，布拉赫放弃了他的庄园和"乌兰尼堡"天文台——那是依照毕达哥拉斯派的音乐比例在丹麦赫文岛上修建的，接受了布拉格波希米亚国王兼神圣罗马帝国皇帝鲁道夫二世的帝国天文学家职位。与此同时，开普勒意识到，正像有5个正多面体一样，在音乐中有5个和声音程，于是现在又试图利用音程来描述各种行星速度之间的关系。开普勒意识到木星和火星之间的速度比

---

① Livio 2002，p. 144.

② Livio 2002，p. 144.

接近1∶2，土星和木星之间是3∶4，火星和地球之间是4∶5，地球与金星之间是5∶6，再接下来金星和水星之间是3∶4①。在他那后来以"天体音乐"著称的绝妙构思中，这些频率比例表现为一个八度音程、一个四度、一个三度、一个小三度（这样火星和地球的速度就构成一个五度）以及又一个四度。归拢到一起的话，这六颗占据离太阳最近的轨道的行星协力产生出一个跨越两个半八度的大和弦。在接下来的冬天中，开普勒由于急着要把他的理论跟数据做测试，就离开了格拉茨去布拉格与布拉赫会合，后来直到第谷去世之后，他才能接触到这位守口如瓶的天文学家的笔记。

在接下来的几年里，开普勒经历着个人的艰难困苦，但仍追逐着他那毕达哥拉斯派心目中的数学之美。1611年，开普勒失去了一个心爱的儿子和他的第一任妻子。1612年，上一年被迫退位的皇帝鲁道夫二世去世，开普勒不得不离开布拉格。1613年，开普勒再婚，但这次婚姻中的头三个孩子在童年时期就都去世了。1615年和1621年之间开普勒的母亲被指控是女巫，被监禁并被锁链铐上14个月。甚至开普勒最终拿到了宣告无罪的结果，但他母亲还是在获释半年之后死去。1618年，三十年战争爆发，那时开普勒本人也已多次被宗教关系紧张和起义威胁了好几次，来自新教徒和天主教徒的威胁都有。然而，1619年他终于发表了《世界的和谐》（*Harmonies of the World*），这本书中包含有他那著名的行星运动定律，把哥白尼的圆形轨道换为椭圆轨迹来解释行星的速度。

在很长时间里，在只取决于初始条件以及中心恒星的质量和卫星的质量，允许有任意轨道的牛顿力学之后，开普勒原创性的见解在人看来就是个死胡同。"不仅绝对错误，而且还……疯狂，即使按开普勒时代的标准"②，就像马里奥·利维奥说的那样。不过，在一个涉及3个以上个体的系统中，比如太阳系有8颗行星，就会有混乱的表现，哪怕很小的扰动也可能带来灾难性的后果。那个著名的"蝴蝶效应"，想象一只蝴蝶扇动翅膀可以导致（或阻止）龙卷风形成，就说明了这种现象。这么一来，轨道速度之间的关系如果与小自然数（例如开普勒的天体音乐）之间的比例或者非常无理数（例如黄金分割比例）的比例合上拍，就会表现为共振或非共振行为，它决定了某个具体轨道在长时间跨度上是否稳定，或者该行星是否迟早要被抛出太阳系。这么看来，"开普勒的直觉说到底还是没

<hr>

① Fergusson 2010，p. 259.

② Livio 2002，p. 48.

有大错"①，这是彼得·里克特（Peter Richter）和汉斯-约阿西姆·舒尔茨（Hans-Joachim Scholz）在1987年一篇讨论黄金分割比例在自然界出现情况的论文中总结说的。不止如此，在其他地方也发现了宇宙和谐的体现：在早期宇宙的原初等离子体的波动中可以找到"天体音乐"的一个更加保真的版本，它携带着如假包换的宇宙维度。正如宇宙学家胡胜中（Wayne Hu）和马丁·怀特（Martin White）在《科学美国人》上阐述的那样②，各种宇宙成分，例如普通物质和暗物质的声学振荡在宇宙微波背景辐射中留下印记，最简单的理解就是音调和泛音的和声，构成一部真正的"宇宙交响乐"。

上帝又名大自然

布鲁诺和伽利略受到审判之后，科学家在意大利和其他天主教国家受到日益严密的审查。由于这个缘故，科学热点转移到了北欧。伽利略用来"刺破苍穹"的那架望远镜已经是由一位荷兰眼镜制造商发明的了。后来，伽利略最终的著作以及科学证言《关于两门新科学的谈话》（*Discourses and Hathematical Demonstrations Relating to Two New Sciences*）也在阿姆斯特丹出版，因为它在天主教国家遭到禁止。当伽利略的学生们在佛罗伦萨建立了一所科学院时，它维持了仅仅十年，直到它的赞助人托斯卡纳王子利奥波德（Leopold）当上红衣主教时为止。科学院的关张显然是让他得到任命的一个交换条件。

与此同时，荷兰，由于位于莱茵河口的战略要地，控制着与德国偏远地区的贸易以及从波罗的海到地中海的一段海路，正崛起成为世界强国。在西班牙宗教裁判所对新教徒进行迫害的刺激挑动下，1566年加尔文主义的狂热者发动了一系列反传统信仰的攻击，在此期间暴民们破坏并侵入教堂摧毁了雕像和管风琴、装饰和装修。菲利普二世，西班牙和葡萄牙的天主教国王和荷兰的统治者以残暴的镇压做出反应，却只是给冲突火上加油，最终升级为8年的荷兰独立战争。1581年，这个西班牙帝国中人口最为密集、物产最为丰富的地区宣布独立，变成了一个难民的安全港湾。在他们当中有许多技术娴熟的新教工匠和富有的商人，都是从当时仍处于西班牙控制之下的南部荷兰（今天的比利时）过来的，也有从西班

---

① Richter & Scholz 1987， p. 178.

② Hu & White 2004.

牙和葡萄牙过来的塞法迪犹太人。生活在重新征服过来的伊斯兰国土上的犹太人，先是被强迫皈依，后又遭到迫害。在堪与斗牛比赛争夺公众注意力的公开"宗教宣判（auto-da-fes）"中，宗教裁判所谋杀了成千上万人，酷刑折磨了几十万人。这些受过良好教育的难民在八方云集的大都市中建立起了知识分子的宽容气氛，把国家推向了"荷兰的黄金时代"。荷兰，传统上是世界最佳地图制造商的大本营，发展成了一个举世无双的商业、科学和艺术热点。荷兰商人建立起了历史上最大的集团公司，以第一个现代股票交易所中交易的股票进行融资，荷兰殖民者建立了纽阿姆斯特丹，就是后来曼哈顿岛最南端的纽约，荷兰画家画出了几百万张大师之作。与此同时，克里斯蒂安·惠更斯（Christiaan Huygens）意识到伽利略的土星"臂"其实是环，发现了动量守恒定律、光的波理论，发明了幻灯和摆钟。这些光彩照人的发展当然也有不堪的一面，因为相当大一部分的财富都是从剥削土著文化和奴隶贸易中产生出来的。同时，共和派权贵们与奥伦治王子们为权力争吵，意义深远的意见与言论自由引向了进步的自由派与加尔文主义的狂热者之间的并行社会和与日俱增的冲突。就是在这种知识分子气氛下孕育出了一位哲学家，他对一元论和理性思维这两者都推崇，这甚至对于宽容的阿姆斯特丹来说也太激进了。

巴鲁克·斯宾诺莎出生于阿姆斯特丹的塞法迪犹太人社区，他被赞誉为史上最大胆的思想家之一[①]，他的祖父逃离葡萄牙后最终在这里找到了庇护。这样说不仅是因为他与自己的，以及本质上所有其他宗教的传统观念决裂，导致了阿姆斯特丹塞法迪社区颁布了最严酷的禁令，更是因为他胆敢担负起那一大作为，以哲学上的"万物理论"来理解整个宇宙。这个理论以理性思考为基础，排除其他一切。在斯宾诺莎的宇宙中，对于每一样必要且有确定性的事物，都既不存在奇迹也不存在偶然性，就连上帝也决定不了该对宇宙做些什么，他甚至都不可能先于世界而存在。"由于上帝身上既没有不恒定性也没有变化性，所以他一定从永恒中下了旨意，说他要创造他现在创造的那些事物"，斯宾诺莎这样写道并推断，"因此一切被创造出来的事物都是因永恒的必要性而存在的"。他还接着说，"由于在永恒中没有当下，或以前，或之后，或任何其他时间变化，那么顺理成章的

---

① See Steven Nadler：Baruch Spinoza in the Stanford Encyclopedia of Philosophy，https：//plato. stanford. edu/entries/spinoza/，accessed Sep 21，2021.

是，上帝在那些事物被下达旨意之前就不存在，也就无从谈起下达旨意与否"①。于是，根据斯宾诺莎所说，宇宙本身是单一的、无限的、永恒的、必然存在的物质，把"上帝"和"大自然"这种用语用在它身上，其意思都是完全一样的。在他的《神、人及其幸福简论》（*Short Treatise on God, man and his well-being*）中，斯宾诺莎把上帝的神性旨意重新定义为"不是别的，正是我们在整个自然界里以及单个事物里看到的那种执着，执着地维持并保住它们自己的存在"②。在他死后不久出版的《伦理学》（*Ethics*）中，他更加直言不讳地谈论道，"那永恒而无限的一切万物，也就是我们所称的上帝或大自然"③。斯宾诺莎不仅否认灵魂不朽，摈弃具有神性的上帝，他还否认妥拉诸诫是上帝亲手授予且仍对犹太人有约束力。对于他同时代人中的大多数而言，斯宾诺莎干脆就是个无神论者，因为他明确把大自然与上帝等同起来。他那上帝即大自然的观念确定无疑是一元论的："整个大自然只是单独一个物质……，所有事物都通过大自然联结在一起，而且它们联结成一个（存在物），名曰上帝。"④

不过为了要精确，斯宾诺莎区分出两种大自然：Natura naturata（"源于自然的"自然），也就是爱留根纳所说的"natura creata"，正好相当于量子力学的银幕现实；以及 Natura naturans（"创造自然的"自然），爱留根纳将其称作"Natura creans"，用它来形容量子力学中的放映机现实很合适。用贝尔纳·德斯班雅在讲解他的"纱巾下的现实"时的话来说："换句话说"，这一量子概念"在一定意义上扮演着斯宾诺莎口中的上帝，或物质的角色，尽管存在些许不同"。在这两种现实中，放映机现实是基础性的那一个。"物质，天然就先于因之而起的一切性状"⑤，斯宾诺莎解释说。

这位连一个学术职称都不曾占据过的谦逊哲学家（他谢绝过海德堡大学的聘任邀请，为的是保持自己的独立性）成为了一位文艺复兴哲学的领军人物。乔纳森·伊斯雷尔（Jonathan Israel），普林斯顿高等研究院的荣誉退休教授，赞誉斯宾诺莎为"欧洲启蒙运动早期的顶尖哲学怪才"⑥。斯宾诺莎从他那私密的家中

---

① Spinoza 1910, p. 337.
② Spinoza 1910, p. 189.
③ Spinoza 2017, p. 64.
④ Spinoza 1910, p. 267.
⑤ Spinoza 1910, p. 295.
⑥ Israel 2001, p. 159.

与现代化学之父罗伯特·波义耳（Robert Boyle）、物理学家和数学家克里斯蒂安·惠更斯和哲学家戈特弗里德·W. 莱布尼茨（Gottfried W. Leibniz）保持着通信往来并启发了他们。在这里他被皇家学会的指定秘书亨利·奥登堡（Henry Oldenburg）拜访过。奥登堡后来表达了想法说，希望斯宾诺莎和波义耳能把他们的能力联合起来，"把一个真正的、有坚实基础的哲学推向前进"[①]。后来薛定谔和爱因斯坦两人都深受斯宾诺莎的启发。正如麦克思·雅默所指出的，爱因斯坦早在伯尔尼做学生的时候就在读斯宾诺莎了，而且他的哲学观点"与斯宾诺莎的相近"[②]。为了表达赞美，爱因斯坦甚至走得更远，专门创作了一首诗来赞颂："How much do I love that noble man， More than I could tell with words， I fear though he'll remain alone， With a holy halo of his own.（大意：我是多么热爱那位尊贵的人，超出了我能用语言表达的范围，但我担心他将一直孤身一人，神圣的光环非他莫属。）"[③]对这位"神圣的被教会除名的斯宾诺莎"，德国神学家弗里德里希·施莱尔马赫（Friedrich Schleiermacher）说："宇宙（曾是）他唯一且持久的最爱。"[④]

后来的事实证明，斯宾诺莎也许对于自由开放的荷兰人来说也是过于激进了，荷兰的黄金时代在其紧绷的内部冲突中垮塌掉了。1672年，荷兰同时被卷入对法国和英国的战争，这些冲突升级，导致约翰·德威特（Johan DeWitt），一位富有的共和党人，在众目睽睽下被杀害。是他扶持了斯宾诺莎的工作，他和他的兄弟科内利斯（Cornelis）在过去20年中是荷兰各州的领导人。约翰的兄弟被以谋逆、贪污和无神论罪名而受到审判并被判流放。约翰打算搭救他，结果兄弟两人一齐遭到攻击，被一群暴民——很可能得到了奥伦治亲王威廉三世的批准，在监狱门前当街杀死。"他们把两具尸体剥光，割掉……生殖器，把尸体划开，把心脏和内脏拽出来……有几个参与者……甚至把尸体上的一些部位烤熟吃掉"[⑤]，历史学家赫伯特·H. 罗文（Herbert H. Rowen）这样细数当时的场面。这一年是1672年，在荷兰被称为"灾难之年"，标志着"黄金时代"的结束。国家存活了下来，威廉三世作为它新的国家领导，甚至还成了英格兰国王，强劲的能量及发

---

① Israel 2001， p. 242.

② Jammer 1999， p. 147.

③ Jammer 1999， p. 43.

④ Jammer 1999， p. 129.

⑤ Rowen 2002， p. 218.

展势头则转向了英格兰和法国。

　　作为"灾难之年"的一个后果，斯宾诺莎的书被禁，尽管他的哲学依然有影响力。斯宾诺莎的通信笔友亨利·奥登堡，皇家学会的第一任秘书，在他所建立的广泛的科学界联系网络中把它传播开来，目的在于激发欧洲最有才华的头脑们参与交流。奥登堡创立了《英国皇家学会哲学会刊》（*Philosophical Transactions of the Royal Society*），这是第一份专门关注科学的杂志，并设置了同行评议，仔细审看同行科学家投稿的学术质量，使科学更加透明，富有合作精神以及现代化。本着这一精神，奥登堡还联系了那位寂寂无闻的艾萨克·牛顿，劝说他加入皇家学会，说服了他把发明牛顿式望远镜的情况发表出来，还启动了与其他科学家如惠更斯和罗伯特·虎克（Robert Hooke）对牛顿研究工作的讨论。这样一来，牛顿的研究工作就引发了一场新的科学革命。

潘神的风笛给宇宙上发条

　　艾萨克·牛顿通常被认为是开了现代风气之先。他的传记作家詹姆斯·格雷克（James Gleick）形容他是"现代世界的总设计师"[1]。在他的力作，被赞誉为"科学史中最重要的著作之一"的《自然哲学的数学原理》（*Philosophiae Naturalis Principia*）中，牛顿推导了开普勒的行星运动定律，发展出他的万有引力定律，并奠定了经典力学的基石，其工作做得是如此地彻底，以至于这一学科经常干脆被称为"牛顿力学"。它是如此理性而精准的一个世界体系，以至于人们习惯上将其比作一个发条装置。按照宇宙学家赫尔曼·邦迪（Hermann Bondi）的说法，通过牛顿，"风气被如此彻底地改变了，思维方式被如此深刻地影响了，以至于连想象过去是什么样子都变得极其困难"[2]。英格兰浪漫主义者威廉·华兹华斯（William Wordsworth）将牛顿描绘为一个超理性且绝无激情的孤独者，"带着他的棱镜和一张缄默的脸，大理石指数般的头脑永远游弋于怪诞的思维之海，孤零零的"。实际上这还真是妥帖地描绘出了这位身材纤小却胸怀大志，独往独来的农家男孩。他曾专心观察过光影从他祖父家房子的墙上移动过去的样子，然后在石头墙体上锤进木楔子，建造了一个日晷，用来根据太阳的周期来测量时间。不过

---

① Gleick 2004，p. 3.

② Hermann Bondi，quoted from Gleick 2004，p. 7.

牛顿还有另外一面，经济学家约翰·梅纳德·凯恩斯（John Maynard Keynes）指出牛顿"不是理性时代的第一人"，而"是魔术师中的最后一位"——沉迷于《圣经》注疏和炼金术中，并且，根据科学史家詹姆斯·麦奎尔（James McGuire）和皮约·拉坦西（Piyo Rattansi）所说，他潜心于这项工作的"精严风格与他的科学工作并无二致"[①]。

这两种貌似互相矛盾的性格特点都可以追溯到植根深厚的一元论信念。麦奎尔和拉坦西指出，牛顿做了大量的笔记，论述着他的物理学中源自古代一元论思想的底色，他准备在他的《自然哲学的数学原理》的修订版中添加进去："仅仅就是那些手稿的体量、副本及改写稿的数量，它们与牛顿写的其他东西的关联关系，以及牛顿同行圈的证言……都确定无疑地表明，他把那些论证和结论都看成是……他的哲学中的一个重要部分。"[②] 得出这层背景信息，一个关键的灵感来源是牛顿在剑桥大学的一位较年长的同事，拉尔夫·卡德沃思（Ralph Cudworth）。

在英格兰，文艺复兴时代的柏拉图主义原本是最突出地体现在诗歌中。追随着佛罗伦萨诗人叶理诺·贝尼维耶尼（Girolamo Benivieni）的足迹，他是菲奇诺学园的一位成员，为菲奇诺对柏拉图式爱情的诠释创作了带有诗意的诠释，描写道"爱情是怎样从它在天上的源头，……流淌到感官的世界，……移动着天，精炼了魂，给出了法则，……从那魂中，……诞生了尘世的维纳斯，她的美照亮了天空，繁盛了大地，是大自然的纱巾"[③]。这些思想对爱情诗歌产生了巨大影响，先是在意大利，后来又到了英国。举例而言，埃德蒙·斯宾塞（Edmund Spenser）的诗歌《花的赞美诗》（Fowre Hymnes）和《仙后》（Faerie Queene），里面大自然被拟人化为一个披着纱巾的女人，就显示出鲜明的柏拉图主义味道；他的朋友菲利普·锡德尼（Philip Sidney）的《爱星者与星》（Astrophil and Stella）也一样，它转而又影响了莎士比亚。乔尔丹诺·布鲁诺旅居英格兰的时候，锡德尼也是他的亲密朋友。在英格兰，布鲁诺在讲课中使用了菲奇诺的著作。在17世纪，这些传统启发了一群哲学家，后来以"剑桥柏拉图派"著称。这群人中有一个杰出成员是拉尔夫·卡德沃思，他对在他看来是唯物主义和无神论思想的日渐流行感到深深的忧虑，这其中包括最令人瞩目的斯宾诺莎的一元论。在他的力作，1678年

[①] McGuire & Rattansi 1966，p. 108.

[②] McGuire & Rattansi 1966，p. 108.

[③] Sears 1952，pp. 229–230.

的《宇宙中真正的知识体系》（*The True Intellectual System of the Universe*）中，卡德沃思建立了他自己所认为的一元论，用以驳斥这些哲学思潮。一次滑稽的历史转折，使得卡德沃思的著作后来被与他试图驳斥的斯宾诺莎哲学混淆起来，因为他采用的是一个好像有些古怪的论点。以菲奇诺和皮科·德拉·米兰多拉为依据，卡德沃思论证说一切信仰体系——包括无神论和唯物主义——其实都可以追溯到共同的源头：原初的，一元论的"古神学"或是"永恒哲学"。它一开始是由上帝披露，由古埃及宗教，先知和圣贤诸例如摩西、奥菲厄斯、毕达哥拉斯或柏拉图分享的，从那以后就被稀释了。作为这一哲学的核心概念，卡德沃思找出了一元论的"Hen Kai Pan"这么一句希腊语，意思是"一和一切"。

很少有人知道，牛顿执意想要从他的物理学和他的炼金术及《圣经》注疏之类非科学活动中重新发现的，就是这鲜明的一元论哲学思想。"牛顿相信他懂得上帝是如何以自己的施为来运行他所创造的世界的"[1]，麦奎尔和拉坦西这么写道。跟剑桥柏拉图学派一样，牛顿相信他能够重新找回有关这一古神学的古代知识。麦奎尔和拉坦西证明，牛顿"认为自然哲学的任务就是修复有关宇宙完整体系的知识"[2]。这些与菲奇诺和皮科·德拉·米兰多拉的文艺复兴哲学，以及与乔尔丹诺·布鲁诺的思想并行不悖之处既明显又令人惊叹。事实上，牛顿笔记中满是对柏拉图、毕达哥拉斯以及"天体音乐"的援引，他认为"天体音乐"是对引力的一种比喻。麦奎尔和拉坦西确认"他引用的这些权威都强烈倾向于柏拉图主义"[3]。关于在古典时期被神化了的各种行星、元素和现象，牛顿解释道："这些东西全部都是一个东西，只是给叫成了各种名堂"[4]。换句话说，是"同一个唯一的神性在一切不论是什么的个体里施展其力量"[5]，牛顿这样赞许地解释古典时期的一元论哲学思想。与此类似，牛顿在他的《光学》（*Opticks*）草稿中疑惑道："它是什么？经由它，个体们隔着一个距离相互作用。古人们又是把原子的引力安附于什么东西之上？他们把上帝称为'和谐'，把他和物质比作潘神和他的笛子，这是什么意思？"[6]潘神——牛顿在他的笔记中解释道，"是那个至高无

---

[1] McGuire & Rattansi 1966，p. 109.

[2] McGuire & Rattansi 1966，p. 126.

[3] McGuire & Rattansi 1966，p. 135.

[4] McGuire & Rattansi 1966，p. 120.

[5] McGuire & Rattansi 1966，p. 119.

[6] McGuire & Rattansi 1966，p. 108.

上的神性，他像使用一件乐器一样使用和谐的比例来启发这个世界"，并且"用嬉戏般的音乐敲击出世界的和谐"①。正如麦奎尔和拉坦西指出的，对于牛顿来说，万物之间的引力，不仅造成地球上的物体朝下落，以及天体拉力迫使月球围绕地球转，这还可以推而广之到各颗行星，乃至不论什么一切天体之间的拉力，是与他所相信的"引力是施展神性力量的直接结果"②不可分割地联系在一起的。也就是说，一个包罗一切的神性力量，它弥散于一切事物中。看看最近的科研目标，就是想从量子纠缠中推导出引力和时空，这就格外有意思了（见第7章）。

正如麦奎尔和拉坦西指出的，不存在"牛顿分身"③，他没法又当"最后一位魔术师"，又当"第一位科学家"。相反，两位科学史学家发现了足够的证据表明牛顿的整个思想体系都充溢着一元论哲学。"牛顿的神学观点，以及他所相信的一种原始知识影响了《自然哲学的数学原理》一书中的力学和宇宙学"，就是说根源在于一元论哲学——"对于他，以及对于许多他的同时代人来说，这些就是终极问题"，这句话指的就是这些话题④。这是个规律性的现象，我们会发现，在未来的科学突破中它一直都在重现，直至当今。

阴谋与诗篇

无论一元论对科学发展的影响是怎样的鲜为人知，这个过程也没有随着牛顿和他发现的经典力学一起结束。是第二次科学革命的浪漫革命发展出了在现代物理学今天面对的挑战中处于核心位置的概念，诸如场理论之类。不过与此同时，浪漫主义者带着一些被滥用了的主观想法，最终强化了一元论与伪科学的关联。在18世纪的进程中，牛顿式的发条宇宙已经被普遍接受，但是人们已经忘记它是从哪里来的了。一元论哲学又兜了个圈子，经哲学和政治、秘密社团和诗歌，最终再反哺到科学。

在1700年代初期，爱尔兰哲学家约翰·托兰（John Toland），牛顿的同时代人，为一元论原始真理的猜测添加了一段新的政治曲折。托兰起初是个自然神论

---

① McGuire & Rattansi 1966，p. 119.

② McGuire & Rattansi 1966，p. 120.

③ McGuire & Rattansi 1966，p. 138.

④ McGuire & Rattansi 1966，p. 138.

者，论证说仅仅通过理性思考就可以理解基督教，结果只能干瞪着眼睛看着他的书在都柏林被当众焚毁。在同一时间前后，1697 年，托马斯·艾肯黑德（Thomas Aikenhead），托兰取得硕士学位的爱丁堡大学的一位 20 岁的学生，因亵渎神明罪被绞死，因为他声称"上帝、世界和大自然，都只是同一样东西"①。意识到了这种非正义做法依然可能发生，而且还不是发生在受到宗教裁判所压迫的欧洲南部，而是在长老会主导的苏格兰，托兰一定倍感震惊。

在发生这些事件之后，托兰变得日益激进。根据托兰的传记作家贾斯廷·钱皮恩（Justin Champion）的记载，在他的《给塞伦娜的信》（*Letters to Serena*）中，托兰"想出了一个妙招，用来矫正假宗教和迷信对平民社区造成的损害"②，并且写信给汉诺威选帝侯夫人索菲亚，她是后来的普鲁士皇后和英王乔治一世的姐姐、英国皇族的祖先。托兰是打造出"泛神论（pantheism）"一词的第一人，还自称"泛神论者"。正如科学史专家玛格丽特·雅各布（Margaret Jacob）解释，托兰使用了"牛顿的科学来论证运动是物质中内在本有的"或者"换句话说"，"自然界可以掌管它自己，运动、生命以及变迁，都有完全自然主义的解释"③。追随着早期一元论者的脚印，托兰把埃及女神伊西斯指认为"大自然，是一切事物的生身者"④。

托兰也卷入了一份危险的地下文本的流通案，甚至有可能参与了其写作，把一神论宗教描写为诈骗。汲取了卢克莱修、布鲁诺、瓦尼尼、斯宾诺莎和其他异端分子的思想，托兰指斥了传教士，说他们是专制的代理人⑤，而且，先于卡尔·马克思（Karl Marx）一个多世纪把宗教说成是"人民的鸦片"，摩西、耶稣和穆罕默德被描绘成"冒名顶替者"，是"出于他们自己的目的操纵宗教的假先知"⑥。

前所未有的是，托兰把他的一元论与（在他那个时代是激进的）政治自由主义和（即使按今天的标准来看也是激进的）反教权主义结合在一起。托兰倡导自由、宗教宽容和共和主义，包括给犹太人民完全国籍和平等权利，并成为了一名

---

① Jacob 1981，p. 127.

② Champion 2003，p. 169.

③ Jacob 2019，p. 131.

④ Assmann 2014，p. 101.

⑤ Champion 2003，pp. 170–171.

⑥ Champion 2003，p. 170.

辉格派活动家。(辉格派,就是那个自由党,在英国革命之后它反对天主教君主,倡导议会至上高于国王。)继斯宾诺莎和托兰之后,一元论不仅与异端联系起来,还日益与进步政治联系起来。

在他最后的著作《泛神论》(*Pantheisticon*)中,托兰为泛神论者开发出一种礼仪,被看作跟日益流行的共济会分会秘仪一样的东西,并认定,"对自然的真知灼见会把头脑从迷信的黑暗阴影中解放出来,从而瓦解专制政治的土壤"①——贾斯廷·钱皮恩这样写道。的确,有人猜测托兰加入了一个早期的共济会群组②,而且现在普遍都认同,至少有一些共济会站点——除了举办神秘晦涩的秘仪和编织联络网以外(有的人会说是密谋)——通过地下文学的流通,通过培育自由化论调,通过提供自由思想和言论的安全空间,也变成了散布启蒙理念的催化剂。许多早期英国共济会成员是法国新教难民以及辉格党人,与皇家学会的自然哲学家们有着良好的联系。实际情况也是如此,从1714年到1747年皇家学会的所有书记都是共济会员。一位特别出名的共济会员是约翰·西奥菲勒斯·德萨古利耶(John Theophilus Desaguliers),皇家学会成员,兼艾萨克·牛顿的实验助手,他写过一首诗赞美牛顿哲学、共济会标志和汉诺威君主制的混合体为宇宙和谐。另一位法国难民是约翰·库斯托斯(John Coustos),在他被葡萄牙宗教裁判所绑架、拷打,并威胁要活活烧死之后,成功地逃回了伦敦。库斯托斯描写这次大难的书成了一本畅销书,更加提高了共济会的吸引力,尽管(或者也可以说是由于)他既夸大了他所受到的拷打,也夸大了他决不背叛共济会秘密的那份勇敢。在接下来的几年里,共济会发展成了一种带有秘密的国际风尚,卖点就是它所宣称的拥有深奥玄妙的真相知识。毕达哥拉斯的秘密与共济会的秘仪成了绝配,同时,除了菲奇诺、皮科·德拉·米兰多拉和卡德沃思构想出来的,也是牛顿搜寻过的"古神学"或叫"永恒哲学"以外,没有什么其他哲学更适合充当共济会神话不可分割的一部分了。

18世纪就是这样的情况,一元论一直躲在这些秘密兄弟会紧闭的房门后面。后来至少有一个德国的共济会团体把他们的启蒙大纲转化为政治行动力,这时局面就变了。1780年,巴伐利亚光明会成功地渗透到政府行政部门,其终极目标是颠覆人压迫人的统治权,建立一个自由社会。当他们的成员参与间谍行为以及偷

① Champion 2003,p. 241.

② Jacob 1970.

窃文件的时候，这个派别于1785年前后被宣布为非法。仅仅4年以后，法国大革命爆发，震惊了全欧洲的专治集权统治者。巴伐利亚光明会的短暂存在启发了各种各样的阴谋理论，诋毁丑化这个或那个共济会群体，谴责他们煽动起革命，寻求以"新的世界秩序"实行普世统治。就是在这种充满感情用事色彩的气氛中，保守派学者弗里德里希·海因里希·雅科比（Friedrich Heinrich Jacobi）挑起了一次论争，揭露出德国领军知识分子当中广泛流传着泛神论，像戈特霍尔德·埃夫莱姆·莱辛（Gotthold Ephraim Lessing）、约翰·哥特弗雷德·赫尔德（Johann Gottfried Herder）和约翰·沃尔夫冈·冯·歌德都是泛神论者。

歌德，这位博学多识的文学天才，后来会成为德国的国民偶像，从很小的时候心里就怀有泛神论的信念。在他的自传中，他回忆起在自己还是个小男孩的时候是如何差一点把他父亲的家具点着了火，因为他想骑上一座他用一堆天然物品搭成的祭坛顶部的火堆，那祭坛估计是用树叶、羽毛、化石和看起来好玩的石头和花朵搭成的。歌德是这么写的，这些东西应该代表着世界，并且通过他的创造来崇拜"伟大的自然之神"[1]，也就是那位主宰着"星星的运行、日夜与季节、动物和植物"[2]的神。当这位年轻诗人去了斯特拉斯堡的大学并陷入恋爱的时候，他一如既往地去求诸大自然表达自己的感受："How fair doth nature appear again! How bright the sunbeams! How smiles the plain!（大意：大自然又亮丽起来了！阳光是多么的明媚！原野上微风拂面！）"[3]在同一时期前后，歌德创作了诗作《普罗米修斯》（*Prometheus*），诗中他歌颂了这位神话中的巨人对宙斯的反抗，几乎不加掩饰地攻击了一个专横的、一神论的上帝。这部颇具火药味的作品直到15年以后才得以发表，是歌德的朋友弗里德里希·雅科比对斯宾诺莎哲学进行攻击时拿来一用的，作者不知情或没首肯。此前5年，1780年，雅科比访问过他的共济会会友，著名作家和启蒙运动学者戈特霍尔德·埃夫莱姆·莱辛，并把歌德的诗作拿给他看。让雅科比大为震惊的是，莱辛并不反感，而且还承认他自己就是个泛神论者："关于神性的正统概念不再是我的菜了，我欣赏不了它们。一即一切！我不知道还能有别的什么。"[4]莱辛一年后死去之后，雅科比批判了莱辛的泛神

---

[1] Oxenford 2008，p. 110.

[2] Oxenford 2008，p. 111.

[3] Bowring 2004，p. 49.

[4] Assmann 1999，p. 38.

论，这成了一个丑闻，在德国哲学中推动了一次大转变。讽刺的是，与雅科比的目标相反，这段以"泛神论争议"著称的插曲触发了一次大规模且持久的斯宾诺莎复兴。

被歌德的"普罗米修斯"魔咒击中的一位著名的读者是那位旅行家、博物学家以及后来的革命家乔治·福斯特（Georg Forster，1754—1794年）。他在1772—1775年间才十几岁的时候就参加了詹姆斯·库克（James Cook）的第二次环球航行，这趟旅行给他注入了一元论的精神："我感恩那次航行，它使我的天赋得到发展，这项天赋决定了我从童年时代起的生活道路，那就是极力把我的思想追溯到某个普适根源，把它们捆成一个整体，并由此得出一个对大自然整体的认知。"[1]跟他的同时代人歌德和年轻的亚历山大·冯·洪堡一样，福斯特深信"一切事物都是通过极为微妙的调节来联系在一起的"[2]，"大自然的秩序并不服从我们的划分"[3]。洪堡在几次行程中陪伴过福斯特，洪堡把他作为自己的学习榜样。福斯特也是个范例式的人物，可以说明18世纪一元论和进步政治之间的一个环节：当法国革命军队攻克了他的家乡城镇时，福斯特加入了革命军，并投身于在德国领土上建立第一个民主政权，那个短命的美因茨共和国。它只维持了四个月，美因茨就被普鲁士军队重新夺回。那时福斯特已被派到法国去谈判，只是一年以后就死在了巴黎，孤身一人，穷困潦倒。

与此同时，一元论哲学正变得日益盛行。到了18世纪末，已经与玄奥真谛和进步政治挂钩的一元论卷土重来，进入了主流文化，成为艺术的强劲推动力。一元论理念在美国独立宣言中可以找到，它呼吁"大地的权力""自然法则"和"大自然的神"；在弗里德里希·席勒（Friedrich Schiller）的《欢乐颂》中，它赞扬着被习俗严格分隔开的东西又是如何"被奇迹绑定在一起"，如何"从大自然的乳房"吸取一切的善、一切的恶，跟随着她那玫瑰花铺就的踪迹，将"亲吻奉献给整个世界"！抑或是在莫扎特的歌剧《魔笛》中对埃及女神伊西斯的呼唤。事实上，埃及学家扬·阿斯曼认为18世纪的最后四分之一期间充斥着"神秘热"[4]以及彻头彻尾的"埃及狂热"[5]，"关于古代神秘信仰的文献像潮水般涌来，

---

[1] Goldstein 2019，p. 9.

[2] Goldstein 2019，p. 95.

[3] Goldstein 2019，p. 96.

[4] Assmann 2005，p. 13.

[5] Assmann 2005，p. 13.

在那之前及之后都从未吸引到能与之相提并论的注意力"[1]。贝多芬为席勒的《欢乐颂》谱了曲，这个版本后来被选为欧盟盟歌。贝多芬从席勒的随笔《摩西的使命》（*The Mission of Moses*）中抄下了"我就是一切（I am all that is）"[2]这句话，这句话被认为源自一元论思想的化身伊西斯。他把这句话装裱在他书桌上的一个画框内，一直到他1827年逝世。对于影响力深远的歌德来说，一元论一直是在他终生著作中反复出现的一个主题。从1784年他的科学随笔《论花岗岩》（*On Granite*）开始，他就强调说"一切自然的事物都是彼此关联着的"；在他的诗作《团圆》（*Reunited*）和《一与一切》（*One and All*）中，他按照普罗提诺、爱留根纳和菲奇诺的传统，把宇宙的诞生形容为与上帝的一次分离，是可以通过爱来撤销的，以及"永恒是如何在一切事物中振作起来的"；到他1827年的《谢尼亚》（*Xenia*）中，他写道，"伊西斯显示的自己是没有纱巾的，而人却有白内障"。还有，博物学家及探险家亚历山大·冯·洪堡的《关于植物地理的随笔》（*Essay on the Geography of Plants*）德文版中，通过献辞颂扬了歌德的灵感，并附上了一幅版画，画着这位诗歌天才在揭去伊西斯的纱巾。

虽然歌德主要因其诗歌而著名，但是他对科学也有强烈的兴趣，且亲身实践科学研究。举例来说，除法国医生菲利克斯·维克·达吉尔（Félix Vicq d'Azyr）之外，歌德也独立发现了人类胚胎具有与其他哺乳动物一样的切齿骨，这项发现填补了人类与动物之间的一个缺失的环节，可以看作是生物进化的一个证据。一元论是通过歌德和浪漫主义者才最终反哺了哲学和科学，又重新出山成为第二次科学革命中的一个主要灵感来源。这一过程的关键人物中有一位神童，他在1790年代的时候还是个十几岁的孩子，但前程不可小觑。

"一即全"

"Hen Kai Pan（希腊语'一即全'之意）和一切！"对于弗里德里希·谢林和他的朋友们，这几个发音奇怪、含糊不清的字眼同时代表了各种意思：暗号、问候以及座右铭——总之就代表着整个世界。谢林考上图宾根神学院的时候才只有15岁，比他的两位室友要小5岁，他们一位是敏感又独到的弗里德里希·荷尔德

---

[1] Assmann 2005，p. 13.

[2] Assmann 1997，Locations 1615–1617.

林（Friedrich Hölderlin），还有一位是笨拙、较真，不知在琢磨什么的格奥尔格·威廉·弗里德里希·黑格尔（Gottfried Wilhelm Friedrich Hegel），这人在青年时代的绰号就叫"老头"。在那个时候，谢林已经自学了8种语言，包括希伯来语和阿拉伯语。虽然他们三个全部都是极度有天赋的，而且他们全部都会成为著名人物，但他们之中谁也不会成为传教士。他们一起忍受着这条"神学苦力船"的严格管束，他们在给自己父母的信件中这样绝望地称呼这个地方。然而这所神学院也被认为是这个国家里培养未来新教神父最有声望的神学院。这个地方就是整整200年前约翰内斯·开普勒接受教育的地方。梦达天际的荷尔德林创作了一首诗歌，颂扬那位把行星围绕太阳转的轨道研究明白了的人，他把它们诠释为一种宇宙和谐，并且启发了牛顿的经典力学："In starry regions my mind perambulates, hovers over Uranian fields, and ponders. Solitary and daring is my course, demanding a brazen stride...Who led the thinker in Albion..., into the field of deeper contemplation, and who, lighting the way, ventured into the labyrinth.（大意：我的心在星光灿烂的地方徘徊，翱翔在天王座田野的上方，陷入沉思。我的旅程孤独而又大胆，需要迈开豪迈的步伐……谁引领着阿尔比恩的思想家，走进了更深沉的思索，又是谁，照亮了道路，闯入了幽暗的地下迷宫）。"[1]

就像他们那一代的许多年轻头脑一样，这三个朋友感到躁动难安。神学院里没有个性和自由的状态只是反映了外面的政治局势。在这一局面下，他们的口号开启了一个秘密天堂，而且在1789年之后地动山摇的那几年里，保守秘密很有必要。没错，图宾根是个平静的小城，房子是半原木建造的，市中心有一个中世纪的城堡，俯瞰着郁郁葱葱的丘陵和斯瓦比亚侏罗山周边地带。但是图宾根离斯特拉斯堡和法国边界只有70英里，这个距离，从正在进行法国大革命把欧洲封建秩序碎为齑粉的那个国家出来，一匹快马只需几个小时就到了。

当这几位朋友们加入了一群学生，在城外一片牧场上插上一根自由桩，并且在写着像"自由万岁"这种革命标语的传单上签上字的时候，符腾堡·卡尔·欧根公爵（Württemberg Carl Eugen）亲自来到神学院调查这个案件。让几位朋友们松了一口气的是，其后果只是这群人中领头的人不得不逃到斯特拉斯堡去。与此同时，这三位朋友的好奇心也不仅限于政治。他们集体"祭拜了酒神"，并参与

---

[1] Adler 1998, Locations 311-313.

豪饮。而且他们开始在半夜起床，比每天的日程安排开始时间提前两个小时，用来讨论哲学。事后看来，这些讨论的革命性意味与政治毫无二致。1781年伊曼努尔·康德（Immanuel Kant）已经发表了他的《纯粹理性批判》，其中他指出要想触及现实世界的真实样貌是没有可能的。对康德来说，那个不受环境条件影响的、绝对的、"自己本然的东西"，始终不可捉摸。我们实际上一直是在经由我们的感官间接地体验现实世界。举例来说，空间和时间被康德形容为一对镜子，我们就是通过它们感知世界的。约翰·戈特利布·费希特（Johann Gottlieb Fichte）把这一观点阐释到了极端程度，他主张是主观意识创造了现实世界——这个概念已经很接近约翰·惠勒的"参与式宇宙"了。惠勒是用他那谜一样的字母"U"来说明的，那是两百年后的事了。后来的事实证明，这么一个观点与正在兴起的浪漫主义这一知识分子运动匹配得恰到好处，在这个运动中有创造性的自我意识一马当先。

浪漫主义代表了个体对许多事物的反抗，反抗一个所有事情都由贵族、国王或女王决定的国家和社会，反抗一个像上了发条的机械般运行的自然界，反抗无聊的灰色日常生活，让人没有一点追求梦想的空间。法国大革命要求给个人以自由，费希特哲学强调个人在产生人生体验过程中的作用，受此点化，浪漫主义变成了19世纪开始时占主导地位的知识分子运动。浪漫主义者把大自然和艺术理想化，从中寻求他们在日常生活中所缺少的东西。浪漫主义的自我意识希望从大自然中找回他自己。但是要想在大自然中找到自我意识，那自我意识和大自然就应该有一个共同的源头。浪漫主义者需要一个准则来调和自我意识和宇宙，心灵与物质，思想和愿望。他们所需要的是"Hen"——也就是一个包罗万物的"一"，而在提供它的过程中，这三个朋友就起到了导向性关键作用。

富于创造精神的弗里德里希·荷尔德林转向了诗歌，以赞美诗一样的赞叹写下了要与大自然合而为一："与一切合而为一——这是神性的生命，这是人间的天堂……以受到祝福的忘我之躯回归大自然之浑然一体——这是思想与欢乐的巅峰，这是神圣的山峰，永恒安歇之地，……"[①]荷尔德林成为了他那个时代最重要的诗人之一。但是在仅仅35岁的时候，他被诊断出无药可医的精神疾病，在内卡河岸边的一座塔里度过了余生，那里离图宾根神学院只有几步之遥。黑格尔和

---

① Santner 1990，p.xxvii.

谢林则要投入他们的一生，为真正的"Hen"的哲学而奋斗，这个希腊语单词的意思就是"太一"。他们先是作为同行者，后又作为苦苦相争的对手。尤其是谢林变成了一位快速升起的明星，成长为浪漫主义运动中的首要哲学家。

1798年，在23岁的年龄上，他被歌德聘用为耶拿的一名教授，是魏玛周边那个自由公国的大学，也被人称为"伊尔姆河畔的雅典"。在耶拿，席勒和费希特已经在执教了，直到费希特因无神论被辞退。然而谢林的一元论哲学与歌德的信念共鸣得更好了，歌德自己就写过关于大自然的统一，某种程度上令人想起荷尔德林。难怪乎谢林很快就成为了歌德内层圈子的一部分，并与德国浪漫主义诗人们熟识起来。

在一首写于这段时期前后的未发表的诗作中①，谢林提出，一个真正的宗教，应该自我展现在石头和苔藓、花朵、金属以及一切事物中，以便人可以浸润在"宇宙万物中"，或在"自己爱人的清澈的眼睛中"。然而，他所说的那个爱人却嫁给了另外一个男人。卡洛琳，浪漫主义者奥古斯特·施莱赫尔（August Schlegel）的妻子，本应是他的一生所爱。她比他年长12岁，她聪慧，有高度学养，思想解放，已经有过惊险刺激的人生阅历：36岁的年龄上，她已经与她丈夫一起将六部莎士比亚的戏剧翻译为德文，生了四个孩子（其中一个是一位法国革命者的儿子，她在一次舞会上与他订下一夜情），成为寡妇，后又再婚。当生活在美因茨共和国时，她曾是乔治·福斯特的亲密朋友，他那时是该城邦的副总统。当普鲁士军队夺回这座城市的时候，她被投入了监狱，而且作为一位"民主派"以及"放荡女子"，她被禁止去许多地方，包括她的家乡哥廷根。与施莱赫尔结婚后，夫妇两人搬到耶拿，在那里他们的家变成了一个浪漫主义者的交会点。

就是在那个时候她遇到了谢林，她把他描述为"原始人物"，还把他比作"花岗岩"。不久谢林和卡洛琳开始了一段恋情，还得到了她丈夫的容忍。在耶拿的那几年也许是谢林一生最快乐的时光。在歌德的帮助下，他使卡洛琳离婚嫁给他，结果这对夫妇只能在一起生活6年。当卡洛琳1809年去世的时候，谢林感觉维系他与世界的最后一丝牵绊被割断了，他的哲学染上了黑暗的印迹，谈论起混乱与不测，并在一切事物的根基处掺入了非理性的愿望。但是当1799年谢林帮黑

---

① 标题为"享乐主义自白"。

格尔在耶拿搞到一个职位的时候，这段岁月还没有来到，而且这两个朋友是如此亲密无间地在一起工作，有时都很难理清哪篇东西是谁写的。就是在这几年，谢林发展起了他的"自然哲学"，一门有关大自然的哲学，它将造就他那个时代的科学面貌，以及现代物理学的发展。

在相当大的程度上，谢林的哲学反映了他那矛盾的个性。他这个人游移于内向和开放之间、绝对和具体之间、精神和自然之间、宗教和无神论之间。谢林终其一生都在挣扎着调和费希特和斯宾诺莎、自我和世界，以及一个包罗一切的绝对存在和在自然界体验到的多种多样。采纳了斯宾诺莎的一元论，谢林试着把物质和头脑统合起来：对他来说，一切事物都是神一样的存在，从晶体到树叶，再从树叶到人性。就像"一切即一，一即一切"和"争斗是万物之父"这两句话像是赫拉克利特写出来的话那样，谢林的哲学反映出乔治·福斯特的思想，围绕着统合的原则和两极对立的原则打转，以求相辅相成，形成一个统合起来的整体：男人和女人、电和磁。

当把尼尔斯·玻尔的哲学背景与德国唯心主义联系起来的时候，指的就是康德、费希特、黑格尔和谢林的哲学。事实上，玻尔的"互补性"原理，也就是认为像"粒子"与"波"这类互相矛盾的概念其实不是矛盾而是相辅相成的思想，与谢林的两极对立论极其相似。同时玻尔所强调的观察者的重要性，也同样让人想到浪漫主义者的创造性自我意识。

这个情节还只是讲述的真相的一半：与谢林不同，玻尔还偏就不是一元论者。事实上，正像我们在前面已经看到过的，玻尔哲学的一个定义性特征就是，否认相辅相成出来的那个实体是"现实真相"的一部分。所以，就算玻尔真的采纳了德国唯心论，那他也强烈地将其与实证主义混合了起来，也就是，只有当什么东西是可以被观察到的，它才是真实的。与此相对照，根据爱丁堡大学的一位哲学家米琪拉·马西米（Michela Massimi）的说法，"谢林的主要贡献是把康德关于无约束状态的概念与自然界关联上，以及把它改造成可以在自然哲学（Naturphilosophie）中以实证调查的方式进行研究的对象。在这样做的过程中，谢林采用了康德关于人类认知有视角性这一重要见解……但把它上下颠倒了一下"[1]。按照谢林的说法就是："把经验主义扩展一下，把无约束状态也囊括其

---

[1] Massimi 2017，p. 183.

内，就正好是自然哲学。"①

就这样，对于以实证方式调查研究大自然的做法，谢林以构建理论模型的方式做出了补充，使不能直接观察但仍然是现实一部分的抽象概念也能纳入研究，因为它们甚至比经验的知识更加真实——经验的知识总是受制于具体的观察视角。在这样做的过程中，谢林发展出了一些概念，令人吃惊地与量子力学并行不悖。在他的《自然哲学体系初步纲要》（*First Outline of a System of the Philosophy of Nature*）中，谢林为自然界的基础引进了"动态原子"：它不存在于空间中，也"不能被看作是物质的一部分"②，但却是"物质的构成因素"③，而且它的效应及产物"可以在空间中呈现"④。"动态原子""不过就是从一个更高视角看到的那个产物本身"⑤。

这与量子物体相似到了令人吃惊的程度。量子物体说的是在抽象的希尔伯特空间（就是在本书第1章里以柏拉图的洞穴之喻讲解过的那样）进行测量之前的物理学。须知这是在科学家们开始对量子领域的物理学进行探索之前100年。正像马西米描述的那样，"谢林大胆地把（康德的）无约束状态重新安置在理论推演的领域之中，所采用的形式是以科学的方式认识自然界"⑥。此外，谢林的一元论对量子纠缠做出了惊人准确的描述。最后，在他努力要搞懂，许多事物是怎么会从"一"中生起的时候，谢林，比他之前的歌德更具体地呼应了爱留根纳的想法，并预见到量子退相干的基本思想。他解释道，"以前，人类生活在一种自然状态中，人与周围世界合为一体"⑦，这听起来仍像是恍惚信守着原始一元论，但当他接下来解释"一旦人类"是如何"把自己区分出来"的时候，"与外部世界形成对立……他就把被大自然统合在一起的东西给分开了，他把观察对象与观察者分开……而且最后（通过观察他自身）把自身从自身分开"⑧；这就归结成一个令人惊叹的准确描述，说量子因式分解成观察者、被观察系统和环境，从而产生出那个退相干后的青蛙视角。的确，对于谢林来说，哲学（或者科学，应该

① Schelling 2013，p. 22.
② Schelling 2004，pp. 20–21.
③ Schelling 2004，p. 21.
④ Schelling 2004，p. 22.
⑤ Schelling 2004，p. 22.
⑥ Massimi 2017，p. 185.
⑦ Schelling 2013，p. 8.
⑧ Schelling 2013，p. 9.

这么说）就意味着要采取一个"上帝的视角"，要把整个自然界理解为一个囫囵的整体。根据他的朋友和合作者黑格尔，我们从大自然中观察到的就是上帝本身，只不过对我们来说有种"异物"感，这是从外面而不是从里面感知到的。

显然，谢林和黑格尔持有与荷尔德林相似的想法，荷尔德林是用较为诗意一的方式表达的："然而一瞬间的思绪，将我冲击推倒。我思忖，并发现我自己仍像过去一样孤独，只有生命无常的凄苦，而我心灵的寄托，世界的永恒一体，则消失了；大自然合上了她的臂膀，而我站在她的面前像个外人，不能理解她。"①

从科学怪人到原野

谢林的职业生涯与浪漫主义的胜利进军齐头并进：他被授予骑士称号，普鲁士国王讨好他这位"上帝选定的时代导师"，请他加入柏林大学，末了巴伐利亚国王还在他的墓碑上刻上"德国第一思想家"。总之说到底，就像仅仅过了没几年之后诗人海因里希·海涅所宣称的那样，"泛神论就是德国的秘密宗教"②，而谢林的影响会传播得又远又广。

1798年英国诗人撒缪尔·泰勒·柯勒律治和威廉·华兹华斯访问德国后，他们带着浪漫主义和对自然界的一元论见解回到不列颠岛国，从那里他们着手写一首诗篇来改变世界。虽然这首诗从未写成，但在华兹华斯的作品中，他会把自己说成是"大自然的崇拜者"③，把大自然说成是"上帝的气息"④。这些思想后来会启发威廉·透纳（William Turner）和法国印象派的艺术，把克劳德·莫奈（Claude Monet）、奥古斯特·雷诺阿（Auguste Renoir）或文森特·梵·高（Vincent van Gogh）赶出他们的画室，去大自然中作画，并促使科学家们离开他们的实验室。以这种精神亚历山大·冯·洪堡出发去攀登钦博拉索山（Chimborazo），当时被认为是地球上最高的山，试图记录并测量一切，却认识到

---

① Santner 1990，p. xxvii. Right after Hölderlin's emphatic description how "To be one with all".

② Heine 1972，2. Buch 234.

③ 参阅廷腾寺（Tintern Abbey）上方几英里处创作的诗句，他在一次旅行中重访怀河两岸，1789年7月13日。

④ Prelude. Book 5，222. Wordsworth 2001，p. 73.

自然界是"整体的一个反映"①，也是一块"网状的错综复杂的编织物"②。一元论赋予自然界的荣耀将会成为"边疆神话"一个不可分割的组成部分，它把美国的西部大荒野看作是一种无所不包的许诺，经由沃尔特·惠特曼、拉尔夫·沃尔多·爱默生（Ralph Waldo Emerson）、亨利·大卫·梭罗（Henry David Thoreau）、约翰·缪尔（John Muir）、安塞尔·亚当斯（Ansel Adams）、杰克·凯鲁亚克（Jack Kerouac）以及很多其他人的作品传达出来。感受到了大自然包罗一切，惠特曼通过诗作巧妙地表达了出来，标题是个希腊语-德语词汇"Kosmos（宇宙）"："Who includes diversity and is Nature... The past, the future, dwelling there, like space, inseparable together.（大意：它包含着纷繁种种，它是大自然，……过去，未来，驻留在那里，像空间般连贯，聚在一起分割不开。）"③ 最后，一元论的宇宙观将再一次成为科学的驱动力，受到一元论启发的科学将经历它的又一次革命，地点是在英国。

19世纪初期，科学家们开始调查了解诸如电和磁、热、流动性或生命这些现象的时候，在牛顿经典力学框架之内进行解释的局限性就越来越明显了。在这一情况下，启蒙运动时期的发条宇宙观念看起来是越来越不合时宜。取而代之的是，把宇宙看成是一个有机体的旧比喻。

此时，谢林的一元论哲学变成了电化学和电磁学早期开创者们的一个主要的灵感源泉，这些人曾经与浪漫主义的知识分子过从甚密。这一哲学有别于其他的定义性特征是统合、能量守恒和对立两极互补平衡的概念，这些全部都融合在一个一元论视角中望向宇宙。根据已故美国科学哲学家托马斯·S.库恩（Thomas S. Kuhn），"谢林……坚持认为磁、电、化学以及最终甚至有机现象都会交织成一个巨大的关联体……（它）蔓延覆盖着自然界整体"④。这一思想对于如何开展电和磁这类新现象的研究工作，有着具体指导意义，正像库恩解释的那样："甚至在发现电磁之前（谢林）就坚持认为'毫无疑问在光、电乃至其他诸如此类（的现象）中，虽然表象各不同，其实都只是唯一一种力量在显现'。"⑤ 确实，正如库恩所指出的，"能量守恒的许多发现者都深深倾向于看到，在一切自然现象的

① Wulf 2015，p. 128.
② Wulf 2015，p. 245.
③ Whitman 2004，p. 413.
④ Kuhn 1977，pp. 97–98.
⑤ Kuhn 1977，pp. 97–98.

根子上有唯一一股坚不可摧的力量"①。库恩的结论是，显然许多遵循谢林传统的自然哲学家"以他们的哲学思想，看待一些物理过程的观点，跟法拉第和格罗夫（William Grove）从19世纪新发现中得出的那些观点非常相似"②。吉尔斯·怀特利（Giles Whiteley），一位研究19世纪英国文学对谢林接受程度的专家表示同意："约翰·威尔海姆·里特尔（Johann Wilhelm Ritter）发展出了电化学这个领域，是或多或少直接受到了谢林的启发；汉斯·克利斯蒂安·奥斯特（Hans Christian Ørsted）是通过把汉弗莱·戴维（Humphry Davy）和里特尔的发现结合起来，于1820年发现了电磁原理。"③

里特尔是歌德圈子里的一位物理学家，他发现了紫外线辐射和可充电电池。不过里特尔对"电疗法"的研究，也就是用电从无机物中创造生命；他原本迸发出这种想法是因为观察到电流可以引发青蛙腿或被处决犯人的肌肉收缩，但最终却把他引向了歧途。他移居到慕尼黑以后，变得越来越痴迷于他的研究，将家庭弃之不顾，搬进了他的实验室，贫困潦倒，1810年英年早逝，据称主要是因为他用电流在自己身上做实验。正像科学史专家理查德·霍姆斯（Richard Holmes）猜测的，里特尔很可能就是弗兰肯斯坦博士（"科学怪人"）角色的原型。《弗兰肯斯坦》这本小说是年轻的玛丽·雪莱（Mary Shelley）六年之后写的，当时她、她的继妹克莱尔·克莱蒙（Claire Clairmont）以及她的爱人和后来的丈夫——诗人珀西·雪莱（Percy Shelley）正在度过那1816年"潮湿阴郁的夏天"④。他们当时正在造访著名的浪漫主义者拜伦勋爵，他既是克莱尔的恋人也是继兄。拜伦被迫离开英格兰是因为他与日俱增的债务，以及与他妻子分道扬镳的丑闻，其间他妻子刚生了个女儿，并且相信她的丈夫已经发了疯，还有他与克莱尔不伦之恋的传闻。他那时正住在日内瓦湖附近的一幢庄园里。1816年后来以"没有夏天的年份"而著称，这是因为前一年印度尼西亚的一座火山剧烈喷发（1300年来最强烈的一次）带来的火山灰所致。它造成的后果包括洪水、一整年下着棕色的雪、整个欧洲的农作物全部烂掉，以及饥荒、骚乱和传染病，造成几十万人死亡。正如玛丽·雪莱回忆的那样，当"连绵不断的雨经常把我们困在房

---

① Kuhn 1977，p. 96. Kuhn explicitly mentions C. F. Mohr, Willam Grove, Faraday and Liebig.

② Kuhn 1977，p. 98.

③ Whiteley 2018，pp. 212–213.

④ Shelley 1831，p. vii.

子里面好几天"①，拜伦就提出比赛谁能写出最佳的恐怖小说，18岁的玛丽胜出了。拜伦再也没有回到英格兰，他也没有再见到他的女儿。他七年以后去世，那是在他航行到了希腊去支持希腊的独立战争之后。不过拜伦的女儿阿达·洛芙莱斯（Ada Lovelace）继承了拜伦的创造力，并且于1843年成了世界上第一位计算机程序员，她写了一段算法，用于在查尔斯·巴贝奇（Charles Babbage）的机械"分析引擎"上执行。这段题外话生动地说明了，在谢林之后的几年中，浪漫主义与科学变得紧密地互相交织，导致升起了一个新时代。理查德·霍姆斯准确地将其形容为"浪漫主义科学"或是"惊奇岁月"，它的标志性特征就是"认为大自然是无限的、神秘的，正等着被发现，或被诱骗着展现其一切秘密"②。

　　同样也是谢林的一元论，启发了丹麦物理学家汉斯·克利斯蒂安·奥斯特去寻找电和磁之间的关系。奥斯特1820年意识到，罗盘指针可以被一股电流给偏转，这个发现最终导致了电与磁被统一起来以及场理论的概念。然而，朝现代物理学迈进的关键一步则出现在英国，可能因为它对谢林哲学的体验处在一个不远不近正合适的尺度上，在脚踏实地的经验主义和崇高悠远的理论构建之间达到了一种理想的混合。

　　从德国回来以后，诗人撒缪尔·柯勒律治在皇家研究院举办了关于德国浪漫主义和谢林哲学的讲座，皇家学会是一个向外行人传授科学的组织。在皇家研究院的另一位讲师是他的亲密朋友——仅次于华兹华斯——化学家汉弗莱·戴维。戴维是一位自然爱好者，也是一位电化学先驱人物，他写过的泛神论诗作，是关于自然界是如何"没有东西会丢失"以及为什么"一切体系都是神性的"③。他是第一个以电解法分离出并发现了几种元素的人，还发现了笑气的止痛性能，后来成为了皇家学会会长。科勒律治声称戴维采纳了他提出的"所有复合体都只在于各种能量的平衡"④的这一思想，而这一思想又是柯勒律治本人采纳自谢林的。不过戴维却相信，他自己的最伟大发现是他的助手，某位迈克尔·法拉第，第一次相遇是在这位年轻人参加了他在皇家研究院举办的讲座上。

　　谢林就是这样间接地，经由奥斯特和柯勒律治，影响了法拉第要反过来把磁

① Shelley 1831，p. vii.
② Holmes 2008，p. xviii.
③ Holmes 2008，p. 360.
④ Whiteley 2018，pp. 212–213.

转化为电的研究工作，还有法拉第要把电磁现象描述为一种场的想法。这项工作后来会成为量子力学乃至最终量子场理论发展中的关键一步。听说了法拉第的突破之后，谢林甚至设想到，可能化学最终也能归纳为电磁现象。奥斯特和法拉第的发现标志着有重大意义的几步，迈向了麦克斯韦电动力学理论中的电与磁的统合，最终会演变为爱因斯坦的相对论。由于是自学成才且对数学所知甚少，法拉第无法把他的直觉归结为数学方程。这最终要由詹姆斯·克拉克·麦克斯韦在他那套著名的方程中实现。

谢林对生物学和复杂系统科学的冲击至少也是同等强烈：谢林的信条"从整体上来把握大自然"[①]，把自然界理解为一个"有机体"而不是一架"机器"，在博学者、博物学家、地理学家及探险家亚历山大·冯·洪堡这些研究人员那里引起了深刻的反响，洪堡赞誉谢林是在科学中激发了一场"革命"[②]。遵循着谢林的思路，洪堡把自然界理解为"像网一样的错综复杂的织体"，在这种思路启发下，他发现了火山具有地表下的连接，并塑造了地球表面，而且还发现植物和动物形成生态系统，比方说可以影响气候。

谢林关于两极对立的思想也影响了查尔斯·达尔文的生物进化理论，达尔文和恩斯特·海克尔（Ernst Haeckel）都应该为此归功于谢林的影响。1803 年达尔文的祖父伊拉斯谟斯·达尔文（Erasmus Darwin）的诗作《大自然的神庙》（*The Temple of Nature*）——充满了柏拉图式思绪和早期进化论思想——就已经描写道"永生的爱！你是时间的黎明，……把年轻的大自然送给了仰慕中的光明！……把一滴滴进另一滴，把原子跟原子绑定，把性爱与性爱连接，把头脑与头脑铆接……"[③]。海克尔，是一位从高山峰到深海底探索自然的研究人员，受到洪堡和达尔文的启发把自然界想象为"一个统一的整体"[④]。有一段时间他不能下决心究竟应该走艺术家还是科学家的职业道路（这令他父母十分失望，他们希望他成为医生），他采集了花朵、苔藓、藻类、海蜇以及特别是以"放射虫"之名为人所知的单细胞海洋微生物，他用漂亮的素描及水彩画把它们做成文档。他说这些东西是"精致的艺术作品"以及"海中珍稀"[⑤]，它们后来会向"新艺术"运

① Wulf 2015，p. 128.

② Wulf 2015，p. 129.

③ The Temple of Nature，Canto 1，lines 15–26. Darwin 2019，pp. 1–2.

④ Wulf 2015，p. 308.

⑤ Wulf 2015，p. 304.

动的兴起输出灵感。海克尔还把达尔文的进化论总结归纳起来用以解释人类起源，推理说在猿和人之间一定有中间物种，并启发了他的学生们发现了爪哇人的遗骨，这是迄今找到的最早的类人猿之一。海克尔论证说，遗传学最重要的意义之一，应该是有生命的和无生命的现象都是同一个大自然的一部分，这意味着一个"自然统一体"①。洞见到各种形式的能量都可以互相转换，而总的能量保持不变，于是他进一步在他的著作《宇宙之谜》（*The Riddle of the Universe*）中推导出"一切自然力量的统一体"②，它已经成为"一颗指路明星，引领着我们的一元论哲学穿过由宇宙之谜构成的广袤迷宫，直至找到它最终的解答"③。沿袭着斯宾诺莎，海克尔看到"在宇宙中只有单独一个东西，它同时既是上帝也是大自然"④，并鼓励学者们和艺术家们"光耀自然界或宇宙"，它是一个"广袤而无所不能的奇迹"⑤。海克尔成长为广受欢迎的一元论倡导者。1904年，罗马的一次自由思想者的国际集会宣布他为一元论的"敌教皇"，这群人行进到罗马鲜花广场的乔尔丹诺·布鲁诺纪念碑敬献月桂花环。

祝福与诅咒

不过当然，谢林、黑格尔、荷尔德林和歌德并不知道量子纠缠和量子退相干这些名堂。所以他们要想讲清楚他们的意思，就只好求助于比喻：大自然被理解为一个"活着的有机体"，进化则被理解为"创造力"，宇宙被等同于"上帝"，对立极性的统一被比作"爱"。这些比喻描绘出一幅美丽、诗意的大自然形象，提供了一种直觉的，有时是拨云见日的启示，可以启发出新思想。如果过于从字面上去理解，它们显然会把人带偏。这种浪漫情怀与对做实验的鄙视结合到一起，在歌德、谢林和其他浪漫主义者的著作中时有这种情绪闪现，它把实验探索等同于暴力和活体解剖，那就更成问题了。于是，当谢林那浪漫的"自然哲学"发挥巨大影响力的时候，对于正在发展中的现代科学来说，它既意味着诅咒也是祝福。

---

① Haeckel 2016，p. 194.
② Haeckel 2016，p. 193.
③ Haeckel 2016，p. 9.
④ Haeckel 2016，p. 23.
⑤ Haeckel 2016，p. 287.

按照马西米的说法，"谢林，大体而言也包括'自然哲学'，经常被指责为过于臆测，过于晦涩，过于与实验方法格格不入，所以永远不会有那个地位去对当时的科学研究施加任何像样的影响力"[1]。例如德国物理学家保罗·厄尔曼（Paul Erman）就把谢林的哲学形容为"欺骗和谎言"[2]；化学家尤斯图斯·冯·李比希（Justus von Liebig）则把它比作"瘟疫，那个世纪的黑死病"[3]；科学史专家理查德·霍姆斯（Richard Holmes）的说法是，它"不停地摇摆不定在白痴的边缘上"[4]。

以现代眼光来看，似乎有充足的理由同意厄尔曼和李比希的看法。今天，"包罗一切的统一体"这个概念都貌似被人半遗忘了，它显得玄奥，甚至带有莫名的极权色彩：例如恩斯特·海克尔就天真地将达尔文的进化论应用到人类，变成了一位社会达尔文主义和生物学种族主义的急先锋，其主张被迫不及待地收编进纳粹运动的生物主义意识形态中，那是兽性般野蛮的种族主义，以至于最后就直接杀人。同样，对大自然的赞叹也受到纳粹意识形态者的热捧。例如，挪威诺贝尔文学奖得主克努特·汉姆生（Knut Hamsun）的小说《潘神》（*Pan*）对大自然充满了泛神论式的思考，被纳粹首席宣传家约瑟夫·戈培尔（Joseph Goebbels）改编成一部电影，他认为汉姆生是他最喜爱的作家之一。

谢林的朋友和合作者黑格尔后来将他们两人共有的关于调和对立极性的思想运用到历史和政治之中。经黑格尔的学生卡尔·马克思从唯物主义视角进行诠释之后，这一概念变成了马克思主义理论的一个基石。进一步广而言之，浪漫主义者强调主观能动性优先于客观事实，他们的信条似乎就偏爱另一种倾向，扶持另类事实和伪科学——从占星学经顺势疗法，到反疫苗者以及否认气候变化。虽然今天仍然有人讨论"太一"，但它很快就以"新世纪的胡扯"之名被排斥掉，或被神秘玄学劫持。它似乎不能套进分析式哲学的成功模式中。

虽然这些负面意味无法否认，但是另一方面，任何此类伪科学和专断意识形态的精神支柱都是——在他们的拥护者眼里——要把大自然看成它"应该是"的样子，而不是它"实际是"的样子。这种思维模式的基础是把预先确定的"太

---

① Massimi 2017，p. 183.

② Hermann 1970，p. 299.

③ Hermann 1970，p. 299.

④ Holmes 2008，p. 315.

一"形象强加到世界上去，而不是去下功夫试着把"太一"那纷繁夺目气象万千的样貌如实地再现出来。对于海因里希·海涅来说，"太一"仍然是个理性思维中的概念[1]，他把那位"谄媚、自我感觉甚佳的雅科比"[2]指斥为"鼹鼠"[3]就证明了这一点，但是这个概念好像由于与20世纪专制政权发起的那些可怕的罪行和灾难相关而搞得名誉扫地，陷入了默默无闻。

＊＊＊

一元论思维模式中还剩下来的东西，是拥抱大自然，以及追寻统一和美。在现代科学发展的整个过程中，这些思路在铸就这一进程中的作用恰与实证主义方法持平。是达·芬奇和菲奇诺的文艺复兴哲学提出了那些叙事和问题，在思想启蒙时代促使科学革命将它们包容进去。与此类似，19世纪的歌德、柯勒律治的浪漫主义以及像电动力学和热力学之类的"浪漫主义科学"为20世纪的伟大科学革命，也就是相对论和量子物理学铺垫了舞台。事实上，统一和对数学美的追求已经变成了现代物理学的一个不可分割的组成部分。正如诺贝尔奖得主弗朗克·维尔切克（Frank Wilczek）在他的著作《美丽之问》（*A Beautiful Question*）中再断然不过地宣称的那样："这个世界体现出美的思想了吗？对这个问题唯一恰当的回答……就是个响亮的：'是的！'"[4] 这些关于数学之美以及统一之类的概念，是大自然的一部分还是干脆只是任性的胡思乱想？它们是科学家们把个人好恶投射进他们的工作中去了吗？是因为我们的大脑被硬性布线成专门辨认规律及对称，以此骗我们去相信一个虚假现实？它们把我们从大自然中真正发生的事情引开而使我们进入歧途？

一元论式的宇宙和谐所启迪出来的观念最终并非全部都证明是正确的——一个突出的例子是开普勒的"天体音乐"，或牛顿关于炼金术的猜测——但是，如果他们没有力求对大自然作出和谐统一的描述，不论是开普勒还是牛顿都是不可能取得他们那些开拓性发现的。事实上，从历史上来看，只要是一元论兴盛的时期，艺术和科学就繁荣。事后看来，这并不令人惊奇：说到底，很多时候创造

---

[1] Heine 1972，2. Buch 234.

[2] Heine 1972，2. Buch 234.

[3] Heine 1972，2. Buch 234.

[4] Wilczek 2015a，p. 323.

性都可以归结为，发现了那些迄今一直被认为各不相干的领域之间有不为人知的联系和相似性。把大自然视作一个整体的思维模式就特别擅长发现和利用这类相关联的关系。

　　从另一方面来讲，如果最终证明一元论符合量子力学，那么它与在大自然中所寻找的美的规律又是什么样的关系呢？这个问题把我们指引到找出什么才是对大自然本质的描述这个问题上，以及它的那些特性是如何在不那么本质性的层面上留下印记的。正像我们马上就要看到的那样，本质性真相的这些特征可以以规律和对称的面目出现。当然那并不意味着，每一个被构想出来的美学理想都已在自然中得到实现，但是它提供了一个去寻求这种规律的合理理由。在现代物理学家努力弄懂黑洞、希格斯玻色子以及早期宇宙的过程中，有3 000年悠久历史的一元论真的可以帮到他们。

6 "太一"出手

超导环场探测器

我们现在已经准备就绪，可以直面我们要探究的那个要点了。既然认真把量子力学看作关于大自然的一个理论就会得出一元论；既然理解了我们日常生活中纷繁的事物是如何显现出来的；也把握到了为什么，哪怕它已经被镌刻进过去的科学实践中，但它的意义仍被忽视了这么长时间：那么我们现在就可以问问，这些见解对于物理学今天以及未来面对的问题和挑战意味着什么。我们准备好了去揭示出科学的一个新基础。

物理学遇到了麻烦

2017年10月18日，吉安·朱迪斯（Gian Giudice）宣布粒子物理学陷入了困境。"依循着科学革命的递归规律，有很多迹象表明我们现在正见证着危机阶段的开始……这是科学研究工作最复杂和紧张的时刻，需要以富于革命性以及不带偏见的思路在方式方法上做出真正的改变。"[1]在物理学界，朱迪斯的意见比多数人都分量重。他是欧洲核子中心（CERN）理论物理部的负责人。CERN是位于日内瓦的粒子物理学欧洲中心，是它在运行着大型强子对撞机，简称LHC。因此CERN处于先导地位，引领着这项全球性的努力，力图以简单、本质性的构建部件去重构整个宇宙，构建部件要尽可能简单。而对于粒子物理学家来说，更简单永远意味着更小。

粒子物理学家们建造的巨型加速器被人拿来与中世纪富丽堂皇的大教堂相比较。这不仅指的是它们的体量，更是它们的作用，一个几乎神圣的空间，就算不是用来寻找上帝的，那至少也是寻找主宰着宇宙的基本真相及和谐法则的。在这些中间，CERN的LHC是史上最了不起的加速器：27公里长，4次越过法国和瑞士之间的边界，它是人类有史以来建造过的最大的机器，它是建造来使粒子物理学标准模型完整，并用来发现未知世界的。本指望着LHC解释，为什么全部科学当中最优秀理论的主要特征是一些别别扭扭的巧合事项，看起来就像是让铅笔立于笔尖并保持平衡似的。事实上，2012年找到了希格斯粒子，这是标准模型所缺失的那最后一个部件，需要有它才能既给它自己提供质量，也给自然界中其他大型构件提供质量。不过在那之后，热乎劲慢慢退却了。标准模型是完成了，却没看到有新的物理学来指示出它为什么有这些缺陷。经过十多年的运行，LHC还是在做着它刚开机时就做的事情：它一遍又一遍验证着标准模型，但没找到任何其他东西或者未知的东西。

这个局面所面临的问题是，现在迫切需要超越标准模型的新物理学。根据天体物理学家和宇宙学家的发现，宇宙物质成分中大约85%是由不发光的暗物质构成的，它只能通过它的引力现象观察到。然而没有什么替补粒子可以解释这种"丢失的"质量。还有，物质本身只提供了不到宇宙能源需求预算的三分之一。宇宙能源的主体部分是神秘的暗能量，是指派给真空的能量，也就是，指派给空无一物的空间的，驱动着宇宙散开并进入加速膨胀。暗能量比暗物质更难按标准模型或简单膨胀来解释。然后，还有这些巧合：为什么普通物质、暗物质和暗能量都向宇宙能量预算贡献可比数量（在系数为10或20的范围之内）？为什么强作用力，据我们所知，对于有不同自旋方向的粒子或反粒子有相等的强度？为什么

---

[1] Giudice 2017.

希格斯粒子的质量这么小？以及为什么宇宙中暗物质的数量如此微乎其微？

这些观察到的现象，尤其是其中的最后两个，一直让粒子理论学家们头痛。简单估算希格斯质量，包括来自真空涨落，也就是在真空中忽然出现又忽然消失的虚拟粒子的贡献，会使其大约大了17个级数；根据已知的真空能源来源进行估计，预期宇宙暗能量会大到超过惊人的120个数量级，相当于1后面跟着120个零。显然，标准模型尽管在其他地方是成功的，却缺失了"现实真相"中的一个至关重要的部分。

物理学家们在建造LHC的时候相信，找到了新的粒子就是找到了答案。比如"超对称"就能轻而易举地使标准模型中的粒子含量翻倍，还可以既提供一个人们想要的候选暗物质，又给希格斯粒子为什么这么小的问题提供一个答案。超对称（英文缩写SUSY）是假定在物质和各种力之间存在一种对称，这样，对应于每一个已知的物质粒子（照物理学家们的说法就叫"费米子"，例如夸克和轻子），就会有一个目前还未被发现的力的载体粒子（物理学术语叫"玻色子"），反之亦然。由于这两种类型的粒子分别向希格斯粒子的真空涨落贡献相反的符号，所以它们的贡献可以直接抵消掉。也许就是有类似的机制在运作，才使宇宙暗物质维持在较少的水平，尽管效果还没达到同样完美。物理学家们意识到超对称也许能贡献一大步，使标准模型又能看起来自然了。于是从那以后，越来越多的粒子物理学家期待着能找到缺失的"超对称伴侣"——这一期待就是实现不了。这一局面引燃了基础物理学的一场几近崩溃的危机。

这一情况逼得CERN首席理论家吉安·朱迪斯催着他的同事们寻找替代方案。"看来有必要换一种新的思路了"，朱迪斯这样写道，并认定"我们在对物质世界中最具本质性的问题进行探索时采用的指导原则已经用了几十年，现在我们面临着的是要对它们进行重新考虑了"[1]。那么需要被重新考虑是哪些指导原则呢？粒子物理学家希望能帮助他们理解世界的指路明灯又是些什么呢？

---

[1] Giudice 2017.

多元宇宙耶？丑宇宙耶？

"关于宇宙，最令人不解的是，它是可理解的。"[1]阿尔伯特·爱因斯坦曾经说过。说宇宙其实是可以被理解的，这在近来已经远远不是个有没有共识的问题了，而可能是粒子物理学经受的危机中最突出的症状了。宇宙还依然能被看作是简单和优雅的吗？这种貌似的优雅有没有可能仅仅是巧合，而不是本质使然？或者宇宙甚至实际是一团乱糟糟的，而我们对美的感知只不过是建立在偏见的基础之上？如果说在过去，粒子物理学家们的动机是期待证明我们生活在一个独一无二的宇宙中，主宰着它的是一些简单定律和对称性，那么这一前景现在越来越受到争议。对这个观点形成挑战的是两个广泛流行却又备受争议的概念，它们被生动形象地概括成两个流行热词"多元宇宙"和"丑宇宙"。

多元宇宙拥护者倡导的理念是，存在着数不胜数的其他宇宙，其中有些有截然不同的各种粒子和各种力，甚至空间的维数也不同。这种多元宇宙指的不是埃弗莱特诠释中的那些替代现实，而是指的其他时空区块，由完全不同的物理法则主宰；它出自弦理论，似乎能容得下由所有可能的宇宙构成的一种宏大"景观"。如果大多数物理学家所相信的膨胀，这个导致了宇宙诞生的宇宙加速扩张阶段，现在持续下去到足够长的时间（好多模型甚至预言说可能会永远持续），那么它就在产生大量的（或者甚至是无限多的）"泡泡宇宙"或"婴儿宇宙"，而且在它们之中，弦理论中所有的潜在宇宙都可能成真。根据这种推理，如果前面提到过的那些偶然现象有利于产生复杂的结构、生命或意识，那么我们发现自己所处的本就是个能允许我们存在的宇宙也就不足为怪了。就像鱼没有理由对自己为什么生活在水里感到奇怪一样，也许我们观察到的希格斯粒子的质量是小的，暗能量是微乎其微的这一事实正是我们能够存在的一个前提条件。那也就意味着我们再也没必要对我们宇宙中一些奇怪的巧合操心了。这一"人类中心论"意味着我们发现自己处在一个对生命友好的点位上，因为如果不是这样我们压根儿就不会存在，也不会有人来观察这一不待见生命的宇宙了。

那么，如果我们都已经接受了埃弗莱特的多世界，对弦理论的那种景观还能

---

① *"Das ewig Unbegreifliche an der Welt ist ihre Begreiflichkeit."* Einstein 1936, p. 315, translated by Sonja Bargmann in: *Ideas and Opinions*, Bonanza, 1954, p. 292.

有什么疑问呢？毕竟，在埃弗莱特的多世界诠释中，量子力学已经相当自然而然地为多元宇宙做好了铺垫。朝一个有两条缝隙的屏障发射单颗电子会在屏障后面的探测器上形成一个干涉图形。每回都一样，这个电子似乎每次都是穿过两条缝隙。就像我们在第3章讨论过的，量子退相干可以把这些潜在的轨迹转变为"平行现实"，或者叫"埃弗莱特分支"。所以，也许弦理论的多元宇宙也是相似的情况，也只是物理学中一个完全自然却又对于我们来说是陌生的部分。

然而，根据埃弗莱特的理论，量子力学会产生出由众多替代现实构成的多元宇宙，它们全都服从于同一套物理法则，但是声称是万物根本理论的弦理论却不然，它似乎预言了一个由全然不同的物理法则主宰着的各种宇宙构成的多元宇宙。

所以，不管多元宇宙的假设看起来是多么自然，但是"人类中心角度的推理"会带来严重的问题，因为它最终意味着我们可能再也难以对任何事物进行预测了。自从科学的早期时代开始，每发现一个看似不可能的巧合，都促使人迫切想拿出解释来，让人产生一种动力想找出它背后隐藏的原因。自从有了弦理论的多元宇宙，这一局面改变了。不管一个巧合看起来会是多么的不可能，在构成多元宇宙的无数个宇宙中，它都一定在什么地方存在着。对于CERN的那些搜索新粒子的物理学家们来说，不存在明显的指导原则了。在宇宙那些偶尔一现的特性中也没有带有本质性的定律等待被发现了。"多元宇宙也许是物理学中最危险的一个思想"[1]，南非宇宙学家兼斯蒂芬·霍金的著名合作者乔治·埃利斯（George Ellis）这样争议道。

另一个挑战与此相当不同，但危险性丝毫不逊色。"丑宇宙"是《新科学家》杂志给理论物理学家萨拜因·霍森菲尔德（Sabine Hossenfelder）的提议起的一个俏皮标签。根据她的畅销书《迷失在数学中》（*Lost in Math*）[2]，现代物理学已经由于片面追求"美"而被带入了歧途，产生了那些从数学上看起来优雅的臆测式幻想，却与实验根本不沾边。"自然法则有必要在意我觉得什么东西美丽吗？把我和宇宙以这种方式联系起来，好像非常神秘兮兮的"，霍森菲尔德理所当然地表示了反对意见。

自然界当然可以是复杂的、脏乱的和不可理解的。不过，物理学家称为"美"的东西是结构和对称。如果我们再也不能依靠这些概念了，那么在"理解"

---

[1] Ellis 2011.

[2] Hossenfelder 2018.

和仅仅"对上实验数据"之间的区别就会模糊不清。如果科学必须放弃对简洁和审美吸引力的任何依靠，那么也可以通过计算机去发现一套能对所做观察出具最佳描述的数学等式，以此产生出研究结果；但它就会带着随机且任意的复杂性，而且对实际发生了什么不存在任何直觉把握。

跟多元宇宙一样，科学如果没有美可能会使我们丧失掉理解宇宙的能力。直面挑战，看我们是否仍能找到对宇宙巧合的自然解释，这样我们就已经来到了"本质性物理学中一个惊心动魄的岔路口"[1]，这是普林斯顿高等研究院的尼马·阿尔坎尼-哈米德（Nima Arkani-Hamed）的看法，他是当今最有影响力的理论物理学家之一。"大自然会是非自然的吗？"科学作家娜塔莉·沃尔乔弗（Natalie Wolchover）问道，而且担心"宇宙可能是无可理喻的"[2]。

那么就让我们退一步来问一问：对于物质世界中那些最具本质性的问题，物理学家们在传统上是如何应对的？有可能在哪一步上走错了？这些问题的答案与我们把握宇宙的方式是密切交织在一起的。这一点最清楚地体现在我们回想起自己第一次开始去理解身边世界的时候，那时我们还是孩子，而生活就是游戏。在许多方面，物理学家仍然还是像小孩子一样。

百变积木

孩子们玩起积木来就乐不可支。积木可以变成一切事物：桥、城堡、一个温馨家庭所居住的房子、洋娃娃的美容院、一艘海盗船或太空船……孩子天马行空想到什么是什么。当把这些东西打乱以后，还是同样的这些积木，可以被重新组合成下一个玩具。我们是如此醉心于这种想象力，哪怕长大以后也从来没有真正丢失它。而且说到底，可能这就是我们之所以是人的原因。

积木和它们可以被摆弄成的许多东西之间是怎样关联上的，这又告诉了我们哪些关于"现实真相"的道理？在这种情境之中，有一个重要的方面是语言，以及对完全一模一样的事情我们可以用很多不同方式去谈论它。以色列历史学家尤瓦尔·诺亚·赫拉利（Yuval Noah Harari）在他的最畅销书《人类简史》（*Sapiens：A Brief History of Humankind*）中论证说，"我们语言中真正独一无二的

[1] Nima Arkani-Hamed，Physics Colloquium at Columbia University，April 29，2013.

[2] Wolchover 2013a.

特征不是它有能力把人群与狮群的信息传递出去",而是,"它有能力把根本完全不存在的事物的信息传递出去"①。赫拉利坚持认为:"只有智人才会谈论并不真实存在的事物,而且能在早餐之前就听信六件不可能的事物。"②按照赫拉利的看法,宇宙飞船或洋娃娃的房子都不过是被注入了想象力的积木而已。而且这类游戏不仅仅只是孩子们的,它是货真价实的人性的一部分:"法律、金钱、神祇、民族。"③赫拉利继续道,"任何大规模的人类合作——不论是现代国家、中世纪教堂、古代城市或一个原始部落——都植根于一些共通的神话传说中,它们只存在于各民族的集体想象中"④。赫拉利论证道,这项"用词句创造出想象中的现实"的能力"使大批素不相识的人能够进行有效的合作"⑤,并且最终"开通了一条文化进化的快车道,绕过了遗传进化的交通拥堵"⑥。

这是一个很机巧的假说。但是我们真的能否认像金钱、股份公司或法律这样的实体也是现实的一部分吗?毕竟,缺钱、股市大跌或犯法都能让我们陷入严重的麻烦。再者,如果赫拉利强说,这类"虚构事物,社会构建或想象出来的现实"⑦仅仅存在于人们的想象之中,那么我们必须把与此相同的批判精神扩展适用于人与生物有机体自身——它们,同样真的存在吗?

有请埃尔温·薛定谔上场。对于这位一直在与海森堡较量谁才是量子力学正解的量子先驱来说,希特勒的掌权,以及他对纳粹的蔑视,就意味着一段奥德赛般曲折旅程的开始。薛定谔先是于1933年离开德国去牛津就职。但是在那座传统的、方方正正的大学城,人们不接受他与安妮和另一个女人同居在一种"menage a trois",也就是法语的"三角家庭"关系中。于是他于1936年决定搬回他出生的奥地利,而奥地利却很快于1938年被纳粹占领了。在这种情况下,薛定谔已被认为"政治上不可靠",他发现自己已经被解雇了。薛定谔再次打包,最终在爱尔兰的都柏林安顿下来,在那里他发表了一系列公开讲座,思考了"生命"到底是什么的问题。

---

① Harari 2015,p. 24.
② Harari 2015,p. 24.
③ Harari 2015,p. 117.
④ Harari 2015,p. 27.
⑤ Harari 2015,p. 32.
⑥ Harari 2015,p. 33.
⑦ Harari 2015,p. 31.

　　为了要给生命拿出一个定义，他把生活过程说成是物质的一个属性。"生命的典型特征是什么？什么情况下一块物质就被说成是活着的？"薛定谔这样发问，然后给出他的看法："它得持续去做一些事情，移动，与它的环境交换物质，以及诸如此类，而且，持续时间要比我们觉得一件无生命的物体在类似环境中能够维持的时间要长得多。"① 薛定谔后来把他这些讲座改编成一本有影响力的书，在那本书里他通过生命的惊人稳定性概括出生命的典型特征，帮助铺平了通向分子生物学领域的道路。詹姆斯·沃森（James Watson）和弗朗西斯·克里克（Francis Crick）都确认，他们各自都是独立受到薛定谔的书《生命是什么？》（*What is Life?*）的启发，从而破解了 DNA 结构。

　　最重要的是，薛定谔用以定义生命的是它的功能性，而不是它的物质基础。在薛定谔看来，一个活着的有机体一定要被理解为是一个信息处理流程，而不是一个处于空间和时间中的物体。实际上，薛定谔的看法是有事实支撑的：在人类典型寿命的一生中，人体中大部分的原子都会被替换掉，但具体个人的人格个性不受更改。

　　薛定谔论述后面的基本精神当然不局限于对生命的解释，而是可以推而广之应用于任何种类的宏观现象。举例来说，在 18 世纪探险家、博物学家和革命家乔治·福斯特的游记中就能找到对这一观点的一段精彩讲述。他用诗意的语言描述了海洋中的波浪是如何"升起来像高塔般矗立，散成泡沫又消失；它们又在广阔无垠中被吞没。自然法则之冷酷无情在哪里也比不上在这里更惊心动魄"②。福斯特感觉到，同时也意识到，"人在哪里也不会比在这里更真切地感觉到，面对着物质的庞然整体，波浪是唯一能穿越隔世之点的东西，从不存在回归到不存在；然而，那个庞然整体继续滚滚向前形成一个永恒不变的单体"③。这一哲学思想又可以追溯到柏拉图，他在自己的《蒂迈欧篇》中把组成自然界的基础元素看作是烙印进物质依托或基础中的信息图案，是"存在物的助产士"。把《蒂迈欧篇》与《巴门尼德》相比较，就很容易把这位"存在物的助产士"当作是"太一"，也就是那宇宙硬件。在这个意义上，波浪，或者说生物有机体就更像赫拉利所称的"社会构建"而不是物质本身。因此说到底，如果我们否认股份公司是

---

① Schrödinger 2014，p. 69.

② Goldstein 2019，p. 35.

③ Goldstein 2019，p. 35.

现实的一部分，那我们就得把大海啸和我们自己的真实存在性也一起否定掉。

也许把世界看作不是绝无仅有的唯一一个，而是存在着许多平行现实世界更能讲得通一些。"只有一个世界，自然形成的世界"，但是"谈论世界的方式可以有很多种……最佳谈论方式取决于我们在当下要达到的目的"[1]，加州理工宇宙学家肖恩·卡罗尔在他的书《大场面》（*The Big Picture*）中强调说。就像小孩子一样，这都取决于我们想要玩什么，我们是把积木说成是美容院还是城堡。但是另一方面，一旦我们接受存在许多现实世界的概念，新的问题就来了：所有这些现实都是存在于同等地位上的吗？还是其中有一层在特性方面要更具本质性一些，或者说相对于其他层面，它属于更"优先"的级别？

世界只有一个……只是谈论角度不同

哪个更真实，是森林还是树木？是活着的有机体还是构成它的原子？2010年前后，美国哲学家乔纳森·夏法尔（Jonathan Schaffer）正在思考这些问题，然后他得到了一个灵感启示：这些问题没有意义！

这些概念之间的实际差别不是哪个更真实或更不真实，而是哪个更具本质性或更不具本质性。"想象一个圆圈和它的一对半圆"，夏法尔提出问题并问了他自己："哪一个是优先级的，是整个的圆还是它的两部分？两个半圆是依存于整体而被抽象出来的呢，还是圆圈是从它的两部分衍生构建起来的呢？"[2] 接下来，夏法尔继续跟进，把他的问题推而广之套用到整个宇宙："现在把圆圈换掉，想成是整个宇宙（那个终极的具体的囫囵整体），把那一对半圆换成是亿万粒子（那个终极的具体的部件）。哪个，不论哪个，属于终极意义上的优先级，是单一的那个终极囫囵的整体还是它的许多终极部件？" 他得出了一个未曾料到的结论：现实世界的本质性层面不是建立在构成它的部件上的，而是宇宙本身——不能把它理解为所有组成它的事物的一个总和，而要把它看作是一个单独纠缠中的量子状态。夏法尔以一元论的立场解释说："一元论者认为，整体是优先于其各个部分的，而且因此认为宇宙是本质性的，从这个'太一'蜿蜒而下，有了形而上学的解释。" 类似的思想在更早之前就有过表达了，比如海森堡的朋友和学生卡

---

[1] Carroll 2016，p. 20.

[2] Schaffer 2010，p. 31.

尔·弗里德里希·魏茨泽克。根据夏法尔和魏茨泽克，在最具本质性的那层现实上，只存在着唯独一样东西——量子宇宙。

但是，如果是这样的话，它难道不是又一次让我们退回到同一个老问题，把股份公司、大海啸，或是我们自己说成不是真实存在，这好像不像话吧？夏法尔也爽快承认了，人们大概要争辩"照这样一个观点的话，连粒子、石子、行星或者世界的任何构成部件都不存在了，只剩下一个'太一'了。就冲这种解释，可能一元论就活该被嗤之以鼻，因为它明显不对"[1]。不过夏法尔并不认同，因为对一元论的这种认识是基于一个本质性的误解："历史上一元论的核心思想不是说整体不是由部分组成的，而是整体是优先于其各部分的。"[2]我们一再把物质、空间和时间说成是"幻象"。但是我们所说的"幻象"究竟指的是什么呢？显然我们的意思并不是说，这些都是选择的问题，我们可以干脆决定，我们是愿意生活在一个由空间、时间和物质主宰的宇宙还是不愿意。事实上，当物理学家们笼统地把时间说成是"幻象"的时候，他们通常的意思是，它绝不是宇宙的本质性特性，而是我们看向宇宙的那个视角的特性。那当然不排除时间会造成真实影响，然而有人可能会争辩说"幻象"根本就不是个合适的字眼。有一次卡洛·罗威利（Carlo Rovelli）写信给我说他更愿意把时间说成是"视角性的"。然而，哪怕是海市蜃楼也是真实感知到的，甚至还可以拍成照片的。所以，在海市蜃楼幻象中，真实的感受是与一个面前景致中并不存在的东西联系在一起的。具体到时间来说，我们将要在第7章看到，之所以说它是幻象，是因为我们所体验到的时间，是与本质性宇宙的一个可以说并不存在的特性相联系的。照夏法尔的说法，它根本就不是那个属于"优先级"的东西的一部分。

那么，"优先级"在这里到底是什么意思？对于小孩子们来说，回答很简单：积木就是你的本质性的构筑材料，排列得复杂一点，弄成船或房子的样子，是这些积木可以用来做的事情。与此类似的，从一位粒子物理学家的观点来说，这些属于本质层面的积木可以是夸克、电子和中子，再加上一些量子，让它们互相作用，再加上希格斯玻色子，赋予它们质量。这当然是个过于简略的讲解。在现代粒子物理学中，粒子被理解为量子场的激励，而不是像积木一样的物体。提供本质性宇宙构建单元的会是量子场，而不是粒子。而且根据普遍流行的看法，在更

---

① Schaffer 2010，p. 32.

② Schaffer 2010，p. 33.

高能量等级上还会冒出更具本质性的场。毕竟，这就是为什么粒子物理学家们在探索物理学基础的时候要利用加速器：因为预计物理学的基础会在最高能级上找到，它是与可能有的最小的距离尺度对应着的。根据某位粒子物理学家的思想来说，更具本质性意味着更简单，而更简单就意味着更小。

孩子们对积木的万能可变性乐不可支，把它变成喜欢的随便什么东西都行，但他们通常不会奇怪为什么反过来就不行。不论你把你那积木堆成的城堡或海盗船怎么拆解，它还是原来那堆积木，不会变成一套芭比娃娃或火柴盒汽车。对于纠缠中的量子状态，这就不一样了：如果你把一个左旋，一个右旋的两个粒子插接在一起，等你把由此形成的那个东西拆解掉的时候，它不光可以退回到原来的两个粒子，而且同样还可以是一个粒子围绕着一个垂直轴自旋，另一个的自旋方向则与之相反。在这种情况下，要想断定什么才是真正带有本质性的，是构成部件还是复合体，就变得模糊不清了。在这种情况下怎么区分什么是幻象，什么是现实？有可能对这个问题做决断吗？

自然界中被描述的事物之中哪些更具本质性，哪些较不具本质性，哲学家们用"显现"这一用语来形容它们之间的关系。说某一层面的被描述物（例如生物学或海盗船）是弱显现或强显现，指的是它的自然法则不是得自一个更具本质性的层面（例如原子物理或积木）上的法则，不论是在实践中还是从本质性上。对弱显现的存在没人存疑——要描述股票市场的话，没人会想到要去统计这里面所牵扯到的基本粒子的表现——但是另一方面，要接受强显现则与相信奇迹没有太大区别。毕竟，如果更带本质性的层面连原则上都描述不了更高更复杂层面上的各种现象，那么那个本质性层面同样也就不能制约更高层面上的可能性空间。例如，如果根据爱因斯坦的相对论，粒子不能比光传播得更快这个事实并不同时意味着生物有机体不能以超光速奔跑，那同样就没有什么东西能阻挡耶稣在水面上行走了。已知物理学法则的任何外推法，意思是把这些法则在新条件下做任何应用，都会成问题。这么一来，整个的科学努力都不再有任何意义。事实上，就是这一见解完全清楚地表明了把科学建立在稳定可靠的基础之上是多么关键。

一旦我们排除强显现的可能性，就会很清楚地看到，不是所有现实都带有同等程度的本质性。实际情况是，更带本质性的现实会制约较高层面上的可能性空间：虽然更带本质性的现实或自然法则对较高层面仍然起作用，但是较复杂或较高层面的理论现象当被反推到更带本质性的构成部件上的时候，就未必行得通。

显然，只有事先接受了存在着生物有机体这个观点，社会学才能有意义；而粒子物理学则反之，不依赖任何这类前提条件。

这一观点提出了科学的层级性，与法国哲学家奥古斯特·孔德（Auguste Comte）的主张类似。在这个层级中，物理学定义了基础，化学是较外层原子轨道的物理学，生物学处理的是复杂有机分子的化学，心理学描述的是神经系统的生物学，社会学和经济学讨论的是大数量个体的心理学。人们似乎会天真地认为，越是更偏本质性的现实，构成它的定义性特征的部件当然就越小。然而，尺寸大小在这里并不真的是个问题。

我们越仔细观察，就越意识到，我们必须对传统的还原论概念做修改。一旦我们把社会学和心理学还原为生物学，很明显还原论就不能再被理解为一种唯物主义观念，而应该是一个信息理论中的概念了：一支足球队还是那支同样的队伍，即使一名球员被转卖；一个民族国家还是那个同样的国家，哪怕那位外交部长被炒了鱿鱼。原因是，一支足球队或一个国家的运作不依赖于把每位运动员或政治家个人的性格特征全部加在一起。举例而言，如果某个人偏爱太妃糖，而不是纯巧克力，这通常影响不了他的健康状态或外交技巧。

这里重要的是，物理学家，或一般意义上的科学家，都是以各种不同程度的准确性对大自然进行描述的大师。只要有可能，他们就会只考虑与他们要解决的问题相关的信息。例如，当物理学家想计算加农炮弹的弹道轨迹时，大多数情况下把加农炮弹想成球体就足够了，哪怕存在一些微小的变形。把这些微小的变形忽略掉，会使物理学家的工作省事些，也使描述加农炮弹会落到哪里的方程有解。在这个例子中，微观物理学比球形加农炮弹的物理学更具本质性，但也不那么有用。在有缺陷的加农炮弹的例子中，还原论是按功能对较高层面的被描述物进行定义（在这个例子中是按预定的弹道轨迹飞行，击中并摧毁目标）。能否对复杂物体进行成功描述，取决于能不能找出与它们的特定用途最相关的信息，并忽略其他一切东西。相比之下，更本质层面描述的现象就更不会丢弃任何信息。

因此一个被描述的"现实真相"（或简单说"真相"）越偏于本质性，它丢弃的信息就越少。按照卡罗尔所写，我们是否会合乎情理地忽略掉一些信息，这取决于"我们在当下要达到的目的"，是它"决定了最佳谈论方式"。那么，越带本质性的真相也就同时越不受一个实际目标或观察视角的影响，越独立于观察者。反过来说，典型的情况就是，越是层面高的被描述物就越是建立在与底层关系不大的概念上，越依赖于信息处理，而不是它实际构成部件的特性，因而从这个意义上来讲也就更加理想化了。

把无知量化

物理学家们甚至还为他们所忽略的信息量发展出一种衡量尺度，是一种叫做"熵"的量。熵经常被误解为混乱程度的量化指标。这有个原因：如果说一个没打碎的杯子是处于低熵状态，那么杯子从桌子上掉下去形成的杯子碎片就极佳地说明了什么是高熵状态；然而，熵的正确定义是一个"宏观状态"对应着多少数量的"微观状态"。那么这又是什么意思呢？简单来说，"微观状态"是完全摸透且有确切指标的状态。不是这样的状态就是宏观状态。

以一辆汽车为例：一辆汽车要么完好无损，要么坏了。虽然汽车完好无损的状态只有一种可能（所有的部件都在它们该在的位置上），但一辆汽车的破损就可以有许多方式：少了一个车轮，前风挡玻璃碎了，底盘撞烂了，这个清单可以一直这么写下去……在这个例子中，宏观状态"完好"的熵值就小，而宏观状态"破损"的熵值就大。这也解释了它与混乱的关系：在一间整齐的房间里，我们知道每一件东西都在哪（低熵值），也就是属于它的那个准确位置，可是在一间混乱的房间里，我们不知道东西都在什么地方，我们只知道它们不在属于它们的位置上。所以，混乱的房间熵值就高，因为缺失了各样东西的位置信息。

为了说明这一点，我们可以把一种显现理论的原型例子拿来一用：热力学化身成的统计力学。在热力学中，诸如气体或液体这些状态是用温度、压力或容积这类参数来描述的。尽管这些量词普通常见，但它们不具本质性，因为不与构成部件的原子数或分子数的特定配置（也就是微观状态）相对应。相反，它们代表的是微观状态的一个统计平均值，那个宏观状态。举例来说，气体的温度可以与其构成部件的原子的平均能量相关联。

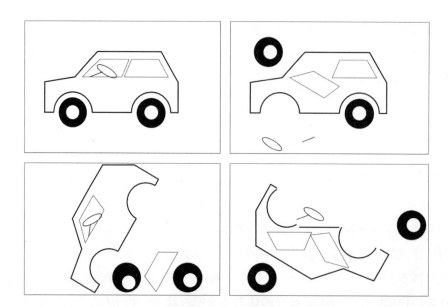

汽车的破损状态多种多样，但汽车完好只有一种可能的状态。于是宏观状态"破损"就对应着很多微观状态，也就意味着熵值大，而宏观状态"完好"则只对应着唯一一种微观状态，熵值消失中。

熵的概念描述的是，多少个具体的微观状态相当于某一特定的宏观状态[1]。如果我们把一罐水加热到93.3℃，它的熵值告诉我们，对应着那些水分子存在着多少不同的配置，在这些配置中它们有准确标定的能量，相当于同样的93.3℃的平均值。这样，熵值可以被理解为所需的缺失信息，用它可以从某个特定宏观状态中找出确切的微观状态。现在记住要描述一种真相的本质性，我们的定义是没有信息被丢弃。这样，有了熵的概念，就让我们找到了相比传统还原论中那个滥用的构成部件概念来说更具普遍性的一个关于本质性的概念。微观状态具有本质性，宏观状态不具有本质性。

因此之故，宇宙的本质性状态为零熵值。回到量子力学，众所周知，当我们从纠缠着的量子系统中认出一个部件时，所谓的"冯·诺伊曼熵"的值就增加了，这是因为丢失了信息，这对应着的是此时该部件与其环境之间的连接环节被忽略掉了。认出部件意味着丢弃把宇宙统合成一个整体的那些相关信息，而丢弃信息则意味着我们采取了一个粗颗粒的视角，而不是一个本质性的视角。由于这个缘故，宇宙的本质性状态不能是一个构成部件，它必须是那个完全纠缠着的系

---

[1] 更具体地说，与一个特定宏观状态相对应的微观状态数量的标准化对数就被定义为熵。

统，包括一切事物——观察者、被测量的系统以及环境，也被称为量子宇宙本身。正是这个概念，这个认为科学的基础应该建立在最具本质性的描述之上的概念，意味着一元论对物理学的相关关系。它还意味着，以高能量或以找出越来越小的构成部件这种传统方法去寻找大自然的根基是被误导了的。

这一缺陷甚至在弦理论中也正在变得明显，弦理论是以微小构成部件来解释宇宙的一种最激进的方式。正如弦理论先驱莱昂纳德·萨斯坎德所指出的那样，在"弦理论中……没人知道……基础的'建造部件'是什么"[①]。研究的理论不同，具体得出的解也不同。有时候那个一个维度的，顾名思义的弦看起来具有本质性，而在另一些时候，被称为"膜"的具有更高维度的物体看起来更具有本质性。萨斯坎德把"那个景观"，也就是有可能给这个理论找到解决方案的那个领域形容为"一个梦境，在它里面，当我们四处移动的时候，积木和房子渐渐交换它们的角色。一切事物都是本质性的，又没有一样东西是本质性的……答案取决于在这个景观中我们一时对它产生了兴趣的那个区域"[②]。

当我们回顾起导致我们开展粒子物理或弦理论研究的起因时，这一发现就成了高度恼人的问题。粒子物理学是个几十亿美元的大工程，又几乎没有什么实用效益。除非它能给科学基础拿出个定义来，或者至少对这项探索有所贡献才能说得过去。如果这些基础靠不住，那么把资金和智力投入到这些领域的说辞也就靠不住。但是，弦理论学家没能从弦理论中找出本质性的构件这一事实，并不意味着我们必须整个放弃本质性这个概念。它只意味着，通过聚焦于越来越小的尺度和越来越高的能量，我们就不再看到整体的形象了；通过把世界拆分开来的方法，我们丢弃了把宇宙归拢在一起的那些环节。

事实上，粒子或弦都是量子，所以我们对量子物理学是怎样理解的，就直接决定了我们如何理解粒子和弦。如果粒子物理学或弦理论声称找出了物理学的基础，那它们就不可以依赖于否定量子是现实一部分的哥本哈根诠释。很明显，如果量子物理学不只是用来给经典物理学物体做预测的一个配方，那么这对于粒子物理学和弦理论也同样成立。这种思路无法使物理学作为一个学科整体安全落地，落到一个坚实的基础上，毫无希望，更不要提整个科学了。如果另一方面，量子力学被当作关于大自然的一个理论认真看待，那么量子纠缠现象就意味着子

① Susskind 2006，p. 378.

② Susskind 2006，p. 379.

系统不可能具有本质性；具有本质性的，是那个纠缠中的量子宇宙。

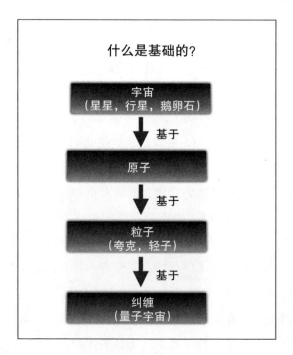

本质性的层级：充斥宇宙的缤纷万物是由原子构成的，原子又是由更具本质性
的粒子构成的。粒子本身则是从最具本质性的量子宇宙中抽象出来的。

粒子物理和弦理论如果要哪怕稍许有一点用处，就必须被重新诠释，才能在量子力学的这层简单意义中讲得通。粒子和弦两者都必须立足于一个更具本质性的层面，就是那个量子宇宙。应该承认的是，这样一个重新诠释不会是个轻松容易的任务。将有必要详细研究粒子与弦是如何与整个宇宙的量子形态相关联的，又是怎样显现出来的。但这么做是必要的，这样才能让粒子物理学和弦理论去做它们擅长的事情，也就是去给物理学的基础下定义，这也许能帮助解决粒子物理学和粒子宇宙学今天所面临的那些问题和解释不通的现象。

"自然形成的自然"和量子宇宙

那么，科学有了一元论作为基础后，对于基础物理学今天面临的挑战又能有什么帮助呢？正如我将要论证的，那些导致今天的粒子物理学和宇宙学都快要难以为继的疑难巧合现象，如果以专注于整体而不是局部的视角来考量，可能就迎刃而解了。

对于人们经常辩论的对称性和数学美这两个概念，我们先来揭开它们那被人遗忘了的起源。正如历史已经一而再地告诉过我们，是对统一性和数学美的执着追求铸就了现代物理学，这是一元论哲学的一份遗产。统一性的胜利征程没有止步于牛顿和麦克斯韦。19世纪认识到电、磁和光学都是电磁现象的不同表现之后，在20世纪，电磁学与新发现的造成核β衰变的弱力统一起来。负责把夸克限定在中子和质子中，并把中子和质子保持在原子核内部的是强力，而对强力进行描述的，是描述量子版电动力学的那个理论的通用版。最后，最早在1970年代发展起来，但迄今还没有在实验中得到确认的大统一理论，在努力将夸克和轻子，也就是大自然的各种构建块当作唯一一种粒子的各种不同状态来描述；并将除引力外的各种已知力当作唯一一种力的不同方面来描述。这项工作里的中心元素是对称性，而对称性，通常当科学家们热衷于物理规律的美的时候就会显发出来。根据艾米·诺特，也就是格蕾特·赫尔曼在哥廷根时的天才导师的说法，无论何时当一个理论遵循某种对称性的时候，意思是说，无论何时当一个理论中的各种因素调换位置或轮替变换，不管是在正常空间还是在抽象的数学空间，而它的物理规律仍然保持不变的时候，这就意味着存在着守恒量。比如动量就是守恒的，因为同样的物理学规律适用于空间里的不同位置，也就是说在空间转换下它是对称的。有一个直观的例子，就是一个物体以恒速沿一个平坦的平面移动，你可以把它改变朝向，但任何方向而没有什么不同。然而让一个物体在一个带坡度、坑洼或减速路障的平面上加速或减速，换了位置的话就不一样了，其结果就是再也不能保持动量守恒。与此类似的是，比如能量就是守恒的，因为同样的物理规律在不同时间也成立，也就是说在改变了时间的情况下它是对称的。1932年，海森堡把这些在空间和时间方面的转换推而广之到希尔伯特空间里不同类别粒子间的来回变换。由于意识到，质子和中子的行为几乎可以互换——如果忽视掉它们的电荷不同的话，于是他把这两种类型的粒子看作是同一个物体的不同状态。这一逻辑在大统一理论中被运用到了极限，根据它，把所有（或大部分）已知类型的粒子都互相掉换了，其物理规律仍保持不变。以类似的思路，1980年代在粒子物理学家们当中变得流行的超对称性，其目标是要统一各种力和物质；而弦理论则试图用"万物理论"统一一切已知的力，包括引力。如果我们怀疑这种方式为什么有道理，并奇怪它过去为什么一直那么成功，这也许是因为我们忘了这么一个科研范式原本是从哪里来的。

　　重要的是要意识到，现代物理学对统一性的追求只是在半心半意地应和着一元论：对于那个深藏心底的谜团，为什么宇宙的所有地方和整个历史似乎都是由同一套物理法则主宰着，通常得到的解释是，宇宙中的一切事物都是由同一套粒子构成的，那就是夸克和轻子。这个从字面意义上来看，以及用批判的眼光来审视，根本就不是一个解释。毕竟根本没有东西可以解释，为什么各种粒子本身在宇宙中的不同位置和时间上都是同一种表现。量子场理论把这些粒子不是看作单个物体，而是看作弥漫于宇宙中的量子场的激发。这既是一个更好的解释，也是朝一元论方向迈出的一大步，因为它所包含的意思是，粒子不是一个个互相独立的个体，而全部都是一个统一场的一部分。事实上，同一个夸克或轻子的不同副本都是根本没法区分的。现代粒子物理学中广泛流行的概念，例如大一统理论和超对称性理论，还更向前迈了一步，它们猜测在自然界遇到的不同种类的量子场实际上只是唯一一个量子场的不同状态而已。但它与柏拉图的"太一"仍然有所不同，这个统一场被认为是在空间和时间中演变着的。只是在相当晚近的时候才发现，迄今为止，量子纠缠在量子场理论中的重要性还没被充分认识到，而这对我们理解空间和时间究竟是什么将会造成意义深远的影响。

　　对于我来说，把大一统和数学美这些不是以实验研究为依据的指导原则之所以能成功，看成可能是因为它们植根于量子力学的一元论意味中，似乎不无道理。这把我们带回到那个突出的两难谜题，一方面是一个可理解的独特宇宙，另一方面是急不可耐地提出多元宇宙和丑宇宙这种替代解释。丑宇宙，没错，自然界可以是复杂的，混乱的和不可理解的——不过那是从经典物理学的角度来看。但自然界不是。自然界是量子力学的。经典物理学是我们日常生活的科学，在这里物体是分开的、单个的事物，但量子力学则不同。比如说，你汽车的车况与你妻子裙子的颜色没有关系。但是在量子力学中，有过一次因果接触的事物就保持着互相关联，因为量子纠缠。这种互相关联构成结构，而结构就是美。于是，物理学意义上的美可以让我们体验从青蛙的视角，朝那个隐态而独特的"太一"窥视过去的一瞥。

　　但是多元宇宙怎么办？难道我们相中了量子力学，赞同了有许多埃弗莱特分支的多元宇宙，以此来证实物理学之美——就把宇宙的独一无二的特性牺牲掉了吗？正像我们已经在第3章中指出的那样，不是这样的情况。认真接受量子力学的观念就意味着，多元宇宙的内在本质只是一个独一无二的、单个的量子现实，这是已经由埃弗莱特和蔡赫说明了的。这么一来有意思的是，这一结论也适用于其他多元宇宙概念，例如，"弦理论景观"中不同"山谷"中的不同物理法则，或在永恒的宇宙膨胀中冒出的其他"婴儿宇宙"。不论你有什么样的多元宇宙，只要你采用了量子一元论，那它们就都只是一个囫囵整体的一部分。由于这个缘故，构成多元宇宙的许许多多宇宙，其"现实真相"永远是在一个更具本质性的层面上，那个层面是仅此一个、独一无二的。

正像我们在前面已经看到过的，一元论和埃弗莱特的多世界都是把量子力学认真看待后做出的推测。这些观点之间的区别仅在于视角。在局地观察者，即那青蛙视角看来像"很多世界"的东西，在鸟类的全球性视角（例如有什么人能从外面朝整个宇宙看过去）看来就只是单个的、独一无二的宇宙。这一见解在最近对多元宇宙的重新思考中反映出来。2010年，安东尼·阿奎尔（Anthony Aguirre）和迈克斯·泰格马克写了一篇文章，对无限宇宙中的量子力学进行了探索。他们总结道，在一个无限的宇宙中，一切潜在可能的事物反正都会实现的，因此就"自然而然地为从统计学角度解释量子力学现象做好了铺垫"，它是从量子力学的概率中自动跳出来的，所以这不只是拿出了一个把"埃弗莱特诠释的多世界"统一"……进'太一'"里的"从宇宙学角度诠释的量子理论"[1]。一年以后，野村泰纪（Yasunori Nomura），以及独立于他的拉斐尔·布索（Raphael Bousso）与莱昂纳德·萨斯坎德两人分别进一步发展了这些思想：野村写道"永恒膨胀的多元宇宙和量子力学中的多世界是一回事"[2]，而布索和萨斯坎德则说"量子力学的多世界和多元宇宙的多世界是一回事"[3]。在量子力学背景下，多元宇宙的各种概念很容易就被具有统合性的"太一"整合进去。

如果从理论来看，宇宙的本质就是宇宙本身，也就是人们所说的"太一"，那就意味着必须把科学建立在量子宇宙学这个基础之上。物理学应该从宇宙的量子力学态向量着手，而且应该从这一具有本质性的理论描述中，通过量子退相干把空间、时间和粒子物理的标准模型推导出来。当我把这一方式向艾里希·朱斯提出的时候，这位量子退相干先驱兼 H. 迪特尔·蔡赫从前的学生，他不太情愿地

---

[1] Aguirre & Tegmark 2011.

[2] Nomura 2011.

[3] Bousso & Susskind 2012.

同意了，"是的，原则上就是要这么做的。唯一的问题是，还必须把什么其他东西放进去。标准模型可以被'推导'的这个说法，依我看应该属于极端乐观了"①。在这种大背景下，极为有意思的是量子引力领域前沿研究人员们已经开始仔细审视对称性的深层意义和基础性作用，这通常被认为是粒子物理学的核心支柱。爱德华·威滕（Edward Witten）是一位领先的弦理论家而且经常被认为是世界上最伟大的理论物理学家，他发现"在粒子物理学的现代理解中，全局对称性（像动量、能量或电荷这类守恒量的原因）是近似性的，而规范对称性（各种力背后的原理）可能是显现出来的"②。

但是规范对称性又能从哪里显现呢？卡洛·罗威利倡导一种研究弦理论的替代方式，叫"圈量子引力论"，他也是一位著名的畅销书作家，论证说规范对称性构成"把各种系统耦合起来的把手"，而且它们反映出"物理数量的关联结构"③。事实上，规范对称性把各种力的存在与在不同的空间-时间区块中以不同方式自由地重新定义物理学联系起来，从而揭示出时空连贯性。在罗威利和其他人成果的基础上，恩里克·戈麦斯（Henrique Gomes），剑桥大学的一位理论物理学家和哲学家，认为"整体论就是实证意义上的对称性"④。这些思路想法有可能最终成为把基础性对称规律与一元论量子宇宙连接起来的初次尝试，并最终把这些规律从那里推导出来。与此同时，越来越多的物理学家开始以具有本质性的量子视角为出发点来探索物理学：迈克斯·泰格马克发起了一个叫"拾零物理学"⑤的项目，俄裔以色列量子物理学家列夫·威德曼（Lev Vaidman）提出了"一切都是心理（All is Psi）"⑥，还有阿什米特·辛格（Ashmeet Singh）和肖恩·卡罗尔提出的"疯狗埃弗莱特主义"⑦。H.迪特尔·蔡赫本人，在一份写于2018年4月13日，也就是在他不测逝世之前仅两天的电子邮件中确认，"（他）

---

① Erich Joos, E-Mail to the author, February 16, 2020. Frage: Sollte nicht statt dessen die fundamentale Physik mit der Wellenfunktion des Universum beginnen und dann durch Dekohärenz Raum, Zeit und das Standardmodell der Teilchenphysik ableiten? Erich Joos: "Ja, das ist eigentlich das Programm.Die Frage ist nur, was man noch 'reinpacken' muss. Dass man allerdings das Standardmodell 'ableiten' kann, finde ich extrem optimistisch."

② Witten 2018.

③ Rovelli 2014.

④ Gomes 2021.

⑤ Tegmark 2015.

⑥ Vaidman 2016.

⑦ Carroll & Singh 2018.

全心全意赞赏"这样一种由我本人提倡的研究思路，并且认为这一思路"确实提出了一些全新的哲学理念"①。

到最后，以一元论为基础的方式也能解决粒子物理学和宇宙学中遇到的微调问题吗？我相信这是有可能的。不要忘了在物理学中，一元论把自己展现为量子纠缠。量子纠缠，就是在量子物理学中整体大于它的各个部分的原因。正像在玻姆版本的EPR悖论中的个体自旋，它们永远指向相反的方向，因为它们是一个共同的、纠缠着的、无自旋状态中的一部分。量子纠缠所造成的关联关系，如果不从整体的角度来理解其中各个关联着的子系统的话，也看起来像个奇迹，不可能到可笑程度。如果人只看着这些构成部件，而对完整的量子纠缠状态一无所知，就可能对这一反相关感到困惑，跟粒子物理学家对于构成希格斯质量的各种贡献之间精准调节般的互相抵消感到困惑一样。

从这一观点来看，诸如微调过的希格斯质量或宇宙中的暗能量这类巧合不应该使我们惊讶，它们应该是预料之中的。例如宇宙微波背景的均匀性和微小的温度波动，事实上正好就支持了这一观点，它表明我们可观察到的宇宙可以被回溯到一个单一的量子状态，它通常被等同于量子场，是它为原初的膨胀提供了动力。以此为依据，不妨猜测量子纠缠有可能从哪些角度帮助我们去理解，比如说，希格斯质量中那难以置信的微小数值。我们最初遭遇到的量子纠缠，它是出现在由很多粒子构成的量子系统中的一个现象。但是与玻姆的自旋着的构成部件不同，在希格斯玻色子这里我们面对的是单独一个粒子。在这种情况下量子纠缠能起任何作用吗？对于单独一个粒子来说，有量子纠缠这么一说吗？

事实上是有的，就像2005年多位量子信息科学研究人员以一个光束分束器为例所指出的那样，这些人当中有斯蒂芬·J. 范·恩克（Steven J. van Enk）和弗拉特寇·维德拉尔（Vlatko Vedral）。光束分束器是种技术装置，把打进来的光线分成两个组成部分，然后把它们向不同的方向打出去。如果一个光束只包含单独一个光子，这个光子就被派发至两个不同的位置，这种场景形态通常被称为"量子叠加"。但是正如范·恩克、维德拉尔和其他人指出的，这种场景形态从数学来讲就相当于量子纠缠（它可以被理解为一个"复合"状态的叠加，这个复合状态是由"粒子此"和"非彼"以及"粒子彼"和"非此"这些场景形态构成的）。

---

① H. Dieter Zeh，E-Mail to the author，April 13，2018. "Ihr Artikel geniesst meine volle Sympathie.Er enthält sicher einige ganz neue Gesichtspunkte philosophischer Art –auch zu meiner Interpretation."

不仅如此，这一状态还可以被用来像原来的样本一样准备多粒子系统的纠缠。维德拉尔和他的合著者总结说，"一个粒子的量子纠缠跟两个粒子的量子纠缠一样管用"①。在多粒子系统的量子纠缠中，对构成部件层面那种完全令人意想不到的关系，能做出解释的是整体状态的对称性或者反对称性（它的特性是具有确定的总自旋）。如果貌似经过微调的，向希格斯质量做贡献的真空波动可以被理解为处于量子纠缠中，那么有没有可能有什么类似的东西在起作用？有没有可能存在着一种隐态的对称性，只有当希格斯质量的全部贡献都被相加之后才会显现出它自己，而不是在单个贡献中显现？

2021年4月新冠疫情期间，作为年轻一代粒子理论学家中的大师级头脑之一的尼马·阿尔坎尼-哈米德在作一次线上讲座，恰恰就是在对这些隐态对称性进行思考，以便对那经过微调的希格斯质量作出解释。我看着屏幕上的他问道，在这种情况下量子纠缠有没有可能起到关键作用。"你说的这些字眼，听着好像有可能变得很有意思，但是我想，困难在于量子纠缠是量子力学中一个太过于宽泛的特性了，而且存在着很多其他的场景形态……在其中量子纠缠扮演的（无处不在的）角色好像也都是完全一样的分量……，但是在这些方面用自然规律就能完美解释了"。阿尔坎尼-哈米德回答道，还加上一句："我想如果这些想法能有关系的话，他们应该对希格斯……场景形态加以特别利用——可能尤其要包括引力——但是那样的话就超越了'仅只'谈论量子纠缠了。"②

虽然对我的问题到现在还没有最终答案，但是越来越多的物理学家们现在开始探索一种可能，我们观察到的那种小希格斯质量是由高能量和低能量物理学以某种出人意料的方式相互协作而产生出来的。形容此类理论的一个口头语叫"紫外/红外混合（UV/IR mixing）"。用娜塔莉·沃尔乔弗（Natalie Wolchover）的话来说，这些理论实质上是"在重新审视一个早已有之的看法：大的东西是由小的东西构成的"③。

事实上，希格斯质量如此微小这个问题，经常以一种更加技术性的方式被人讨论，这个问题就是，低能量物理学或大尺度物体应该脱离开高能量物理学或小尺度构成部件的那些细节。正如克利夫·波杰斯（Cliff Burgess），加拿大安大略

---

① Terra Cunha, Dunningham & Vedral 2006.
② Nima Arkani-Hamed，2021年5月24日致本书作者的电子邮件。
③ Wolchover 2022.

省圆周理论物理研究所的一名粒子理论学家描述的那样："我们可以就事论事地理解它们当中的每一样，不需要一下子理解所有尺度。这是可能的，因为大自然有这么一个基本事实：小距离物理学的大多数细节在描述较长距离现象的时候是用不上的。"① 这一看法也就意味着，给希格斯质量做贡献的高能量量子涨落的精确细节到了上一定的节点上会变为不相干，也就是说它们可以被忽略掉。但是真的可以吗？

一个量子场可以被想象为一个量子力学弹簧的阵列，跟一张弹簧床垫差不多。这些弹簧振荡的强度大小取决于它们储存着多少能量。原则上人们现在应该料想，正像不同位置上的粒子可以处于纠缠中，那么场或床垫状态有不同的能量级别，对应着或高或低的能量振荡模式，应该也是处于量子纠缠中。顺着这一逻辑，人们可能要好奇，高能量场模式与低能量场模式之间的量子纠缠有没有可能在高能量和低能量之间，或小物体和大物体之间融合到一种分不开的状态，成为量子场理论。就像最近论述过的"重整化"，一种把在计算有限可观察数量时涌现出来的无穷大现象摆脱掉的技术，也许足以把这个问题也解决掉，并且以连贯一致的方式解开高能量和低能量模式之间的量子纠缠②。重整化是一种把无穷大问题掩盖起来的技巧，就是假定它们都包含在一路测量下来的有限数值中，而且这一做法效果奇佳。但是还不清楚，当能量大到使引力都变成了需要考虑的因素时，这类论据是不是仍然保持有效。也许到了这个时候，关于如何处置具有不同能量档次的量子场，其整个思路都需要重新考虑了。举例来说，阿尔坎尼–哈米德喜欢在他的讲座中强调，到了某个点的时候，高能量会不再能探测更小的距离。其原因是，所牵涉的能量变得大到足以使粒子坍塌成一个黑洞，黑洞的大小会随着能量增长而增长。因此从这一点开始，小一点的距离，即使用更高的能量也无法接触到了，它们藏在了黑洞里边，因此，用更高能量去找出更小距离的传统智慧需要重新考虑了。

***

到最后，通过论证物理学的基础不应该建立在粒子或弦的基础之上，而应该建立在一元论的整体上，也就是建立在整个的量子宇宙上，并且通过猜测这种做

---

① Burgess 2021, p. xix.
② See for example Balasubramanian, McDermott & Van Raamsdonk 2012 and Bingzheng & Akhoury, 2020.

法如何才能既解决粒子物理学家们在他们那建立在构成部件基础上的理论中碰到的明显不自然而且还带来麻烦的巧合现象，又能解释这些理论以数学美和对称性为基础迄今取得的成功，我们就来到了量子引力问题面前。事实上，以什么方法可以使牛顿的引力与量子力学调和起来，这是个据守在本质性物理学正中心的大黑匣子，这个问题到头来是个甚至比暗能量、希格斯质量或其他微调问题还要麻烦的问题。通过对量子纠缠和引力之间的关系进行探查，我们来到了量子引力研究的前沿。它就是阿尔坎尼-哈米德所称的"21世纪的中央大戏"[①]。而且它会真正非同凡响地影响到我们对空间和时间的理解。

---

① Nima Arkani-Hamed，2012 年 10 月 26 日，在普林斯顿 IAS 讲话：绕不过去的物理法则。

7 超越时空的"太一"

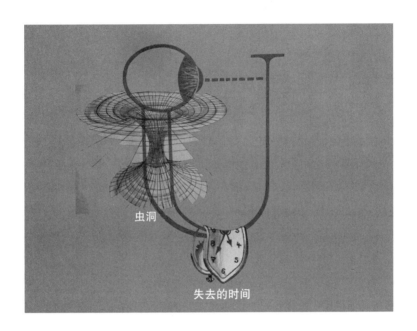

虫洞

失去的时间

虫洞和失去的时间

量子纠缠亮出了大自然的一元论底色，向我们昭示出一个广阔而全新的探索领域。它为科学定义了一个新基础，把我们对万物理论的求索给上下翻转过来——万物理论要建立在量子宇宙的基础上，而不是在粒子物理或弦理论的基础上。但是对于物理学家们来说，采用这种思路搞研究的现实性如何？他们实际上已经在这样做了。

处在量子引力前沿的研究人员已经开始把时空现象作为量子纠缠的一个后果来重新思考。越来越多的科学家已经转而把"宇宙是不可分割的"当作他们研究的工作基本出发点。沿着这条道路前进，他们大有希望最终认识并把握到深藏在空间和时间现象根基处的究竟是什么。

说说蚂蚁和上帝

引力的问题在于它与众不同。爱因斯坦最重要的遗产是揭示出引力是一种与任何其他力都不一样的力，它是与空间和时间的内在机制紧密联系在一起的。他在狭义相对论中就已经提出了相关论点，实际相当于最终完全否定了经典物理学的空间和时间概念；经典概念把空间和时间看作一个固定的背景，各种物理现象就在它上面上演。赫尔曼·闵可夫斯基（Hermann Minkowski），伟大的数学家和爱因斯坦的老师，以与柏拉图的洞穴之喻明显相似的表述，把他学生的理论总结成这样："从此以后，单就空间本身而言，以及单就时间本身而言，都注定了要淡化到仅仅留下影子，只有这两者的某种合一体保留着独立的现实性。"[1]确实，爱因斯坦那时已经发现，两个观察者以不同的速度移动的话，对于两个事件之间的距离或时间跨度的感觉是不一致的，甚至在有些情况下对于哪个事件先发生的感觉也是不一致的。单独的时间和单独的空间都是可以收缩或拉伸的。只有时空距离，也就是从时间跨度中减去距离的平方所得出的那个差，仍然保持独立于观察者之外。

就是相对论的这一定义性特征促使物理学家们和哲学家们把宇宙想象成一个四维的"块状"宇宙。这么一来，时间可以被理解为第四维度，只是与我们能在空间里向前和向后移动有一个重要的区别，那就是在时间中我们必须永远向前。根据这一观点，就不是随着时间流逝主体和客体在空间中移动，而是主体和客体在空间以及时间中同时移动。"毫无疑问，相对论……把时间作为一个空间概念设置了进来：时间和空间看起来是单一一个四维现实的不同方面"[2]，牛津哲学家西蒙·桑德斯（Simon Saunders）确认道。这么一来，空间和时间于是就可以一起描述了——跟漫画中的画面顺序相似，读者可以同时对主角生平中的各种事件一目了然。从里面感受到的是有时间概念的东西（对于漫画角色来说），从一个假想的外部视角来看（例如读者的视角），则可以理解为一条穿过空间和时间的不变的路径，参见下图。

---

① Pais 1982, p. 152.

② Saunders 2000.

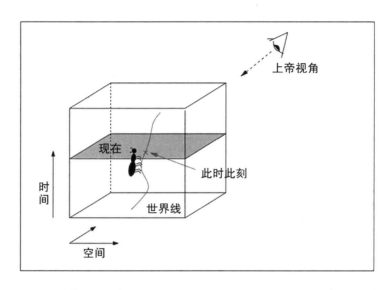

一只蚂蚁沿着它的生命线移动的时候体验到时间流逝，从外部的"上帝视角"看向时空，则蚂蚁的整个生命一览无余。

自然界是有时间的还是没有时间的争论并不是个新话题——它的源头在古代。公元前520年左右，巴门尼德和赫拉克利特正是针对这个主题发展出了两相较量的世界观。当赫拉克利特论证说"没有人能两次踏进同一条河"的时候，他的同时代人巴门尼德则断定"变化是一种幻觉"。尽管这些世界观看起来互相对立，但是这两位哲学家也一致同意，宇宙是个包罗万物的统一体，而在最根本性的层面上，"一切即一"。

因此赫拉克利特和巴门尼德的世界观可以被认为是基于互补性的视角，而非互相矛盾的本体论。诺贝尔物理学奖获得者弗朗克·维尔切克把这些不同的视角形容为"上帝之眼"（从外面望向整个时空的视角）与"蚂蚁之眼"（在时空中顺着特定路径得到的个体体验）。维尔切克解释道，"自然哲学中反复出现的一个话题就是这两者之间的角逐，以'上帝之眼'来看现实世界，就把它理解为一个囫囵整体；用人类意识的'蚂蚁之眼'，则感知到的是时间中的一连串事件"，而且他还发现"从艾萨克·牛顿那时候开始，'蚂蚁之眼'就主导着基础物理学。我们把对世界的描述分割为动力定律（而且费解的是，它存在于时间之外），以及能使那些定律起作用的初始条件……"维尔切克相信，现在是把那个观点更改一下的时候了："从实用性的角度来说，那种分割还是极其有用和成功的，但是它远远不足以让我们对我们所知道的这个世界作出完整的科学解释。"2016年当他对物理学的未来做预测的时候，维尔切克写道："依我看，把看待物理性现实世界的眼光从'蚂蚁之眼'上升到'上帝之眼'将是今后100年里对基础物理学最深刻的挑战。"①几个月前在布朗大学就同一个话题进行谈话的时候，维尔切克把"上帝之眼"与巴门尼德和柏拉图的没有时间概念的哲学相联系，把"蚂蚁之眼"与赫拉克利特相联系。②而且他援引了薛定谔的朋友赫尔曼·外尔在形容这一观念的意义时说："客观世界就那么单纯存在着，它不是产生出来的。只是当我的意识沿着我身体的生命线蜿蜒前行望向它的时候，这个世界中的一段才'活过来'，成为空间中一个瞬息万变的形象，在时间中持续变化着。"③

维尔切克的蚂蚁和上帝的视角让人想起他在麻省理工学院的同事泰格马克的青蛙视角和鸟类视角，那是把一个局地量子观察者的准经典体验与一个假想出来从外面望向整个量子宇宙的观察者做对比。从鸟的视角来看，不存在引发量子退相干的环境，所以可以料想所体验到的宇宙会是单独一个量子物体。人们不禁要把蚂蚁与青蛙的视角，以及鸟和上帝的视角，分别联系起来。但是空间和时间是如何与量子力学关联起来的？这个谜团至今还没有完全解决，但是对于多数物理学家来说很明确，它是与一项极具挑战性的任务联系在一起的，那就是要把爱因斯坦那个关于空间、时间和引力的理论，也就是广义相对论，搞出一个量子版来。

不巧的是，闵可夫斯基没能一直活下来见证爱因斯坦接下来的一击，这个理论完全放弃了把空间和时间作为一个僵化的舞台，而把它本身变成了演员。爱因斯坦意识到，引力不是一种传统意义上的力：对于一个自由下落的观察者来说，不会有引力效应，他会感觉没有重量（当然直至他撞到地面）；而一个处于向上加速容器中的观察者则体验到向地面的拉力，感觉恰像引力。爱因斯坦发现，引力，不是别的，只是一种伪力，就像离心力，当观察者要转弯的时候它似乎在把观察者往外推，但实际基本上不是别的，只是由那个观察者的惯性造成的，惯性倾向于把他保持在径直向前的轨迹上。但是回过头来说，如果引力不是一种自成一体的力，又是什么在使月亮围绕地球转，地球围绕太阳转？根据爱因斯坦，质量和能量会弯转空间和时间，由此导致时空变弯曲，本来在平坦空间中月亮应该

---

① Wilczek 2016.

② Wilczek 2015b.

③ Wilczek 2015b.

走的是一条直线轨迹，但在地球周围被折弯了的几何区域中看起来像是在走着一个圆圈。由于这个缘故，空间和时间现在就可以弯曲、弯转和振荡，像鼓面的蒙皮。"空间－时间告诉物质怎么移动；质量告诉空间－时间怎么弯曲"，约翰·惠勒以其特有风格概括了爱因斯坦那抽象而复杂的理论。惠勒巧妙地总结出，时空和物质不是相互独立存在的：这句口诀的第一部分道出了爱因斯坦的方程，它是广义相对论的中心支柱，第二部分描述的是质量和能量是如何折弯时空，并决定了它的几何形象。

但是爱因斯坦关于引力可以归结为空间和时间的弯曲这一观点，里面还存在着一个问题。对这层关系还没有找到量子力学式的恰当描述。我们知道这不可能是故事的全部，因为根据爱因斯坦，把空间和时间弯转的是恒星和行星的质量和能量。这些物体从终极意义上来讲本身是由粒子和场构成的，或者更准确地说，是由量子场和它们那像粒子一样的激发状态构成的。所以爱因斯坦那些方程把量子力学的质量和能量作为一边，经典几何学的空间和时间作为另一边关联起来，是个有用的近似方法，但不可能完全正确，除非时空几何学也是量子化的。需要有一个关于引力、空间和时间的量子理论，而且这大概是个比任何其他事情都更让惠勒费心思的问题。"甚至就在1953年春天我边教边第一次学习广义相对论的时候，"他在自传中回忆道，"我就在思考它与量子理论的连接关系。"[1]

宇宙的波函数

1965年，当约翰·惠勒要在罗利·德罕机场转机的时候，他给在附近北卡罗来纳大学工作的布莱斯·德威特打电话，并要求在那儿见他。[2] 德威特是1957年"论引力在物理学中的角色"大会的组织者之一，在那次会议上埃弗莱特的多世界诠释第一次受到公开讨论。德威特后来成为了埃弗莱特最有力的拥护者，他也跟惠勒一样对量子引力着魔。在与惠勒一起等待要转机的航班时，德威特提议就用薛定谔早在1925年对待氢原子的方式对待引力。惠勒急切想要发展起"量子引力动力学"（或者，今天更通常的叫法是"几何动力学"）理论，好与他那出名学生费曼的量子电动力学相比肩，所以充满激情地鼓励德威特做这件事。德威特

---

① Wheeler & Ford 1998，p. 246.
② See Baggott 2011，pp. 368-369.

照做了，他不多久之后在普林斯顿高等研究院度过了一些时间，与惠勒在普林斯顿大学比邻，这样他有了更多机会把他的想法和进展与惠勒进行讨论。所得到的结果是为宇宙量子力学波函数制定的一个薛定谔式的方程，但有一个显著的区别：薛定谔方程确定的是比方说电子的波函数在时间中会怎样发展，但在德威特的版本中，也就是人们所知道的"惠勒-德威特方程"中，跟这一点相对应的则是零。似乎宇宙的波函数所描述的是一个永不变动或静态的、一个没有时间的宇宙，"在量子引力动力学中从来不会有任何东西发生"[1]。德威特总结道："量子理论永远不会产生出任何东西，只有一幅这个世界的静止画面。"[2]

时间消失的原因与电子轨道从一般人所知道的量子力学中消失的原因相似，海森堡的黑尔戈兰岛传奇就是因这种困扰而起。由于电子的波动性之故，它的位置和动量无法同时以任意精确度来确定。现在，引力，也就是时空曲率必须量子化，空间和时间本身必须被赋予波动性。在量子版的广义相对论中，正像惠勒十年前设想的那样，时空可能会消融成一种泡沫似的结构："不仅仅是粒子们无休止地冒出又消失，而且连时空本身也被搅动成一种扭曲几何的泡沫。"[3]这种情况会带来戏剧性的后果。惠勒预料"这种涨落会剧烈到连左和右都不复存在，没有前也没有后。普通意义上的长度概念会消失。普通意义上的时间概念会蒸发掉"[4]。为了能在这种状态下得到相当于位置和动量的某种东西，德威特把四维时空分解成一摞三维空间，就像一摞纸牌一样。于是，标准量子力学中所说的位置变成了空间的内部曲率（就像纸牌上的图画被扭歪），而动量则变成了第四维度中的外部曲率（就像纸牌被折弯）。时间就像一个计数器或刻度，用于标示这摞纸牌中可以有的连续空间。[5]现在记住在标准量子力学中，不再有电子轨迹来按顺序描述粒子的连续位置或事件了，而各个单独的位置或事件还在。跟这个一样，在德威特处理量子引力的方式中，他那一摞空间化为了各个单独的空间，而且时间消失了，因为它标志着连续空间的顺序（或把它们"参数化"了）。因此，"时空被搅和成了量子泡沫，空间和时间事实上失去了意义。当我们把量子理论和广义相对论这两个20世纪最伟大的理论调和起来的时候，我们不能不得出结

---

[1] Baggott 2011，p. 69.

[2] Baggott 2011，p. 369.

[3] Wheeler & Ford 1998，p. 149.

[4] Wheeler & Ford 1998，p. 248.

[5] See e. g. Misner，Thorne & Wheeler 1973，p. 1181.

论，时间是个次级概念，是个衍生出来的概念"①，惠勒解释道。

当玻尔发展出他对薛定谔波函数的诠释的时候，他采用了一个现成的、经典的测量装置。德威特很快就意识到，在他对引力进行量子化的努力中，这一策略是无法利用的："在这里……整个宇宙就是审看的对象；不存在经典意义上的观察点，因此，这个诠释问题必须从头开始重新论证。"②而这就将德威特带回到了埃弗莱特的诠释："埃弗莱特观点是个非常自然的观点……有可能埃弗莱特的观点不仅自然，而且切要。"③那个显而易见的问题依然还在：人如何才能理解得了一个没有时间概念的宇宙呢？而且为此目的，时间还能被重拾起来吗？

搜寻消失的时间

朱利安·巴伯（Julian Barbour）揭示出的关于时间的非真实性自带一个令人头痛的问题。那一年10月初的一个早晨，当他在巴伐利亚阿尔卑斯山的满天星斗下醒来时，他立刻就明白他没法到达山顶了："我仍然生动地记得猎户座和其他那些冬天星座的明亮群星在10月的黎明前高悬于空中。不管有没有那些群星，我都头痛得厉害，爬不了山了。"④在他的朋友儒尔根出发去爬山的时候，巴伯服用了两片阿司匹林又回到他的铺位去了。

等了他一个小时，也许是两个小时之后醒来的时候，他的思绪回到了保罗·狄拉克——这个人发展出了相对论版的量子力学——的一篇文章上，这篇文章是他一天前在火车上读到的。在这篇文章中，狄拉克在质疑爱因斯坦的时空概念从本质性上来说是否成立。"而这又引发了一个更为本质性的问题：时间是什么？在儒尔根回来之前，我被这个问题困住了——而且现在依然困在里面。"⑤巴伯回忆道。

巴伯一开始质疑的是费曼说的"时间是没有其他事情发生时所发生的事情"⑥这句话是否正确。巴伯深度思索下去，倒觉得时间也许是"除了变化没别

① Wheeler & Ford 1998，p. 350.
② Baggott 2011，p. 370.
③ Baggott 2011，p. 371.
④ Barbour 2011，p. 2.
⑤ Barbour 2011，p. 2.
⑥ Barbour 1999，Location 179.

的"①，这意味着"时间根本不存在，而且动态本身就是纯粹的幻象"②。时间在经典物理学中已经是多余的了，难道不是吗？描述动态的时候，就描述其与其他动态的关系难道不就足够了吗？比如一个物体所处的某个位置恰好对上钟表指针的一个特定位置？巴伯意识到，"我们确实是从动态中把时间抽象出来的"③。巴伯对这一时间的非真实性问题思索了35年，最终把他那些思想浓缩为一本畅销书。他把他那没有时间概念的宇宙恰到好处地称为"柏拉图尼亚"，而且还在其间提到了厄琉西斯秘仪。牛津哲学家西蒙·桑德斯评论道，"时间的终结"，"是像黄金般宝贵"，是"大师之作"④。然而他仍然困惑："那么看来时间并不存在……但是如果没有时间，那我们怎么解释它好像确实存在这个事实？……我真的不知道这到底有没有道理。"⑤ 惠勒–德威特方程为解决这一难题提供了钥匙。

起初，巴伯发展他的思想的时候没有去多想量子力学。就在1971年时巴伯还写了"我想不出对量子力学的应用"⑥。当他最终想出来的时候，他发现他的"德国物理学家朋友"⑦，H.迪特尔·蔡赫和蔡赫的学生克劳斯·基弗尔已经得出了非常相近的结论，虽然出发点是一个完全不同的方向。蔡赫和基弗尔所做的是，从没有时间概念的惠勒–德威特方程着手，然后试着找出一个参数，可以把它理解为一种"内在时间"，类似于钟表指针的各种状态那样。基弗尔意识到，"首先，也是最重要的，是有必要从惠勒–德威特方程中引申出标准的时间概念……作为一个近似概念"⑧。但是时间究竟是怎样重新获得的？

在第3章里我们知道了是退相干把经典物理学特性呈现出来，也是它使物质产生出来。以同样的方式，量子退相干现在又使时间产生出来。实际上，要达成这一目标，蔡赫可以再一次得益于他的惊讶，他的惊讶在之前很多年已经帮助他发现了量子退相干，当时他百思不得其解，一个不含时原子核怎么才能被近似成由含时构件组合而成的？当基弗尔和蔡赫对德威特的没有时间的宇宙采用了一种与此相类似的方式时，他们发现，在那个本质上没有时间概念的整体中，一旦当

① Barbour 1999，Location 179.

② Barbour 1999，Location 218.

③ Barbour 2009.

④ Saunders 2000.

⑤ Saunders 2000.

⑥ Barbour 1999，p. 70.

⑦ Barbour 1999，p. 264.

⑧ Kiefer 1994.

观察者只专注于其中仅仅一部分的时候，时间其实是可以显现出来的。当忽略掉不相关的微小密度波动或引力波时，量子退相干的过程会创造出一个近似的、显现出来的时间。他们发现，这时包括观察者在内的宇宙其余部分就表现为带着一个显现出来的时间参数，人们可称之为"时间幻象"。不仅如此，它还会不可避免地指向宇宙扩张的方向，而且假如因为某个原因宇宙扩张停止了的话，时间甚至也会停下来。从这个意义上来说"宇宙的时间是它自己定义出来的"①，尽管它是个显现出来的，非本质性的现象，是从一个特定视角体验到的。"这有多种意义，其中包括：量子引力在本质上是没有时间性的；半经典物理学上的时间是近似性的；以及熵值是与宇宙的大小关联着的。"②基弗尔解释道。他强调说，"认识到世界是没有时间的这一本质，对于通常概念中的时间，我们就既能看到它的显现，也能看到它的限度"③，并且接着说："惠勒-德威特方程……在具有本质性的普朗克尺度上也许成立也许不成立"——普朗克尺度是巨大的能量，在这个尺度上人们假定量子引力效应会变大，"但只要量子理论普遍有效，它至少作为一个近似方程就能成立……在这个意义上，它就是个最可靠的量子引力方程，即使它不是最具本质性的一个"④。

到头来我们是在一个古怪的量子世界里。"在量子引力中，世界的本质是没有时间的，也不包含经典物理学部分"⑤，基弗尔总结道。巴伯同意："量子宇宙是静态的。什么都不发生；只有'是'而没有'成为'。时间流逝和物体运动都是幻象。"⑥"把时间忘了吧"⑦，卡洛·罗威利也这样鼓励人们。他是畅销书《物理学七堂课》的作者，也是"圈量子引力论"之父中的一位，其理论是弦理论的主要竞争对手，在争夺量子版引力理论的地位。虽然不可否认，时间对我们来说是一项基本体验，但是它再也不被理解为宇宙的一种本质特性了。反而，时间是存在于体验者眼里，是我们望向宇宙时使用的视角的一个特性。虽然罗威利承认"时间的概念对于我们来说极其自然"，但是他强调，它之所以能成立，"只

---

① Zeh 2012a，Location 3811.

② Kiefer 2009b.

③ Kiefer 2009b.

④ Kiefer 2009b.

⑤ Kiefer 2009b.

⑥ Barbour 2009.

⑦ Rovelli 2009.

是因为它植根于我们直觉的方式与其他直觉印象是一样的，因为它们都同样是这个我们生活惯了的小花园的特性"，就跟"绝对同时性，绝对速度，或地球是平的以及有绝对的上和下"[1]这些想法是一样的。

没有时间的宇宙这个概念很难吞咽，甚至对于能把它琢磨出来的那些思想家们也是一样。哲学家桑德斯第一次碰到巴伯、基弗尔、蔡赫和罗威利得出的那个宇宙中没有时间的概念时，他写道"那听着像疯话"[2]。真的，正如蔡赫所指出的，量子引力中这层直白意思基本都被视而不见了："几乎所有对量子引力作出过贡献的科学家似乎都把无时间性这一方面（量子理论的许多其他方面也一样）理解为完全是形式上的。"[3]但是，力争对宇宙本质作出描述的量子宇宙学是没有时间概念的，这真就那么令人吃惊吗？要回答这个问题，我们要再次退回到我们在上一章中讨论过的，"本质性的"究竟是什么意思。我们再一次退回到熵。

熵和时间的种子

我们第一次介绍熵的时候就指出过，它有点像一种用来测量无知的尺度，或者也可以反过来表述：在对自然界的描述中，出现的熵值越小，就代表它的内在机制信息被丢弃的越少，这项描述也就越带本质性。可以把熵值大小理解为对本质性的量化标示。

在那个时候我们没有提到的是，熵与时间有着密切的关系：根据著名的"热力学第二定律"，熵是应该随着时间增加的——除非它已经达到了最大值，或者由于其他什么地方的熵增加得更多，从而迫使它减少。例如，在一篇"关于时间之箭的公开问题"（*Open Questions Regarding the Arrow of Time*）的文章中，蔡赫强调，"热力学第二定律通常被视为时间之箭的主要物理体现，以它为依据可以推导出许多其他结果"[4]。

于是，时间的方向通常可以从熵的增加情况指认出来：当我们看见一个杯子从桌子上掉下去，并且在地板上打碎，我们不会为此而吃惊（尽管我们也许会发

---

① Rovelli 2009.
② Saunders 2000.
③ Zeh 2012a, Location 4150.
④ Zeh 2012b, p. 205.

火）。相反，当我们看见地板上的一堆玻璃碎片开始组合成一个杯子，并且跳上桌子，我们通常会假定我们在观看一部倒着放映的电影，尽管这个过程从原则上来讲是有可能的。只是，碎杯子周围空气分子的动势不太可能击打那些碎片，让那杯子先是重新攒起来，然后又被推回到桌子上。其原因又是，物品被破坏的状态（或者叫"微观状态"）比物品完好的状态多得多：如果你把一辆汽车从悬崖上推下去，你可以料想会有一地乱七八糟的螺丝、撞烂了的金属和碎玻璃；但是同样把螺丝、撞烂了的金属和碎玻璃扔下去想得到一辆完好的汽车，你得不停地尝试。我们通常体验到的时间的流逝，是由可能性较少的宏观状态向可能性较高的宏观状态演进的过程，它的典型表现就是毁坏与平衡。

在这一背景下经常被忽视的是，熵是受制于某些随意性的，因为它取决于你对宏观状态的定义。如果你回过头去看看第6章那个示意图所描绘的一辆汽车可以有的各种状态，正常情况下的共识会把左上角的图像认作"没坏"。然而这是由于多数人把目的与汽车联系起来的结果：想要驾驶它。如果有人想要一辆汽车的目的是用车轮来踢足球，或者拿玻璃碎片来切割什么东西，那么某一种微观状态也可以（而且更合适）被定义为"没坏"。

现在，由于熵增加表示时间的流逝，这就意味着，时间本身不是别的，只不过是熵在增加。从这个观点看来，熵就构成了我们所感觉到的时间之箭。如果，就像上面论证过的，熵是望向宇宙的一种粗颗粒且有些随意视角的一个特性，而且如果描述了自然界本质的量子宇宙，它的熵在消失，那么由此看来有可能，量子宇宙作为一个整体来说是没有时间的。这正是在量子宇宙学中发现的东西。

用青蛙的视角观察宇宙就引导出了一个非消失中的熵（以这一视角看来），于是时间之箭就显现了出来。正如基弗尔和蔡赫在一篇合著的文章中写的，"准经典物理学的特性（包括时空）从波函数中……显现出来，依赖于所有'不可逆'过程中最具本质性的过程……——也就是，……依赖于量子退相干"。"量子退相干，"他们解释道，"决定了哪类特性以……波函数分支的形式显现出来成为特定的'世界构件'，比如那些带有确切时空几何性状的构件。"[1] 在量子宇宙中，时间不具本质性，它是我们用粗颗粒视角观看自己所处环境的一个结果。实际上，这层关系埃弗莱特已经提示过了。在他的传记作者彼得·伯恩从他儿子马

---

[1] Kiefer & Zeh 1994.

克·埃弗莱特（Mark Everett）的地下室里找到一份手写草稿，在上面埃弗莱特强调，"自然进程貌似的不可逆也被认为是一种主观现象，与观察者从根子上失察了信息相关联，仍然是在有确定性的、总体上可逆的范围之内"[1]，而在这篇论述的正版中他澄清道，这类"不可逆现象……是由于我们对相关系统掌握的信息不完整，而不是由于系统自身的任何内在固有行为造成的"[2]。

通过量子退相干的方式，对我们经典物理学的一项疑似本质特性进行具体推导，迄今唯一真正实现的是使时间显现了出来。因此就有可能以此作为一个合适的范例，启发出类似的方式，使其他一些本质特性，例如对称性和守恒定律之类从一个本质性的量子理论描写中显现出来。但是，爱因斯坦理论中空间与时间的密切关联该怎么办呢？如果一元论是正确的，而宇宙中又仅仅只有一样东西，那么谈论它的所在位置又意义何在？这个位置跟什么东西相参照？事实上，量子引力的尖端研究现在似乎在提示，空间，跟时间和物质一样，可能不具本质性而也只是显现出来的——这是个新的研究领域，它的成长源自要奋力弄懂宇宙中一些最奇异的怪物：黑洞。

处理黑洞信息的神秘之处

黑洞位列广义相对论最古怪的预测之中。这不是说它们罕见：每颗恒星，如果它的质量大于三个太阳质量，它的寿命终结之后就会成为一个黑洞，而且事实上宇宙中的所有星系，包括我们的银河系，在它们的核心地带都有巨型黑洞，每个可达几百万甚至几十亿个太阳质量。

但什么是黑洞？而且为什么爱因斯坦的理论提示了它们的存在？爱因斯坦在1915年发表他那些广义相对论方程时，他一开始相信它们是无解的。但不到两个月以后，德国裔犹太物理学家卡尔·史瓦西（Karl Schwarzschild）就拿出一个解——由于此时的史瓦西正作为一名第一次世界大战的志愿兵战斗在德俄前线，这项成就更加显得了不起。作为一名德国犹太人和公务员，史瓦西迫切地想证明自己是个真正的爱国者。令人唏嘘的是，仅仅几个月后史瓦西遭受了一场罕见的自体免疫疾病，成为一名残疾老兵被收治住院，几个星期内就去世了。事后想

---

[1] Byrne 2010，p. 158.

[2] DeWitt & Graham 2015，p. 73；Byrne 2010，p. 158.

来，可能更糟的是，史瓦西的牺牲不值得。二十年之后他的孩子们被驱赶出了这个国家，而且他的一个儿子在纳粹德国迫害犹太人的过程中选择了自杀。

史瓦西的解描述了像恒星或行星这类球形质量周围的引力场。但是这个解有一个有趣的特征：当这个球形被压缩至某个值的时候，也就是那个所谓的"史瓦西半径"，它就形成一个黑洞。黑洞的特殊之处在于它们有极度弯曲的空间和时间：在史瓦西半径上，引力变得如此之强，任何东西，甚至是光，都被拉进黑洞里边。不论什么落进黑洞，绝无回头路，从史瓦西半径开始，黑洞就变成了一条单向马路。要是这么看的话，黑洞似乎是一个相当复杂的物体，是由所有那些被吸收进来的杂七杂八的东西构成的。然而令人吃惊的是，实际情况正相反：史瓦西黑洞是以其质量为特征的，仅此而已。后来，不同种类的黑洞被发现，特征是带电荷和能旋转，但也就这样。黑洞完全就是以它们的质量、电荷和角动量为规格。"黑洞没有头发"[1]，约翰·惠勒和他的学生查尔斯·米斯纳和基普·索恩在他们著名的关于引力的教科书中形象地描绘出这一发现。

由于这个缘故，掉进黑洞的东西就消失了——至少在1970年代人们就是这么认为的。而且至少在原则上，这一丢失的信息可以被理解为熵。事实上在1973年，惠勒的博士生雅各布·贝肯斯坦（Jacob Bekenstein）注意到"黑洞物理学和热力学之间有几样相似之处"[2]，比如说，熵，可以与黑洞地平线的区域联系上。这一假说是建立在三年前斯蒂芬·霍金的一项成果的基础之上的：就像熵一样，依循热力学第二定律，"地平线区域不会减少"[3]。霍金解释道，"黑洞与任何其他东西互相作用的时候，这个区域永远都会增加"[4]。但霍金还是不愿意从字面上理解熵和黑洞的表面积之间的这种类比。毕竟，一个带有熵值的黑洞理应也有温度，因而就能辐射，而这一情况又被认为是荒谬的。霍金觉得，贝肯斯坦"把我的发现用错了地方"[5]。只是当他对黑洞附近的量子场进行了分析，并发现——与预料的相反——黑洞的确散发出辐射以后，霍金才改变了他的想法。霍金的研究结果是第3章中提到的那种更加普遍的昂鲁效应的一个特例。这个现象是以惠勒的学生威廉·昂鲁1976年的一篇论文命名的，它的意思是一个加速中的

---

[1] Misner, Thorne & Wheeler 1973, p. 876.

[2] Bekenstein, PRD 7 (1973) 2333.

[3] Hawking 1993, p. 65.

[4] Hawking 1993, p. 54.

[5] Baggott 2011, p. 375.

观察者会在真空中看到粒子。就像根据广义相对论，引力可以被理解为加速，任何试图逃离黑洞的观察者预料都会看到一股粒子流从黑洞中倾泻而出。这些粒子源自量子场理论中的真空，这个真空不是被想象为空空如也，而是像一锅"虚拟粒子"的热汤忽而现出忽而消失。在接近黑洞地平线的极端引力场中，这种量子涨落可以把能量吸出黑洞，从而把它们的"虚拟粒子"变成真正的辐射。

但是霍金的发现只是使黑洞变得更加神秘。在像马吃草料般把恒星和其他天体吞噬掉之后，人们认为这些星系怪兽这下该要化解为辐射，并且最终消失。这就引发了一个问题，之前落入黑洞的所有那些信息怎样了，也就是消失在黑洞地平线后面的所有那些恒星和其他东西的特征。霍金相信它会就那么简单地消失掉——然而这个答案与量子力学相左：就像在物理学中没有任何东西可以无缘无故发生，信息也不可能简单地凭空消失。

直到1990年代中期，这个难题才由杰拉德·特·胡夫特（Gerard 't Hooft）和莱昂纳德·萨斯坎德提出了一个解决方案。这个方案是以黑洞的一个经常被忽视的特征为基础的。黑洞通常被描述为"贪婪地吞噬落向它那个方向的一切东西"，这确实就是一个落入黑洞的观察者会体验到的，但是留在黑洞之外没动的一位观察者会见证到一个完全不同的故事。从她的视角来看，地平线上强大的引力场把时空都折弯，以至于强烈到时间都停顿下来。于是，从这位观察者的视角来看，从来没有任何东西落入黑洞，而且被看着落向黑洞的东西反而就在黑洞地平线上冻结住了。

那么谁才是对的？特·胡夫特和萨斯坎德拿出来的回答是所罗门式的，还是受到玻尔的互补性概念启发的：也许两者皆对。如果按照玻尔的理论，一个电子既可以是粒子，也可以是波，取决于怎样去观察它，那么就可能一个东西既在黑洞里面，也在它的地平线上。对于外面那个观察者，信息从来没有进入黑洞，而且可以在黑洞蒸发过程中随着它所散发出来的霍金辐射再次离开黑洞。这时黑洞里面就会有点像一张全息图片——一个三维图像，你可以把它理解为由储存在二维地平线上的信息产生出来的。

这套关于"黑洞互补性"和"全息原理"的说辞，在15年间一直都是个寻常认知。1997年，这一思想从弦理论得到了意想不到的支持，于是得以强化。在那个时候，已经发现了各种版本的弦理论，研究人员试图从它们之间的关系中理出头绪来，这就威胁到了弦理论作为量子引力理论一个独特候选方案的地位。他们的做法是，找出各种理论之间的关系，让它们能够互相解释或标示出它们之间的关系图。其中一个这种关系是由阿根廷人胡安·马尔达西纳（Juan Maldacena）提出的，他假设了两个玩具宇宙之间的往来通信，其中一个宇宙有引力，另一个没有，空间维度的数量也不一样。让他的同龄人大为惊叹的是，马尔达西纳的设想似乎暗示了一个完整的、带有引力的空间宇宙，完全可以被看作是从它体积的边界表面定义出来的量子场理论所产生出来的一幅全息图。[更具体来说，马尔达西纳假设了一个负真空能量，这就意味着一种叫做"反德西特（Anti-de Sitter）"或简称"AdS"的几何学，而且还把它与一种叫"共形场理论（conformal field theory）"或简称"CFT"的特定量子场理论互相联系上了。]作为一个副效应，这一关系允许物理学家们在这两种理论框架之间跳来跳去，于是在一个理论框架中被认为无法解决的问题，到另一个里面就可以行得通。马尔达西纳的发现令人想到，就像黑洞一样各种宇宙都可以被理解为全息图。反过来，黑洞也可以被用来模拟各种宇宙（当然是以大为简化的方式）。马尔达西纳的论文不久被采纳为全息原理的最佳例子，而且很快成为了高能和粒子物理学史上最受欢迎的论文，到2020年累计被引用了两万次以上。被称为"黑洞信息悖论"的问题似乎得到了解决。黑洞可以通过它们的地平线来定义，而黑洞里面发生了什么，看来似乎可以忽略掉。

直到2012年，量子力学的另一个问题出现了。艾哈迈德·阿姆黑利（Ahmed Almheiri）、唐纳德·马洛夫（Donald Marolf）、约瑟夫·波钦斯基（Joseph Polchinski）和詹姆斯·萨利（James Sully）意识到，为了要以霍金辐射方式传输信息，不仅它的量子必须得互相纠缠起来，而且它们还必须与当初被吸进黑洞的那部分原本的量子涨落纠缠起来。但是量子纠缠只能是"一夫一妻制"的，量子物理学家们发现：粒子只能与一个"伴侣"完美关联，不能与两个或更多"伴侣"关联。为了澄清这个问题，波钦斯基把黑洞的蒸发比作了燃烧中的煤，它产生出由光子散发出的热："先出来的光子与剩下的煤是量子纠缠着的，但是到最后……"[1]，这个燃烧体的所有信息都随着辐射出来了。波钦斯基指出，"燃烧过程把任何起始信息都搅烂了，使它很难解码，但从原则上讲它是可逆的"[2]。现在，"对霍金所说的理论，一开始的反应通常是，黑洞应该像任何其他热系统一

---

[1] Polchinski 2016.

[2] Polchinski 2016.

样"[1]，波钦斯基解释说，"但是这里有一个区别：煤炭没有地平线。"正如波钦斯基强调的，"先从煤炭里跑出来的光子是与里面的激发状态纠缠着的，但是那种激发状态可以把它们的量子状态烙印在后来往外走的光子上。黑洞的情况就有所不同，它内部的激发状态是在地平线的后面的，不能影响到后来的光子的状态"[2]。于是，要把落入进去的信息提取出来并把信息保留住，就必须设法把落入进去和往外走的量子涨落之间的量子纠缠切断。用几位作者的话来说，其结果如同"一出大戏"：巨大的能量释放出来，就好比是地平线上的一道"大火墙"。然而地平线上的这么一道火墙会使爱因斯坦原本的起始点彻底作废，也就是关于在自由下落时是感受不到引力的那项观察。黑洞信息处理的物理学看似又回到了1的平方。

需要有新的想法，而且到头来会出自对时空和量子力学之间的关系对它们进行重新考虑。

ER=EPR?

火墙悖论是黑洞时空中粒子的位置与量子纠缠有冲突的结果。于是研究人员最近开始猜测时空与量子纠缠，这两个通常被理解为各自独立的概念，会不会存在一种隐态关系。如果这是真的，那么量子纠缠中自带的非定域性就可能是时空自带的，这会戏剧般地影响到我们对空间本身的理解。

黑洞和量子非定域性之间的这种关联中，有一个概念以"ER=EPR"这句口诀为人所知。这里的"EPR"指的是，爱因斯坦（Einstein）-波多尔基（Podolsky）-罗森（Rosen）在1935年发表的关于量子纠缠的那篇著名文章。"ER"指的是爱因斯坦（Einstein）和罗森（Rosen）在同一年发表的一篇文章，讨论的是广义相对论中像虫洞一样的解决方案。

虫洞生起于广义上的黑洞时空。虽然留在黑洞外面的观察者们永远看不到任何东西落入黑洞，但是一个自由下落的观察者却可以毫无问题地穿越地平线，只是再也回不来。这点让人吃惊，因为史瓦西时空描述黑洞的时候并没有把一个特定的时间方向单列出来。于是，对于每个挑定了时间方向的特定解决方案（比

---

[1] Polchinski 2016.

[2] Polchinski 2016.

如，那些允许落入一个黑洞但不能从它那里逃脱的方案），应该还存在着一个相应的时间反演解决方案。换句话说，如果存在着一条进入黑洞的单向马路，从外面穿越史瓦西半径，就应该还有另外一条单向马路允许从里面穿越史瓦西半径。事实上，一旦穿越了地平线就没人能从黑洞逃脱，但是那些描述了黑洞的时空可以为任意的观察者进行扩展，使它能够允许以向外的方向穿越史瓦西地平线，只是那个地平线现在把黑洞外面的那片区域连接到一个假想的白洞（可以从它那里逃离但永远不能从那里进去），或连接到一个平行宇宙的门户。正如爱因斯坦和纳森·罗森在他们拿出EPR悖论之后简单证明过的那样，这一平行宇宙是通过一个"爱因斯坦–罗森桥"，或者，用现代术语来说，一个"虫洞"，与我们自己的宇宙连接起来的。虫洞后来在科幻作品中流行起来，作为一种用于星际旅行的比光速更快的装置（一种天然存在的远程搬运工具），或甚至用于时间旅行到过去，然而最开始时的虫洞是不能穿越的：没有人，哪怕连一个粒子都不能真的从它里面通过。

　　虫洞和量子纠缠其实有一样共同之处，"定域性似乎在量子力学和广义相对论面前都遇到了挑战"[①]，正如马尔达西纳和萨斯坎德所论证的。然而，在胡安·马尔达西纳给莱昂纳德·萨斯坎德的一封电子邮件中首次用到的"ER=EPR"这项指认，乍看之下像一堆胡言乱语。量子纠缠道出了量子系统的囫囵整体特性，从而揭示出它们的构成部件之间的非定域相互关系，虫洞概念则像是时空把手，可以把宇宙中相距遥远的区域连接起来。前者是个普通量子现象，不允许有比光速更快的信息交换；后者是纯粹假想的、奇异的时空几何学，被人们宣扬为一种超光速旅行和时间旅行的工具，也通常被认为不稳定或者与物理法则不相容。萨斯坎德无视埃弗莱特和玻尔对量子力学的各自解释基于绝对相反的理念，声称"ER=EPR"就意味着"埃弗莱特=哥本哈根"，这是于事无补的。

　　然而，埃弗莱特的多世界以及宇宙膨胀论预言的，且已与弦理论景观相整合的多元宇宙之间存在着并行不悖之处，从此处着手去理解这个"ER=EPR"猜想，它就有了可以说得通的地方。正如第6章中提到过的，包括安东尼·阿奎尔、迈克斯·泰格马克、野村泰纪、拉斐尔·布索和莱昂纳德·萨斯坎德在内的研究人员们主张过，埃弗莱特的平行现实和预期会从永恒宇宙膨胀中涌现出来，且估计

---

① Maldacena & Susskind 2013.

能适用于弦理论所允许的物理学法则的所有可能变体的"泡泡宇宙"或"婴儿宇宙",都只是无二无别的同一个东西——因为这两种情况都囊括尽了可能有的现实空间。现在,虽然不同"婴儿宇宙"之间的任何连接只能在虫洞——也就是通过时空中的捷径——的帮助下实现,但是像粒子处于"半此"和"半彼"状态,或薛定谔的僵尸猫这类量子叠加状态,则确实真的连接着不同的埃弗莱特分支或"多世界"。而且量子叠加,正像我们在前面已经看到过的,可以被理解为量子纠缠的一种特定形式,即在占位空间中的量子纠缠。如果虫洞连接着不同的"婴儿宇宙",量子纠缠连接着不同的埃弗莱特分支,而且两者都是一样的,那么也许虫洞和量子纠缠真的可以关联上。

马尔达西纳和萨斯坎德大胆宣称,"任何一对量子纠缠中的黑洞都将被某种类型的'爱因斯坦-罗森桥'连接起来"[1]。不仅如此,对于马尔达西纳和萨斯坎德来说,虫洞"是量子纠缠的显现"[2],意为不仅被虫洞连接着的黑洞是处于量子纠缠中的,而且量子纠缠中的黑洞也是被虫洞连接着的。这几位作者是这么写的,他们"甚至更进一步,宣称即使是一对处于量子纠缠中的粒子,在量子引力理论中也一定有一个'普朗克桥'在它们之间,尽管它可能是一个非常量子力学式的桥,无法用经典几何学来描述"[3]。那么用相当一般的字眼来说,任何处于纠缠中的量子系统都可以被理解为通过虫洞连接着,反之亦然。这些虫洞也许能帮助避开黑洞地平线上那些名声不佳"火墙",因为它们把黑洞的内部与外面的霍金辐射连接在一起。黑洞里面的和外面的粒子可以被认为是无二无别的同一个,就像你可以两次看到同一颗恒星,一次是直接看过去,另一次是通过虫洞看过去。马尔达西纳和萨斯坎德解释道,"根据 ER=EPR 法则",黑洞"是通过一个复杂的带有许多出口的'爱因斯坦-罗森桥'与向外离开的辐射相连接的"[4]——这幅景象被比作一只八爪鱼:"这些出口把桥与黑洞,以及与辐射量子连接起来。"[5]

而且萨斯坎德还没止步于此。他把这一发现概括成广义相对论和量子力学之间的一种普遍关系。"所有这一切给我的启发,以及我想给你的启发,"萨斯坎德

---

① Maldacena & Susskind 2013.

② Maldacena & Susskind 2013.

③ Maldacena & Susskind 2013.

④ Maldacena & Susskind 2013.

⑤ Maldacena & Susskind 2013.

在别的地方写道，"是量子力学与引力之间的关系要远远比我们（或者至少比我）能想象到的要紧密得多。量子力学必不可缺的非定域性与广义相对论潜在的非定域性并行不悖。"①根据马尔达西纳和萨斯坎德，量子纠缠和虫洞是同一回事。"如果说从最近在量子引力方面的研究工作中有什么学习收获的话，那就是几何学和量子力学是如此不可分割地结合在一起，以至于其中无论缺了哪一个，另一个都不再有意义。"②萨斯坎德总结道。

关于究竟应该多么接近字面意思地看待这些虫洞，物理学家们存在分歧。但是似乎有一个共识，那就是它们都表明时空有非定域特性。截至2020年，利用虫洞和在黑洞中涌现的"婴儿宇宙"这些概念，物理学家们再一次乐观起来了，觉得黑洞信息悖论快要被解决了，而且从本质上来说不存在信息丢失。③最后，"ER=EPR"猜想与2009年和2010年几位不同作者发表的一系列论文不谋而合。虽然这些著作看起来都是完全独立产生的，但它们至少有两样东西是共同的：第一，它们全都离经叛道得厉害，它们的作者想使它们被接受并出版都有困难；第二，它们全都提出，时空不具本质性，而是被量子纠缠缝接在一起的。

时空出自量子纠缠

2010年1月，荷兰阿姆斯特丹大学的埃利克·韦尔兰德（Erik Verlinde）把一个黑洞的引力拉力与渗透力做了比较：在熵的驱动下液体穿透一层膜弥散开来。他的方法是以1995年美国人泰德·雅各布森（Ted Jacobson）在马里兰大学做的一项研究工作为基础的。雅各布森所做的工作是，采用黑洞热力学的逻辑，然后把它上下颠倒一下。从1970年代霍金、贝肯斯坦和其他人发展起来的那些关系起步，也就是把天体物理学怪兽与热和蒸汽的物理学连接起来的那些关系，雅各布森得以从热力学中推导出爱因斯坦那些方程，也就是广义相对论的理论支柱。15年之后埃利克·韦尔兰德又向前迈了一步，论证了引力可以被理解为一种"熵力"，一种完全由熵创造出来的力。

这类熵力是宏观效应，是由把熵最大化的倾向驱动的，它没有任何微观对等

---

① Susskind 2016.

② Susskind 2014.

③ Musser 2020.

物。比如，弥散力拉动液体迎着引力穿过膜，以便与溶解在这些液体中的物质浓度相匹配。韦尔兰德提出，现在引力可能本身就是一种熵力。根据韦尔兰德，引力能够"从一个不知道有它存在的微观描述现象中显现出来"[1]。为了给他的提法添加佐证，韦尔兰德从两项观察着手：第一，是"自然界各种力中，引力显然是最为普遍的"，因为它"影响着一切带有能量的东西，也被这些东西所影响，而且是与时空结构紧密联系在一起的"[2]；第二，是引力法则"与热力学法则极为相似"[3]。热力学在19世纪是被当作信息和熵来理解的。于是韦尔兰德以此为出发点从信息中推导出引力："当物质被挪动的时候，熵……的变化引发一个熵力，它……的形式就是引力。所以它的起源就在于微观理论要将其熵值最大化的这种倾向。"[4]韦尔兰德从黑洞物理学和弦理论的全息原理中采纳的一项关键假设是，与一个给定的空间体量对应着的信息量只能是有限的。韦尔兰德解释说，"空间原本就是起工具作用的，是用来描述粒子的位置和移动的。因此空间根本只是一个信息的储存空间"[5]。

有了这些素材，黑洞地平线之于引力就变成相当于膜之于渗透，而且，当少许信息融入黑洞的地平线时，引力法则就可以从熵值的增加中推导得出了。韦尔兰德总结道，虽然"从牛顿和爱因斯坦的定理中提取全息原理不容易，它在里面隐藏得很深"，"但是反过来，从全息原理着手，我们则发现这些众所周知的法则会直接而且不可避免地显现出来"[6]。其结果就是，"引力再也不是一种具有本质性的力"，而且"如果引力是显现出来的，那么时空几何学亦如此"[7]，韦尔兰德这样总结道。

与此同时，加拿大温哥华不列颠哥伦比亚大学的马克·范·拉姆斯栋（Mark van Raamsdonk）一直在思索类似的一些想法，并想方设法把他自己的研究结果发表出来。麻烦在于他的论文被主流杂志一再拒绝，评审报告的意思都无异于认为他是个哪根筋搭错了的家伙[8]。当他向引力研究基金会举办的年度论文竞赛递交

---

[1] Verlinde 2011.

[2] Verlinde 2011.

[3] Verlinde 2011.

[4] Verlinde 2011.

[5] Verlinde 2011.

[6] Verlinde 2011.

[7] Verlinde 2011.

[8] Cowen 2015, p. 290.

了一份比他原始的论文短些的版本以后，他最终成功了，而且胜出了。不只是这个颁发于 2010 年 5 月的一等奖，还随带着他的文章在《广义相对论和引力》（*General Relativity and Gravitation*）杂志上得到发表，这是之前拒绝过他论文的几家杂志之一。

与韦尔兰德一样，范·拉姆斯栋把他的论证建立在全息原理的基础之上，或者准确地说，马尔达西纳猜想之上。但是，他不是去研究黑洞的熵值所带来的引力拉力，而是从两个粒子的量子纠缠状态着手。有点天真的是，根据 AdS/CFT 猜想，把一个带有引力的 AdS 空间与一个不带引力的量子场理论或者 CFT 联系起来，这样一个状态在 CFT 里就相当于两个断开的时空之间的量子叠加状态。准确地说，是以 1915 年史瓦西发现的几何学为特征的时空之间的量子叠加，因为粒子是球形对称的。然而，范·拉姆斯栋得出的表述是带有由一个虫洞连接着的两个黑洞构成的单一时空。这么看起来，是粒子之间的量子纠缠在它们各自的时空之间创造出了一个连接。这一意想不到结果的原因是，一个观察者处于量子叠加中原本的两个时空中的任意一个时，会看到单一一个黑洞嵌在从外面过来的一个扁平时空里，它的霍金辐射源自对另一个时空的忽略——相当于量子图景中的量子退相干。范·拉姆斯栋得出了一个他称之为"了不起的结论"[1]："这个状态……显然代表着断开连接的时空之间的一个量子叠加，可能也相当于一个以经典方式连接着的时空。"[2] 他兴奋地意识到："我们把互相对应的几何学连接到一起了！"[3] 换句话说，"以经典方式连接着的时空的显现是与……量子纠缠密切联系着的" 或者 "经典形式的连接通过量子纠缠而发生"[4]。

在那之后，范·拉姆斯栋就着手开展反向工作：把量子纠缠在它的量子场理论等效中调低来使连接着的时空断开。为达到这一目标，他依靠的是扩展应用了黑洞区域和熵值之间的关系，这一关系是由笠真生（Shinsei Ryu）和高柳匡（Tadashi Takayanagi）于 2006 年发现的，那时他们两人还是位于圣巴巴拉的加利福尼亚大学的博士后。

笠真生和高柳匡不是把自己限定于黑洞地平线，而是利用了 AdS/CFT 对偶，

---

[1] Van Raamsdonk 2016.

[2] Van Raamsdonk 2016.

[3] Van Raamsdonk 2016.

[4] Van Raamsdonk 2010.

以能更加通用为目的来探索各区域和与量子纠缠相关的熵之间的关系。特别是，他们研究了当相对应的量子场理论之间的量子纠缠在慢慢降低时，两个空间之间的接触界面在发生什么。他们发现的是，接触界面的面积会缩小。不只如此，范·拉姆斯栋还查看了这两个空间各自携带的相互信息。他发现，对减弱的量子纠缠，这一信息会受到压制，好像它是通过一个重粒子经长距离传播过来一样。范·拉姆斯栋总结道，量子纠缠与远近程度相对应，两个量子场理论之间的零量子纠缠有效地掐断对应着的时空区域之间的连接，"我们可以通过按不同自由度进行纠缠的方法连接时空，也可以通过切断纠缠把它们扯开。让人浮想联翩的是，量子纠缠这一天然量子味的现象似乎在经典时空几何的显现中起到关键作用"[1]，他总结道。

范·拉姆斯栋把他的论文发布到因特网平台 arXiv 的"高能理论"栏目之前几个星期，布莱恩·斯温格尔（Brian Swingle），麻省理工学院的一名博士生，得出了本质上相同的结论，发帖到 arXiv 的"强关联电子"栏目。斯温格尔是用典型的在固态物理学采用的方法，他这样告诉科学作家詹妮弗·欧莱特（Jennifer Ouellette），并得出结论，"量子纠缠是时空织体"[2]。换句话说："你可以把时空想作是由量子纠缠建造起来的。"[3]而且范·拉姆斯栋同意："时空……只是一幅几何图画，展示出量子系统里面的东西是如何纠缠着的。"[4]

范·拉姆斯栋和斯温格尔的研究工作显然切中了要害。2015年，美国西蒙斯基金会（Simons Foundation）发起了"It from Qubit（它源自量子比特）"倡议。这一倡议被认为是"领军研究人员中的一些人在这两个圈子里（基础物理学和量子信息理论）做出的一项大规模努力，以培育他们之间的沟通、教育和协作，从而共同推进两个领域，最终解决物理学中一些最深刻的问题"[5]。按照这种方式，我们所知道的空间就被理解为量子纠缠的一个后果，而量子信息科学则被用来解释弦理论学家和其他研究人员在引力方面的发现。在同一时间前后，正如"It from Qubit"倡议指出的那样，在 arXiv 的"高能理论"栏目里标题中含有"量子

---

① Van Raamsdonk 2010.

② Ouellette 2015.

③ Cowen 2015，p. 293.

④ Cowen 2015，p. 91.

⑤ Simons Foundation Website： https： //www. simonsfoundation. org/mathematics-physical-sciences/it-from-qubit/， accessed Aug 2nd， 2021.

纠缠"这一术语的预印稿数量先是以几何级数增长，随之是爆炸式增长。量子纠缠——这种源自一体性的相关关系——已经取代了词条"创造世界的关系"[1]的地位，挪威物理学和哲学家拉斯姆斯·贾克斯兰（Rasmus Jaksland）作出如是的观察评价。

没有空间的物理学有更多的思路

这些席卷而来的进展，似乎揭开了量子纠缠与其显现出的、非本质性的时空之间越来越多的连接环节。在试图把物理学从它与空间和时间的牵扯中剥离开来的诸多思路之中，这些还只是一个样本。它们以不断堆积的证据证明，这个一元论的基础超乎空间和时间之外。

这类想法中有一个是由尼马·阿尔坎尼-哈米德和雅罗斯拉夫·特恩卡（Jaroslav Trnka）于2013年提出的，他们是从粒子物理学中推导出来的。两位作者发现了一种高效描述粒子相互作用的新奇方式，是借助于一种叫做"振幅多面体"的抽象几何学物体，都说它像一个"在更高维度中的珠宝"[2]。这一方式提供了又一种选择来替代通常在量子场理论中使用的费曼图解方式。费曼图解方式把粒子散射描绘成在时空中散播的粒子的树形示意图，但即便在内部线路上粒子也是无法被观察到的，而只是代表从开始状态出发到抵达最终状态的潜在可能性。与此不同的是，两位作者引入了"振幅多面体"，"一种新的数学物体，它的'体量'直接算出散射振幅"[3]，这是确定粒子反应概率的基础。这一方法放弃了幺正性——就是没有东西会凭空消失和定域性，这两个概念是量子场理论的基石，然而在一个空间和时间都消解掉的宇宙中它们不再有任何意义。虽然"振幅多面体"还没有描绘引力，但是阿尔坎尼-哈米德很乐观，认为它也许能帮助阐明从一个超越空间和时间的理论状态中是如何涌现出空间和时间的。阿尔坎尼-哈米德告诉科学作家娜塔莉·沃尔乔弗，在他的方式中，"描述物理学时我们不能依赖那种老套的量子力学时空观……我们必须学习以新的方式谈论它。这项工

---

[1] Jaksland 2020, p. 9661.

[2] Wolchover 2013b.

[3] Arkani-Hamed & Trnka 2014.

作还只是处于朝那个方向发展的婴儿学步阶段"①。

另一种从不同着眼点出发来利用潜在量子可能性的思路是牛津物理学家戴维·多伊奇和奇亚拉·马尔莱托（Chiara Marletto）提议的——马尔莱托称之为"能与不能的科学"②。"'建构子'理论是形成物理学根本定律的一种新方式。它不是以轨迹线、初始条件和动力定律这些来描述世界的。在建构子理论中各种定律都是关于哪些物理转化是可能的，哪些是不可能的，以及为什么是这样的"③，他们为此所做的各项努力都体现在这个研究小组的网站上。"我们展示的是一种信息理论，完全是用哪些物理体系的转化是可能的，哪些是不可能的来表达"④，多伊奇和马尔莱托在一篇介绍他们的方法的合著论文中充实了其内容。

建构子理论于是把目标设定为以说明什么是可能的以及什么是不可能的这种方法来改写物理学定律。建构子这一用语的英文"constructor"在这里指的是一种万能生产过程，它被比喻成一个"全功能3D打印机，可以构建任何物理性的物体"⑤，马尔莱托同意这个描述。她想象了这种理论框架如何能扩展成一个计算理论，或一个生命的定义："万能建构子在它自带的能力库中有物理上允许的一切计算能力，这意味着它还是一台万能计算机"⑥，而且"生命的物理学会被看作是这一通用版万能建构子理论中的一个分支"⑦。

这个想法很明显受到量子力学的启发，其中埃弗莱特的万能波函数代表着一切有可能的东西的汇集。对于多伊奇——这位埃弗莱特诠释的早期拥戴者来说，要把可能性这一特性推广到物理学基础原理甚至更广范围，那么拿出建构子理论肯定就是显而易见的一步。就像多伊奇之前强调过的，要理解"概率和时间，还有存在和非存在的性质，以及自我、因果、自然法则、数学对于物理现实的关系——对于所有这些中的任何一样，你都必须要了解多元宇宙"。"学会用它的理念来思考，在那种理解的基础上构建，并把它应用到了解差不多一切其他东西之

---

① Wolchover 2013b.

② Marletto 2021.

③ Constructor Theory Website: https://www.constructortheory.org/what-is-constructor-theory/, accessed Sep 25, 2021.

④ Deutsch & Marletto 2014.

⑤ Gefter 2021.

⑥ Gefter 2021.

⑦ Gefter 2021.

中去"①，他在2010年就已经这样鼓励过了。

最后还有一个更加直接一元论的方式，是数学家米歇尔·弗里德曼（Michael Freedman）提出的，他是1986年的菲尔兹奖得主，该奖经常被称为是颁发给数学家的替代诺贝尔奖的奖项。

"那个极端究竟之问，'寰宇为什么不是一无所有而是有一些东西？'似乎求解无望，所以我们转而试着回答这么一个问题：'为什么看起来有万千事物？'"②——弗里德曼在名为"由一个粒子而起的宇宙"的学术报告会上提出斯言。这场报告会是2021年7月15日在气派的阿斯彭物理研究中心举行的。在这一氛围下弗里德曼和他的工作搭档莫吉·肖克里安·齐尼（Modj Shokrian Zini）试图打破单一粒子量子力学的对称性，以期达成一个由相互作用着的构成部件组成的宇宙。弗里德曼和齐尼在一份2020年的预印稿中写道，"那颗单一粒子……可以……是这个故事的开始"③。

***

空间是不是由量子纠缠缝接到一起的；物理学是由超越空间和时间的抽象物体来描述的，还是由埃弗莱特的万能波函数代表的各种可能性空间来描述的；或者宇宙中的一切事物是否都回溯到一个单独的量子物体——所有这些想法都共有一种鲜明的一元论味道。目前很难判断，这些想法之中哪一个会提示物理学的未来，或者哪一个会最终消失。有趣的是，虽然本来像AdS/CFT这样的一些思路是在弦理论背景下发展起来的，但是现在关于全息理论和非定域量子引力的那些想法好像壮大到弦理论都已容纳不下了，而且弦在最晚近的研究中再也不扮演什么角色了。现在似乎已成共同思路的是，空间和时间再也不被看作是本质性的了。当代物理学不是以空间和时间为起点，把现成背景中已设置好的事情继续下去。相反，空间和时间本身现在被认为是一个更具本质性的"放映机现实"的产物。内森·赛伯格（Nathan Seiberg）是普林斯顿高等研究院的一位领军弦理论家，他所说出的这些想法不止他一人有："我基本肯定，空间和时间都是幻象。这些都

① Deutsch 2010, pp. 551–552.

② Aspen Center of Physics Colloquium Announcement, E-Mail to the author, July 14, 2021.

③ Freedman & Zini 2020.

是原始的理念，一定会被某种层次更高的东西所取代。"① 此外，在大多数提出时空是显现出来的方案中，扮演本质性角色的都是量子纠缠。正如拉斯姆斯·贾克斯兰指出的，这最终意味着，宇宙中再也没有单个物体了，每一样事物都是与每一样其他事物连接着的："把量子纠缠当作构建世界的关系，就要以放弃可分离性为代价。但是那些准备走这一步的人可能就需要把量子纠缠看作本质性的关系，用它来构建这个世界（以及所有其他可能的世界）。"② 这样一来，随着空间和时间的消失，一个统合起来的"太一"就显现出来了。

反过来说，从量子一元论的视角来看，量子引力带来的这种烧脑的后续局面，离我们并不遥远。早在爱因斯坦的广义相对论中，空间就已经再也不是个静态大舞台了，而源自物质的质量和能量。这与德国哲学家莱布尼茨的观点相似，后者是描述事物之间相对顺序的。根据量子一元论，如果现在，只剩下了一样东西，那就没东西需要安排或摆顺序了，在理论框架的最本质层面就再也不需要空间这个概念了。是"太一"，一个单独唯一的量子宇宙，产生出了空间、时间和物质。

莱昂纳德·萨斯坎德在一封写给量子信息科学界研究人员的公开信中大胆宣称："GR=QM③"④，广义相对论不是别的，只是量子力学——这个百年老理论，一直极其成功地应用于各色各样的事物当中，但从来没有真正被完全理解。肖恩·卡罗尔指出，"也许把引力量子化就是个错误，而且时空始终就一直蛰伏在量子力学中"⑤。对于未来，卡罗尔在他的博客中建议说，"不是要把引力量子化，反而我们可能需要试着把量子力学引力化。或者，更准确但又更形象些讲，'从量子力学中找到引力'"⑥。的确，看起来好像，如果量子力学从一开始就被认真看待，如果它被理解为不是发生在空间和时间中，而是发生在一个更具本质性的"放映机现实"中的理论，在探索量子引力过程中的许多死路可能已经避开了。如果量子力学中的一元论意味着这一有3 000年之久的古老哲学，从古代就

---

① Hoffman. Donald D. The Abdication Of Space-Time. Edge: https: //www. edge. org/response-detail/ 26563, accessed Sep 25, 2021.

② Jaksland 2020, p. 9689.

③ GR: General Relativity 的缩写，即广义相对论; QM: Quantum Mechanics 的缩写，即量子力学。

④ Susskind 2017.

⑤ Carroll 2019b.

⑥ Sean Carroll's Blog: https: //www. preposterousuniverse. com/blog/2016/07/18/space-emerging-from- quantum-mechanics/, accessed August 9, 2021.

被信奉，在中世纪受到迫害，文艺复兴中复活过，在浪漫主义中被篡改过，早在埃弗莱特和蔡赫把它们指认出来的时候就得到了认可，而不是死抱住玻尔的实用主义诠释把量子力学降格为一个工具，那么我们可能在解密现实世界的真实基础之路上走得更远了。

　　然而这条路的尽头还不是这里。当我们看到了现代粒子物理和量子引力的潜在意义时，我们必然还会问出这样一个问题：那我们自己呢？在这个仅仅只是"一"的宇宙中，我们到底是什么角色？

8 有意识的"太一"

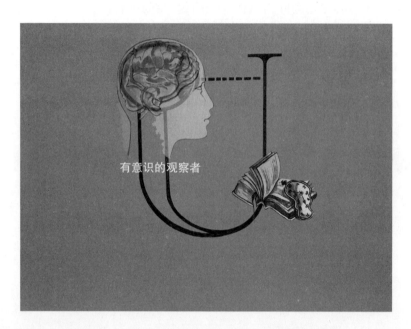

有意识的观察者

现在我们已经知道，物质和时空怎样可以从本质性的"太一"中显现出来：它就是个从观察者的视点望出去而得到的视角印象。然而，直到这一时刻之前我们还一直闭口不谈观察者本人。现在改变这一点正当其时。为了要找出我们自己是在怎样的意义上，通过简单地望向宇宙就是在创造着它，我们需要讨论一下宇宙是怎样被有意识地体验到的。

设置好屏幕

"我相信可以找到许多合适的景象。我经常会想到柏拉图的洞穴之喻——我们只能看到现实的投射影像"①，H. D. 蔡赫以前的学生，量子退相干理论的先驱

---

① "Ich glaube，das lassen sich viele passende Bilder finden. Ich habe auch oft an Platon's Höhlengleichnis gedacht-wir sehen nur Projektionen der Realität." E. Joos，E-Mail to the author，February 21，2020.

艾里希·朱斯写信告诉我，他解释了如何形象地思考从量子力学到经典物理学的转化。

如果朱斯是对的，那我们就绝不亚于在观赏宇宙中最伟大的演出，空间、时间、物质和整个宇宙历史的每一具体时刻，全部在我们眼前展开。正如惠勒的字母 U 所比喻的，是我们，仅仅靠观察着它，就在创造着宇宙——尽管这里所说的"在创造"并不是指一种有意为之的行为。我们在日常生活中体验到的，或者不如说，我们但凡能体验到的，都只是在屏幕上显现的现实，展现的是面对万物内在的量子真相我们所感知的特定表象。我们活在其中所看到的这个故事，是我们从舒坦的椅子上直接看向储存在"宇宙胶卷"上的内容，再结合着我们的个性视角而得到的产物。好好享受你的电影院爆米花吧。

那么这个过程到底是怎样发生的呢？空间、时间和物质是怎样从一个内在本质的独"一"中冒出来的呢？我们知道量子退相干在这一过程中扮演了一个关键的角色。当一个观察者——不管做观察的是我们自己、我们的宠物、一个测量装置还是一个远离我们的外星人——我们，他或它就与那个被观察的物体量子纠缠上了。由于我们，他或它作为宏观存在永恒地处于与宇宙其他部分的相互作用之中，被观察物体的量子叠加信息几乎随时渗入到我们的环境中。结果就造成一个"准经典"意义上的物体，我们所观察的具体特性就有了清晰明确的指标。

一般来说，如果我们看着一个量子物体的位置，我们就会看到它处在一个具体的地方。但是别忘了玻尔的互补性：量子物体可以被看成是有确切位置的粒子，也可以被看成是延展开的波（或处于中间状态的任何东西）。如果当时我们想看的是这个物体的速度，我们会发现它作为一个平面波沿着宇宙蔓延开来，指标是具体动量或者波长。

所以我们能看到什么，以及我们生活在什么样的世界里，是我们选择的吗？如果是这么个情况，为什么我们所有人好像都一致认为有一个客观现实？又为什么我们身边的所有物体好像都存在于确定的地方？为什么我们说地址的时候说的是位置，而不是速度或波长？"经典物体可以不在这里就在那里，但是永远不会既在这里又在那里。然而，沃奇克·祖瑞克强调说，从量子叠加原理来讲，定域性应该只是个罕见的特例，而不是量子体系的一条法则"[1]。祖瑞克对于量子退

---

[1] Zurek 2009，p. 181.

相干理论发展所做出的贡献自1980年代以来大概无人能及。

这道两难题，量子物理学家们称之为"偏好基问题"：决定我们看见粒子还是波的是什么呢？在这方面，懂得了量子退相干就能帮上一些忙，但是它解决不了这个难题。总之一句话，量子退相干是与宇宙其余部分一次相互作用的结果。如果这次相互作用是局部的，是发生在一个特定地方的，那么由量子退相干产生的"准经典现实"也会是局部的。

我们之所以体验到自己身边的事物都处于具体地方，是因为我们自己、我们的感官和我们的测量器具存在于具体地方。如果我的眼睛、我的耳朵或者我的实验室设备处在一个具体的位置，那它就只能在那个位置上与被观察的量子物体相互作用，于是就产生一个这些物体在那个位置的"屏幕现实"。事实上，不论何时当我们测量速度或波长的时候，我们都是间接做的，是以某种方式把这些特性转换为空间信息。最终，测量装置的指针仍然给出一个确切的位置。然而，这还只是整个答案的一半。我们可以继续下去，并且问为什么会这样：为什么我们自己、我们的感官和实验室装备都各安其位，而不是同时遍布一切地方？而且还有其他尚无答案的问题在影响着退相干理论：举例来说，什么是环境？是谁来决定如何把宇宙分为量子系统、观察者和环境的？[①] 是否还可以有其他分类？例如，有没有可能有"量子外星人"，他们不是处于空间中，而是处于波长和频率中，他们体验到的宇宙不是由有各自位置的物体组成的，而是由一大股向外扩散的波组成的？这个问题与"偏好基问题"紧密相关，被称为"量子因式分解问题"，也是正如迈克斯·泰格马克所指出的，"位于量子力学正中心的一个悬而未决的问题"[②]。

有一些理论家想设法把量子退相干中的主观因素去除。莱昂纳德·萨斯坎德和伯克利物理学家拉斐尔·布索在一篇合著论文中这样解释："量子退相干——波函数坍塌的现代版——是主观性的，因为它取决于对一套无监测自由度参数，也就是'环境'所做出的选择。"[③] 为了解决这一问题，两位作者提出了一个叫做"因果钻石"的概念，在光速限定了信息流速度的确切上限这一既定条件下，这一概念对一个局地观察者但凡可以探究到的时空范围提供一个形象的几何描述。

---

① 或分为量子系统和许多环境，就像祖瑞克的量子达尔文主义在下面所解释的那样？
② Max Tegmark 2015.
③ Bousso & Susskind 2012.

布索和萨斯坎德论证说，根据这一想法，"'环境'最起码从原则上来讲是无法被观察到的，'因果钻石'是可以通过因果互动进行观察探索的最大时空区域"[1]，它"连通着一个自然的环境，不存在观察者主观选择"[2]，这样最终得出一个"由量子退相干'因果钻石'拼接而成的球状多元宇宙"[3]。然而，每个"因果钻石"仍然是以局地观察者为中心的。

关于何以定义局地观察者的问题，以及他何以就是局地的，仍然没有得到解答。一些基础性的问题，例如，"我们望向宇宙的视角是从哪里决定的？"以及"观察者的自我是由什么定义的？"还需要解决。

自私的量子

一种可能的回答认为，是宇宙本身架设起屏幕，并决定了我们的观察视角。这是沃奇克·祖瑞克的立场，而如果他是对的，那么量子退相干就只是量子过程变经典过程的一部分——这个过程对于祖瑞克来说是等同于"真的"。祖瑞克论证道，"真的"意思是，不同的观察者会对一个量子系统的某些特性看法一致。而这只有当那个量子状态的信息被记录不止一次的时候才有可能。"我们都是间接观察着我们的世界，对环境进行着隔墙窃听。比如，你现在就截获到了从这一页上散逸出来的一部分光子。任何一个截获了其他部分光子的人都会看到同样的景象"[4]，祖瑞克解释说。在他的设想方案中，环境成为了量子系统的一个"观察者"，有关那个量子系统的信息就冗余地储存在环境的"记忆"中。

要弄懂这话是什么意思，我们必须再一次回想起量子退相干的工作原理是怎么描述的。首先我们把宇宙分割成量子物体、观察者或仪器装置再加上环境。然后我们把那个装置或观察者设定为采用青蛙视角，意思是说他或它对环境的确切状态完全不知道。这也就是说——从他或它的视角上来看，量子叠加（比如一个粒子同时处于不同的位置上之类）是受到抑制的，所看到的那个被观察的量子物体是有确切状态的，比如说有具体的位置。

---

① Bousso & Susskind 2012.

② Bousso & Susskind 2012.

③ Bousso & Susskind 2012.

④ Zurek 2014.

　　根据祖瑞克设想的场景，宇宙不再被分割为量子物体、观察者和环境，而是分割为量子系统和一个由许多子系统构成的环境。祖瑞克写道，"由环境来见证这个系统的状态"[1]，而且他设想的场景正是环境的角色得到提升，"从在量子退相干中扮演一个较为不起眼的信息下水道角色提升为一个沟通渠道"[2]。现在，观察者或装置被视为环境的一部分了，而且一项特性被环境中越多的子系统记录到，它就变得越"客观"或者"真实"。祖瑞克强调说："可重复性是关键。环境中的各种构成成分共同起作用，就像一个个仪器装置。"[3]换句话说，"信息冗余从系统中转移到环境的众多构成成分中去，就使我们感知到客观的经典物理学现实"[4]，祖瑞克这样维护他那理念的现实，这个理念引入了一个关于哪些信息可以最高效地得到复制的拣选过程。在对另一种极端情况进行深度思考的时候，祖瑞克疑惑道："要是一个事件都没有被记录到，那么它真的发生过吗？"[5]

　　其结果是一个祖瑞克称之为"量子达尔文主义"的情景。他这么形容是因为，"很明显，由于有适者生存，而自然选择所说的适应能力——其定义就是繁衍能力"[6]。根据祖瑞克，正是这一生存机制解释了，为什么大自然选择了定域性而不是弥散开的波，这一机制与合适的环境特点结合起来。"不是所有的环境都是良好的见证者。不过最优秀的是光子：它们不与空气互动，互相之间也不互动，因此它们忠实地传递信息。光子环境的一小碎块通常可以显示出观察者所需要知道的一切"，祖瑞克解释说。对于位置信息是如何被记录到，并变成可以为观察者所探查的，祖瑞克是这么说的："兴趣关注的对象散发出空气和光子，所以这两种环境都获取到位置信息，并反映出有同样确定位置的状态。"[7]虽然仍然需要有观察者，虽然"对坍塌作解释超出了数学的范围，因为它涉及感知"，而且正如祖瑞克爽快承认的，"量子物理学就在这点上变得个人化"，但是冗余副本把这种感知提升成了寻常存在的真理。这情形与"在经典物理学世界，我们本以为是客观地生活在其中，它没有被我们的好奇心打扰过，我们的间接观察也能雁

---

① Zurek 2009.
② Zurek 2009.
③ Zurek 2014.
④ Zurek 2014.
⑤ Zurek 2009.
⑥ Zurek 2009.
⑦ Zurek 2014.

过不留痕"是一样的，祖瑞克这样写道。

祖瑞克的方法中至关重要的是记录要稳定可靠。但是记录什么时候稳定和可靠呢？肖恩·卡罗尔论证过了，记录只有在熵值正在增长，也就是正在随时间扩张的宇宙中才是稳定的。在假想的熵值减少的宇宙中，记录会更有可能从偶然意外的波动中产生出来。比如，卡罗尔在他那本《从永恒到此刻》（*From Eternity to Here*）的书里论证，只要熵值是在增长着，上一年的一张生日派对照片，就确实是那次生日派对的一张可靠记录；但在一个熵值在减少的世界里，这张照片就有同样的可能甚至更大的可能是被组成那张照片的原子因一次意外波动而创造出来的。于是，要利用量子达尔文主义，我们就必须首先预设时空，而且这个时空还得是像我们的宇宙一样是在膨胀着的，以便产生时间的热动力箭。然而，描述本质性时不存在粗颗粒化，可能也没有时空，而且熵和时间如何定义都是问题。

量子达尔文主义提供了一个有说服力的机制，用来解释为什么我们生活在我们日复一日体验着的"屏幕现实"中。它提示了我们接下来应该怎样从本质上的量子真相中推导出空间、时间和物理学的其他方面。"从希尔伯特空间中的一个量子状态出发……把希尔伯特空间分割成块……采用量子信息——特别是，那个状态中不同部分之间通过交互信息测得的量子纠缠量——来定义它们之间的'距离'"，肖恩·卡罗尔这样描述这一方式。"这一主张，以听来最富戏剧感的形式表达的是，在量子力学中，引力（由能量/动量造成的时空曲率）是不难取得的——它是自带的！或至少，是意料中最自然不过的事情。"[1]他对他与几位合作者合著的一篇2016年研究报告中探讨的那种拟设作了解释[2]。

但是这真的行得通吗？依照奥维迪乌·克里斯蒂·斯多伊卡（Ovidiu "Christi" Stoica）的看法，这就行不通。正如他在2021年的一篇论文中指出的，在每个"只存在着状态向量，而3D空间、偏好基、希尔伯特空间的受偏好的因子分解，以及所有其他东西，都以独特方式显现出来"的模型中，这种斯多伊卡称之为"希尔伯特空间原教旨主义"的场景，"这类显现出来的结构不可能既独特又有物理意义"[3]。事实上，会有"无限多的物理个体是完全相同类型的结构

---

[1] Sean Carroll's Blog: Space Emerging from Quantum Mechanics, July 18, 2016. https://www.preposterousuniverse.com/blog/2016/07/18/space-emerging-from-quantum-mechanics/ Accessed Aug 12, 2021.

[2] Cao, Carroll & Michalakis 2017.

[3] Stoica 2021.

体"①，这是由量子力学对称性造成的。换句话说，"经典层面上的现实无法只从最小量子结构中以独一无二的方式显现出来"②。

但是如果不是宇宙在把我们生活在其中的世界设置好，那么是谁在做这件事呢？其中一个回答是"没有谁"。也许平行存在着从根基上就不同的多元宇宙，每个都是由多宇宙或埃弗莱特多世界组成的。但是如果是这样的话，那就不清楚，为什么我们发现似乎自己居住的碰巧是这样的多元宇宙。也有一种可能是，我们自己的角色也许比一个心不在焉，只是坐在那里欣赏演出的观察者重要。我们头脑的运作有没有可能与量子力学的运作扯上关系，或者说，它是如何制造出我们生活于其中的这些"好莱坞电影"的？至少迈克斯·泰格马克是这样想的，"意识对解决……量子因式分解问题是有关系的"③，在他2014年的论文《意识作为物质的一种状态》（*Consciousness as a State of Matter*）中他是这么写的。已故牛津哲学家迈克尔·洛克伍德也是这样认为，在他1989年的《心灵、大脑和量子》（*Mind，Brain and the Quantum*）一书中他就已经写道："我看，对一切都要找到一个特定基础，这种偏好是源自意识的天性，而不是一般物理世界的属性。"④如果真的是这样，那就意味着，在我们真正能够理解量子力学和宇宙之前，我们首先必须理解我们自己。

第一人称观察者

宇宙不是简单地"在那里"，它是被体验到的。但是意识是如何与空间、时间和物质关联起来的，它又是如何与支撑着量子宇宙的那个根基性的"太一"连接着的？

威斯康星大学睡眠与意识中心主任朱利奥·托诺尼（Guilio Tononi）认为："每个人都知道意识是什么。""它是我们每晚进入无梦睡眠时消失，我们醒来或做梦时又出现的那个东西。"⑤然而，澳大利亚哲学家大卫·查尔默斯（David Chalmers）认为意识是如何从无意识的物质中产生的这个问题，是个"难解的问

① Stoica 2021.
② Stoica 2021.
③ Tegmark 2015.
④ Lockwood 1989，p. 236.
⑤ Tononi 2008.

题"。如果要想象出一个没有时间、空间或物质的世界很难，那么要想象出一个没有意识的世界干脆就是不可能。正如查尔默斯所写的，"没有比我们对意识体验了解得更细致入微的东西了，但是也没有比它更难解释的了……物理过程有什么必要产生出一个丰富的内心生活吗？客观上来讲似乎这是没有道理的，然而它就产生了"①。

更糟的是，在说到底是个"一"的宇宙中，这个"难解的问题"上升到了难解的新高度。从一元论的视角来看，意识、精神或心灵不能被想当然地看作是什么与众不同且与物质、空间以及时间没有密切关系的东西。如果一切事物都融合进包罗一切的"太一"，那么意识当然就跟空间、时间和物质一样，也一直都是从那个角度被理解看待的。

量子物理学是不是以什么有特定意义的方式与意识关联着的？虽然大多数物理学家会拒绝这种猜测，但是把量子力学与意识连接起来的各种假说是有悠久传统的——在物理学和伪科学中都是这样的。尼尔斯·玻尔就已经疑惑过，量子物理有明显的不确定性，这是不是可以解释为什么我们能体验到自由意志②。约翰·冯·诺伊曼和尤金·维格纳倡导了相反的思想：不是量子力学控制着我们如何感受自我，而可能是我们的意识控制着我们对量子力学能有什么样的体验。就像惠勒的这些匈牙利朋友和普林斯顿同事论证的，量子力学中的波函数坍塌可能根源就在于意识，并且由此确保了由我们的心灵活动产生出了分明的体验。冯·诺伊曼感觉这一假说也许可以帮助解决一个他称之为"心身平行论"的问题，也就是：为什么我们的意识体验展现出的这个世界中，物体都有确切位置，猫咪不是活的就是死的，而不会处于中间状态？

推理过程以所谓的"冯·诺伊曼链"和"海森堡边界"为基础：在测量过程中，观察者与要被测量的观察对象发生了量子纠缠。接下来，根据埃弗莱特，世界分裂，会有多个观察者，观察对象的每种可能状态都有一位观察者在进行观察。但是现在设想一个外部观察者，通常被称为"维格纳的朋友"，正在看向观察对象和第一位观察者。这第二个观察者有没有可能在观察着处于量子叠加中的第一个观察者加上那个观察对象？如果没有可能，为什么？如果可能，那么这一系列的观察者究竟是在哪里观察其他观察者的，"冯·诺伊曼链条"在哪里截止，

① Chalmers 1995.
② Bohr 1953，p. 389.

而那个据说存在的"海森堡截面"又在哪里出现，从而标示出具有确定性的经典物理学现实应该从哪里显现出来？

冯·诺伊曼提出的答案把意识摆在了掌控位置上。正如马克西米利安·施洛绍尔所写，"在他（冯·诺伊曼）看来，唯一肯定的事实是我们作为观察者，永远是在测量结束之时感知到确定的结果"，"对于所感知到的确定无疑的结果，我们只是从观察者层面上，凭着显而易见的感官局限，勉强得出一个解释"[1]。所以，一方面，意识似乎是唯一一个使我们确切体验到许多世界已经坍塌为一个世界的地方；另一方面，意识的一个定义性特征好像就是只能体验到唯一一个现实。从那个角度来看，好像人们显然会和冯·诺伊曼和维格纳那样想到，是意识这个与物理学话题格格不入的因素导致了波函数坍塌。维格纳对此深信不疑，只是到了1970年代后期，在他从蔡赫的早期著作中了解到了量子退相干以及无需坍塌或海森堡截面（Heisenberg cut）就可以理解量子测量之后才不再相信了。[2]

罗杰·彭罗斯提出了另一种意识和量子力学之间的联系。彭罗斯是2020年诺贝尔物理学奖获得者，他与霍金一起破解了黑洞的许多神秘特性。彭罗斯认为心灵本身是个量子现象，而且是量子力学使我们的心灵如此特殊。彭罗斯在他那本1989年的著作《皇帝的新脑》（*The Emperor's New Mind*）中论证说，由于我们的心灵似乎能够完成任何计算机都无法做到的事情，所以这个解释肯定要到经典物理学之外的领域中去找，而那个唯一可能的候选领域应该就是神秘的量子力学。然而，量子退相干再一次可能要来泼冷水了。施洛绍尔指出，意识中潜在的神经关联，"虽然从生物学的尺度上来讲是小的，但在量子物理学考量的典型尺度上来讲就仍然是宏观的和非常复杂的物体"；还不只如此，由于"嵌入在一种宏观的'暖湿'环境中"[3]，正好使它们能快速高效地发生期待中的量子退相干。实际上，迈克斯·泰格马克计算出神经元的退相干时间等于阿托秒（Attosecond）的几分之一。"比常规神经元发放所需要的相关时间尺度短得多"[4]，泰格马克写道。鉴于这些结果，很难想象大脑的工作进程怎么能保留住它们真正的量子特性。[5] 更加重要的是，今天我们可以以一定程度的权威性来讲，量子力学并非是

---

[1] Schlosshauer 2008a，pp. 362–363.

[2] Wigner 1995，p. 271.

[3] Schlosshauer 2008a，p. 367.

[4] Tegmark 2000.

[5] 应该指出的是，这些结论目前又处在争论中了，可参阅 Ouellette 2016. 等。

例外现象，不是仅局限于微观世界的一些奇怪法则，而是制约整个宇宙的规则。因此，诸如头脑的某些令人惊叹的能力等特殊现象不可能是它造成的。再者，有了量子退相干，就再也不需要量子坍塌了，而它之所以看起来存在，可以解释为是我们特定视角的一个特性，它把我们的宇宙视野限定到一个特定和唯一的埃弗莱特分支。

不过，还有另一个可能性来解释量子力学和意识或许是如何关联着的：量子退相干是我们望向世界特定视角的产物。这个视角肯定要在某个地方确定下来，肯定需要定义什么是自我、物体和环境。如果量子貌似坍塌，以及自由意志体验、空间、时间和物质都是由我们望向宇宙的视角人为产生出来的，而且如果对这一视角是如何确定的也没有解释，那么有没有可能，我们的视角是由意识的运行方式决定的？意识有没有可能——通过那个因子分解问题的后门——偷跑回这一争论中来？

观察者的自我

当科学作家菲利普·鲍尔（Philipp Ball）讨论到埃弗莱特的"多世界诠释"是如何"有很多问题"的时候，他的担心集中在如何把埃弗莱特与意识和有一个"自己"的感觉调和起来。鲍尔问："本来只有一个观察者，现在有两个（或更多）版本的观察者……经过分裂，产生了好多'我'的副本，这说的是什么意思啊？这些别的副本，从什么意义上来说是'我'？"[1]他质疑埃弗莱特诠释怎么有可能解释我们的个体体验。"意识依赖于体验，而体验不是瞬时特性……你无法在一个每纳秒疯狂分裂无数次的宇宙中'找出'意识，它丝毫不比你把整个夏季塞进一天里更容易"，鲍尔写道，并得出结论——多世界诠释"在把自我这个概念整个拆解掉。它在否认'你'的任何真实意义"[2]。

要维护埃弗莱特，我们也许可以反驳说，量子力学任何其他版本的诠释也同样理解不了意识。再者，意识这个现象不是存在于一个个原子层面上的——因此它又为什么应该存在于埃弗莱特其他分支的层面上呢？就我们的全部知识而言，"自我"这个感觉不是本质性的，而更可能是一种建构，是以经典物理体验为基

---

① Ball 2018b.

② Ball 2018b.

础的，而经典体验则是从"退相干"后的青蛙视角中显现出来的。在这个意义上，这个问题就相似于那场模拟辩论的主题：如果物理学貌似有确定性，那么自由意志还存在吗？或者如果森林是由树组成的，那森林还存在吗？最后，如果在量子这一本质性理论框架中时间和空间都不存在，为什么"自我"这种明显依附于这些前提条件的概念还会存在？正像安娜卡·哈里斯（Annaka Harris）在她最近的《有意识》（*Conscious*）一书中写的，"意识的神秘之处是与时间的神秘之处相关的：我们的知觉是沿着时间体验到的，是不能与之分开的"①。然而，我们在前面已经看到了，时间似乎在量子引力中不见了。哲学家迈克尔·洛克伍德确认了这一观点，并且更进一步说，既然"时间的流逝在物理学家的世界观中没有位置，那我们必须把它安置到心灵中"②；另一方面，时间流逝"似乎恰恰正是意识的本质，而且正因为如此，它就像意识本身一样是我们之所以是我们的一个不可逃脱的特性"③。

的确，根据多世界诠释，似乎有理由假定，有意识的自我和一个准经典的世界（包括时间）是一起显现的。我们必须记住，纠缠着的量子宇宙只是从局地观察者的视角看起来像有很多世界（或者不如说：许多世界之一）④。由于这个原因，蔡赫和诸如戴维·阿尔伯特、巴瑞·洛沃（Barry Loewer）或迈克尔·洛克伍德这些哲学家都更偏爱说"多心灵"而不是"多世界"。正如杰弗里·A.巴雷特（Jeffrey A. Barrett），加州大学尔湾分校哲学家解释的："人可以把埃弗莱特的分支理解为是在描述不同心灵的状态而不是不同世界。根据这种理论，一个观察者的体验和信念之所以有确定性，其解释就在于他的心态永远有确定性。"⑤ 这从本质上来说就归结为鲍尔那个问题倒过来的样子，论证说恰恰正是"自我"的概念解决了身心平行论问题，并确保我们体验到的是一个独一无二的现实。因为"我们需要的是一个'诠释'，是它给我们解释为什么我们总是'看到'（如果'多世界诠释'是正确的话，那么这就是误解）宏观物体没有处于量子叠加状态中，我们

---

① Harris 2019，p. 103.

② Lockwood 1989，p. 13.

③ Lockwood 1989，p. 14.

④ 蔡赫在约翰·贝尔（John Bell）的《对量子力学的不同解释》（*Varying Interpretations of Quantum Mechanics*）中对这一点进行了论证，认为它把"正当的"和"不当的混合"混淆起来了，最先作出这项区分的人是贝尔纳·德斯班雅。

⑤ Barrett 2003，p. 185.

也从来没有体验到自己处于量子叠加状态中"①，这是哲学家戴维·阿尔伯特和巴瑞·洛沃在他们对"多世界诠释"的"解读"中所写的。

事实上，埃弗莱特已经深思过鲍尔的问题，在把量子观察者与一个正在分裂的阿米巴虫做比较的时候他写道："这两个阿米巴虫是等同还是非等同的问题稍晚些时就有些模糊不清了。在任何时候我们可以考虑它们是两个，它们将拥有共同的记忆直到某一点（共体），在那之后它们就根据以后各自不同的生活分开了。"②蔡赫后来讨论了这个问题，是从观察者的观点讨论的。在分裂发生以后。"人根据经验知道必须承认意识是在这些世界之一里出现的，不会更多。这与意识一次永远只在一个人那里出现的那个说法相似。"③蔡赫在他1967年的草稿《量子理论里的问题》（*Problems in Quantum Theory*）中写道。虽然蔡赫的论点给"既然我们存在于埃弗莱特多世界，为什么我们仍然能有自我感觉"这个问题添加了可说得通的道理（而且再一次，似乎预见到最近被讨论的时空中不同位置的连接，以及像"ER=EPR"猜想中的量子交替现实这些话题），但又因为把身心平行论与意识的性质关联起来，它也招来了一堆麻烦问题。

不巧的是，如果说还有什么东西比解密空间、时间和物质的起源更难，那就是意识的性质。迈克斯·泰格马克在2014年的一场TedX演讲中强调说，在物理学家看来，"一个有意识的人只不过是一堆重新组合过的实物"④。毕竟，一堆物质、一大堆汇聚起来的粒子怎么可能突然就开始会思考并且能感觉了？同一类的粒子，把它们重组成黄瓜或苹果的时候，我们很清楚地知道，都是看起来完全没有意识的，不是吗？而且人们观察到，即使同一副脑子也有时有意识，但有时又没有意识。这强有力地证明了这样一个假设，即意识并不是什么新物质或原理，而是一种把物质组织起来并使其运行的方式。

对于这个问题，威斯康星大学的神经科学家朱利奥·托诺尼提出了一个有意思的解答。根据他的想法，意识可能是作为某类信息处理的副产品而产生的，这种信息处理要足够复杂且高度交叉关联，而且可以用一种叫做"整合信息"或叫

---

① Albert & Lower 1988.

② Byrne 2010，p. 138.

③ "Man muss es aber als Erfahrung hinnehmen，dass das Bewusstsein nur in jeweils einer dieser Welten realisiert ist. Diese Erfahrung ist ähnlich derjenigen，die uns sagt，dass das Bewusstsein jeweils in einer Person realisiert ist"，Zeh 1967.

④ Max Tegmark，TEDx talk，Cambridge 2014.

"Φ"的可计算数量加以量化。"系统的整合程度越高，它的协同性就越高，它就越有'意识'。如果各个大脑区域之间互相过于孤立，或者过于胡乱相连，Φ值就低。如果这个机体有很多神经元，而且具备丰富的突触连接，Φ值就高"，神经科学家克利斯托夫·科赫（Christof Koch）解释道，他曾与托诺尼密切合作，并且总结道："基本上，Φ值是意识的量化表达。"[①]托诺尼本人只是简单地写道"意识是整合起来的信息"[②]。而迈克斯·泰格马克，他对意识进行研究是为了给量子因式分解问题找到一个解答，则对这样一种哲学有同感。"我觉得意识是物理现象，它给人以非物理的感觉是因为它恰似波和计算"，或者，换句话说，"我觉得意识是当信息被以某种复杂方式进行处理时带给人的感觉"[③]，他在2014年的TedX演讲中说出这样的看法。为了要把整合信息连接到量子力学，托诺尼和科赫发展出连接神经元网络与物质的任意状态的要求，而泰格马克则加以通用化，使之有能力以整合且足够独立于环境的方式储存及处理信息。泰格马克希望这样能找出可能更有利于意识发展的偏好量子基底，这本质上是个以人类为中心的论点。然而这么做的时候，泰格马克需要依赖于可能受到偏好的基底之间预先存在的差异——否则没法认为哪个基底比哪个更强。

此外至少还有第二种可能性，不需要预设一个受到偏好的宇宙基底。这种设想场景认以为真的是，在本质性层面上可能不存在受到偏好的基底，倒是会显现出一个受到偏好的框架，它只是由我们的意识在呈现宇宙时所采取的那种特定方式或视角造成的。

以这个观点来看，意识是第一位的。正如迈克尔·洛克伍德解释的，"在思考意识与大脑物质之间的关系时，哲学家们一直倾向于把物质看作是不言而喻的，认为构成哲学问题的是心灵而不是物质"，他把这一态度归因于我们"实质上是习惯了以牛顿的思路看待物质"。但这是条死路，洛克伍德相信，"然而牛顿式的物质概念是不正确的，现在正是哲学家们应该正式接纳已经取代了它的那个概念的时候……这个物质，量子力学中的物质，是非常难缠的问题，而且在哲学上没有得到正确理解"[④]。斯蒂芬·霍金从前的学生唐·佩奇（Don Page），一位

---

① Koch 2009.

② Tononi 2008.

③ Max Tegmark，TEDx talk，Cambridge 2014，http://www.tedxcambridge.com/talk/consciousness-is-a-mathematical-pattern/，accessed Sep 25，2021.

④ Lockwood 1989，p. ix.

黑洞热力学和时空涌现计划的先驱，倡导的一种诠释与洛克伍德的相似，他补充说，"这个想法不是说人需要对意识进行思考以便对无意识的量子世界作出合适的解读……，而恰恰是因为人想要解释意识体验本身的特性，所以需要对意识进行思索"①。

在这种情况下，受偏好的基底（以及它所牵扯出来的一切东西，应该也包括空间、时间和物质的显现）就会是我们视角的一个特征，或者说是我们如何感知宇宙的一个特征，而不是宇宙本身的特征。不论何时，在随便什么基底中，只要有物理物体以特定的方式处理信息，比如托诺尼、科赫和泰格马克所说的那种整合式信息处理，意识就会闪烁成形，一个心灵就会显现，从它的个性角度去感知宇宙。"如果选择了一个特定的子系统，从中挑中了某个可能的状态——我要重复的是，这不会是它的'真实状态'，因为不存在这种状态——那么就可以相对从这个子系统挑出的状态而言，给任何其他子系统赋予带有确定性的量子状态"，洛克伍德这么说，并强调"一个意识主体，在任何一个给定的时间上，都有权把宇宙其余部分之下的任何其他子系统想成——相对于他自己的那个状态而言——具有一个带确定性的量子状态"。这一步骤会再一次揭示出，受偏好的基底是我们自己视角的产物。"我们通常认为是某个事物在某个特定时间上所处的状态，实际应该被认为只不过是相对于我们自己的某个特定状态而显示出来的，而且这对于宇宙作为一个整体的状态也是一样的"②，洛克伍德解释说。

与此同时，宇宙本身，就其本质形态而言，依然是一元论的。一方面，"宇宙应该被想象成一个无缝整体，在顺畅而确切地按薛定谔方程演化着"③；另一方面，"只要子系统之间还存在着相互关联，就没有一个子系统可以被想象成在任何特定时间上处于任何有确定性的量子状态"④，洛克伍德强调说。

说到我们自己，意识的物理性关联就是位于人脑的神经元，人的意识从局地与外部世界互动，而量子退相干会产生一个宇宙，其中猫啊，石子啊，恒星和行星都以确切的状态和位置存在着。这，在我看来，就是对惠勒的字母U，对我们通过"观察其中一部分的这个举动，把宇宙本身变成现实存在"这一说法，我们

① Page 1995.
② Page 1995.
③ Lockwood 1989，p. 228.
④ Lockwood 1989，p. 228.

所能接近的程度了。

自我消失了?

然而，如果现在看起来有意识的自我体验确实有可能是处于第一位的，是我们的意识决定了量子现实如何转变为经典物理现实，并且以此为基石我们将建造我们的世界，那么神经科学已经给我们备下了一些听来不舒服的消息：据说许多神经科学家和哲学家今天相信，有意识的自我并不存在。"我们好像多数时间（如果还不能说是一切时间的话）居住其中的自我——这个有确切位置，固定不变，实实在在的意识中心——是个幻象"①，安娜卡·哈里斯大胆地宣告。简而言之，它可以归结为只不过是个构建，源自一个通过绑定及同步化而形成的有序框架的过程。

从我们试图标出自身边界那一刻开始，问题就来了。哲学家汤玛斯·梅辛格（Thomas Metzinger）在他的《自我隧道》（*The Ego Tunnel*）一书中讲述了很多例子，说明我们的自我感是如何有可能被操纵了。其中一个是"橡皮手幻象实验"，是由匹兹堡大学心理学家马休·波特维尼克（Matthew Botvinick）和乔纳森·科恩（Jonathan Cohen）实施的。梅辛格这样描写这次令人不安的体验："受试者观察着一只橡皮手放在他们面前的书桌上，他们自己与之对应的手因一个屏风挡住视线而看不到。然后可以看得到的橡皮手和受试者的看不到的手同时被轻拍。"这时不知怎么一来，你看见的手和你感觉到的手就在你的头脑中混淆起来了，结果"忽然，你就把那只橡皮手体验成你自己的，而且你从这只橡皮手里感觉到反复的轻拍。不只于此，你还感觉到一条完好的'虚拟手臂'——也就是，从你的肩膀到你面前放在桌子上的那只假手'连接'起来了"②。比橡皮手幻觉更令人印象深刻的是一个类似的实验，是梅辛格在他的书里往后一点的地方描写的：这回，在现场直播中一个受试者看着自己被从后面拍摄，他的背部被人抓挠着，到后来，受试者的自我感觉竟转移到他面前的屏幕中去了。这些发现令人信服地以实例说明我们的自我感是多么地脆弱，于是梅辛格得出结论，"没有自我这个东西。与大多数人相信的相反，没有人体验过或者有过一个自我……，据我们目前

①Harris，2019，p. 48. Harper. Kindle Edition.

②Metzinger 2009，p. 3.

所知，没有什么物品、没有什么不可分割的实体，可以称为是我们，它不在头脑中，也不在什么超凡脱俗的玄奥领域中"[1]。

当然，虽说我们描述到的这些幻觉有可能是由意识神经元关联中的一种局地过程造成的，但是它们似乎表明，这一物理过程是第一位的，而我们的体验则是一种构建，而不是一种再现，更不会是现实的根源。我们这是来到了一个量子意识的"鸡与蛋"的问题面前：经典世界是个幻觉，是从有意识的头脑望向量子宇宙的视角中冒出来的，这一看法有可能帮助解决偏好基底问题和量子因数分解问题。然而，根据神经科学，有意识的自我它本身就是个幻觉，是由一个经典物理性的大脑产生出来的。

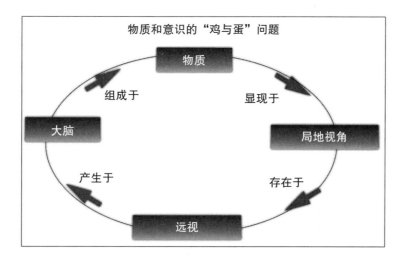

哪个是第一位的，物质还是意识？物质是从望向宇宙的局地视角中显现出来的，
局地视角存在于人的意识中，意识是从大脑中产生出来的，大脑又是由物质构成的。

所以，这么说也许"自我"和"经典世界"的显现是无可救药地纠缠在一起的，是个自我强化过程。如果我们信任《哥德尔、艾舍尔、巴赫：集异璧之大成》（*Gödel，Escher，Bach：An Eternal Golden Braid*）一书的作者道格拉斯·R.郝夫斯台德（Douglas R. Hofstadter），那么这种自己解释自己的连环套还确实就是"意识"这一现象的本质成分。郝夫斯台德在他的《我是个怪圈》（*I am a Strange Loop*）一书中写道，"简直就像这一叫做'意识'的滑得抓不住的现象拎着自己的

① Metzinger 2009，p. 1.

鞋带把自己拎了起来一样，几乎就像它是凭空把自己制作出来的"①，当然，这种想法猜测的成分很高，但是如果它们含有一点真相，那么在自我意识似乎消散的情况下，对量子世界到经典世界的转变过程进行探索也许会很有意思。

薛定谔之猫论LSD

大约1969年3月1日前后，伯纳德·穆瓦特西耶（Bernard Moitessier）把他的"约书亚号"双桅小帆船的航向由向北改为向东。根据史上第一次环球小艇赛"星期日泰晤士报金球环航赛"的规则，穆瓦特西耶单枪匹马环航了世界，一直没有停歇，在暴风雨水域也无人搭手，成功地绕过了好望角、卢因角和合恩角。当他最终再一次抵达平静、无冰的大西洋水域时，最初九位参赛者中只有四位还在比赛中。稍后还有两位会退赛，一位是因船只失事，另一位是因自杀。穆瓦特西耶有绝佳的机会赢得这场比赛，但却选择了从他这段旅程的末尾闪身，不回到欧洲去面对媒体炒作。把妻子和几个孩子留在身后，他选择继续航行四个月，再一次绕过好望角去塔希提。在大洋上独自一人待了六个月，他头脑的状态变得莫名其妙："人把自己给忘掉了，把一切都忘掉了，只看到小船在与大海嬉戏，大海在船周围嬉戏，把与这场游戏没有实质关系的一切都抛在一边……"芝加哥大学心理学家米哈里·契克森米哈赖（Mihaly Csikszentmihalyi）把这种深度投入的状态称作"流（Flow）"："这就是紧紧把握航向的水手的感觉，这时风从他的头发中抽打过去，小船像小马驹似的劈波斩浪——船帆、船舷、风，还有大海哼唱出和声，在水手的血脉中振动。"②

不过当然，"流"不是仅限于航行，在人感觉完全沉浸进去的任何一种活动中它都可以发生，而且它是创造性活动中至关重要的部分："它是当画布上的色彩相互间开始形成磁石般的张力，一个前所未有、活灵活现的形象开始成形时画家得到的那种感觉，连它的创作者都为之惊叹。"③根据契克森米哈赖，"陷入'流'之中"相当于体验到最大可能的幸福，"流"的时刻被推崇为健康充实生活不可分割的组成部分。不过用较浅显的话来说，"流"是心理学家所称的"意识

---

① Hofstadter 2007，Location 415.

② Csikszentmihalyi 1990，p. 3.

③ Csikszentmihalyi 1990，p. 3.

变迁状态"的普通版——这个名称可以套用于多种心灵状态，其中一些较为极端的类型可以由精神活性药物诱发，或者通过冥想以及某些剧烈变故的体验或濒死体验诱发。"意识变迁状态"会发展到远不只扭曲人的身心自我形象，到达巅峰时还会体验到自我和时间感的完全消失。"比如那张椅子腿……我花费了几分钟，还是几个世纪？不光是盯着那几个竹制的椅子腿看，而是实际上变成了它们。或者……，更确切地说（因为这里头没有'我'，在某种意义上也没有'它们'），是我的那个"非我"进到了那把作为'非我'的椅子里"[1]。心理学家马克·维特曼（Marc Wittmann）在他的《意识的变迁状态》（*Altered States of Consciousness*）一书中确认，"这些没有时间感和有永恒感的意识状态，经常伴随着物理和空间边界的消除以及与宇宙合而为一的幸福快乐感觉"[2]。他强调"时间和空间直觉的消失有一个关键点就是自我感消失，而与万物合而为一"[3]，而且"没有了自我的概念，时间就不存在"[4]。

有人提出，这些体验源自通常在丘脑中进行的信息过滤受到了抑制。梅辛格承认，大脑中的信息处理过程被改动之后，我们感知为"自我"和"现实"的那些构建就受到了损害。梅辛格的看法是，"意识体验像个隧道。我们看见什么和听见什么，或者我们感觉、闻到和尝到什么，都只是外面真实存在着的东西的一小点而已。我们意识中的现实世界是个模型"，"是个低维度投影，真正环绕并维系着我们的物理现实是丰富到无法想象的"[5]。在"意识变迁状态"中，这个隧道变得千疮百孔。英国心理学家苏珊·布莱克莫尔（Susan Blackmore）对此同意：梅辛格的"'主观世界的自我模型理论'跟我得出的某个其他想法很接近——不是物理意义上的人，或猫、狗、蝙蝠有主观体验，而是他们创造出来的自己的模型所有"[6]。这一观点与智利免疫学家和神经科学家弗朗西斯科·瓦雷拉（Francisco Varela）的概念不谋而合，他认为"有机体必须被看作是虚拟自我组成的网眼结构"[7]。这其中包括"有免疫力的自我""有意识的自我"和其他的概

---

① Huxley 2004，p. 8.

② Wittmann 2018，p. 24.

③ Wittmann 2018，p. 26.

④ Wittmann 2018，p. 27.

⑤ Metzinger 2009，p. 6.

⑥ Blackmore 2017，Location 4924.

⑦ Varela 1995.

念。那么如果是这样的话，量子力学中的"观察者自我"与我们"有意识的自我"是一回事吗？如果不是，那么这两者之间是什么关系？根据梅辛格和布莱克莫尔，"有意识的自我"与我们大脑中那个能构建世界模型的流程不是一回事，大脑中的流程应该与"观察者自我"是一回事。但是那样一来，外面那个本质性的现实就是量子力学式的，然后我们自我的局地视角掺和进来，引发量子退相干。没有这一依赖于"观察者自我"的局地视角，就不清楚大脑作为一个经典物理学物体怎样才能存在了。

值得注意的是，迷幻体验的这些作用在主观上好像与采用局地"青蛙视角"去触发量子到经典的转变所产生的作用正好相反。在"青蛙视角"中，由于不知道环境方面的信息，因此显现出一个经典物理学意义上、局地的"自我"，甚至还有空间和时间；反之，在量子力学的"鸟类视角"以及药物引发的幻觉中，由于有更完整的认知，似乎就触发了没有时间、非局地的体验，感觉"一切都是一"。鉴于有这些巧合，我们不禁猜测，是不是构成"有意识的自我"的那个局地算法，由于致幻剂的作用，变得如此强烈地与环境咬合在一起，以致它被提升到一种不那么局地的视角，这么一来就能够体验到某种"量子整体性"了。然而，不管"有意识的自我"和"观察者的自我"之间是什么关系——似乎都有必要请物理学家和神经科学家"商量好"，解开这些关系的谜团，以便能完全解释我们所感知到的现实是如何显现出来的。当然，在这些现象之间是否存在什么真正的联系，还远远没有定论。一些表面的相似之处可能源自用于描述大自然的概念数量是有限的，源自从打造文化升格为构建科学模型术语，源自两种本质不同的过程在结构上的相似之处，但最后也源自意识与量子到经典的转变有直接关系，不论是什么样的直接关系。

2016年，我提出了一个实验设置，可能能够探索这类关系。接下来的一年中我与马克·维特曼合作，在一篇给"基础问题研究所"FQXI的征文比赛[1]写的文章中发展了这一可能性。基本思路是实验组雇用一群受试者，比方说，在致幻药物的影响下，通过计算机屏幕实施量子测量（诸如向上自旋和向下自旋），同时，经过同样准备的对照组使用一套样子相同的计算机屏幕，但该屏幕连接到以一个随机数字发生器为基础的经典物理学模拟器上。对于任何经典观察者，测量过程

---

① Päs 2017，Päs & Wittmann 2017.

的结果会看起来完全像是随机数字。这样，观看量子测量时如有任何体验与观看随机结果不同，都指向一个非经典视角。其结果是，这一类的实验也许能让我们测试出是否实验组体验到了量子叠加而对照组没有。

但是，是不是至少在原则上有可能，意识可以与位于大脑外的任何东西进行量子纠缠？至少洛克伍德应该不会轻易否定掉这种猜测："对于感官体验是否应该被看作是仅限于大脑之内，或甚至仅限于身体之内这个问题，我不想持完全偏见态度。"[1]这很好地呼应了休·埃弗莱特的母亲凯瑟琳·肯尼迪（Katherine Kennedy）在她的一篇短篇小说里提出的一个想法："你相信我们的头脑是像岛屿一样，在地底下是与其他岛屿般的头脑连接着的吗？……你相信，比如，你自己的头脑是单独的仅仅因为它相信自己是与某种群体头脑分开着的？"[2]H. D. 蔡赫与他们不同，他持怀疑态度："在1970年代我自己也曾试图运用量子力学和量子纠缠来进一步了解意识体系的物理范围或所处位置问题……但是我后来放弃了这些努力，因为在量子力学测量装置和观察者的意识之间还存在着一个总的来说准经典物理的世界，泰格马克所说的神经元状态也在其中。"[3]

***

最后，我们所描述的这种思想实验可能太过于简单了。显然，人类的意识不会直接与量子系统产生有任何特定意义的互动，它在链条的末端接受先前已经处理好的信息——那个链条始于一个测量装置，信息是由光通过飞旋着的分子为媒介传送的——输入进宏观感知器官，最终通过神经系统发送。但是随着技术进步，说不定会有更加直接感知量子测量过程的方法，比如说，让受试者使用神经假体。虽然任何这类的场景，应该承认都是极具猜测性的，但暂时来说，我们可以下结论的是，假设鸟类望向量子现实的视角与被称为"意识变迁状态"的心理

---

[1] Lockwood 1989，p. 16.

[2] Byrne 201，p. 21.

[3] H. D. Zeh, E-Mail to the author, September 18, 2016: "In den siebziger Jahren habe ich auch versucht, mittels Quantenmechanik und Verschränkung mehr über die physikalische Einengung oder Lokalisierung bewusster Systeme erfahren zu können. Dabei habe ich sogar auf split-brain-Experimente verwiesen. Ich habe die Versuche aber aufgegeben, da zwischen einem qm Messapparat und dem Bewusstsein doch eine weitgehend quasi-klassische Welt liegt, wozu auch Tegmarks quasi-klassische Neuronenzustände gehören. In meinen neueren Arbeiten habe ich aber stets versucht, konsequent zwischen diesen beiden Teilen der 'Beobachtung' quantenmechanischer Systeme zu unterscheiden, wobei anscheinend bisher nur der erste Teil seriös zugänglich ist."

237

状态有惊人的相似之处。在当前，还远远不清楚这些相似之处源自哪里，这种体验是否与量子青蛙和量子鸟类有关；如果是的话，又是如何联系的。这些问题很可能会打开一个令人兴奋的研究新领域，从"电影胶卷"到"银幕现实"的过渡是如何与观察者关联的，以及量子退相干、视角、意识和自我的各个不同层面是如何协调产生出我们在日常生活中所能体验到的。

结论　未知的"一"

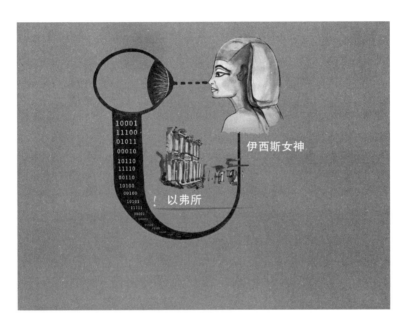

伊西斯女神

以弗所

　　可以说当人类第一次把自己想成为"我"的时候，一个"你"的念头已经暗含其中了。而且随着那暗含的意思，就引来了"我"到哪里止，"非我""别人"自哪里始的问题。这当然一定也带出来了关于死的想法：当"我"停止存在的时候会发生什么？人类最古老的神话，4 000年历史的苏美尔史诗《吉尔伽美什》和埃及亡灵书，讲的是爱情和别离、死亡和永生，也即统一和分割、时间和无时间。

　　这些思想后来演变成了各种一元论哲学。个体分立和时间流逝乃被看作是虚幻的，是不完美视角一个特征，是我们所感知到的那个"屏幕现实"的产物。隐藏在我们瞬息万变的感官体验背后的那个真正的根基性真相被想象成一个没有时间概念的统一整体，诸如伊西斯或潘神之类的女神或男神象征。万物，主观和客观的都算上，是被什么统合起来的，又是被什么区分开来的，这个问题似乎自古以来就备受人类关注。其实，这个问题的答案明显就是"没有任何东西"——不存在任何客观或主观的个体，每一样事物和每一个人都是一个囫囵整体的一部分。

　　一个让人头疼的事实是，同样还是这个答案，现在出现在了我们最先进的科学理论中：出现在量子力学中，也应用到宇宙中。现代科学把我们与人类起源密切联系起来——而且我们已经看到，这份遗产几千年来如何一直是灵感的源泉，又如何在现代科学的发展中成为负担。

　　然而，当量子力学显示出它的一元论根基之后，当科学家们毫不犹豫地开始将它运用到自己的研究工作中，以便搞懂物质、空间和时间的时候，仍旧有一些悬而未决的问题存在：我们把它当作大自然根基来宣扬的这个"太一"是什么？它是如何与古人的一元论信仰相联系的？对于以传统方式把宇宙分解为粒子或弦的做法，它又意味着什么？对于我们人类来说，生活在一元论的宇宙中意味着什么？以及最后：我们能确信它是正确的吗？或者说，它有没有可能是错误的？

"太一"是什么？

　　在即将证实"量子霸权"之时——在量子计算机性能超越经典计算机的那一刻，量子计算的真正硬件仍然成谜。在马克斯·普朗克最初的量子假说过了120年之后，对于量子力学到底是关于什么的仍然没有统一意见。如果本书是正确的，那么量子力学就事关"太一"，这是个古代的哲学概念，它把一切有可能发生的事物都统合在一起。这是个有3 000年历史的古老思想，从人类最早蹒跚学步起就伴随着人类，历经人类否定科学和宗教迫害的至暗岁月，贯穿人类一些最伟大的文化成就，一路来到现代科学和量子引力的发展过程中。

　　但"太一"究竟是什么？在宇宙的"电影胶卷"上记录着什么？如果它储存着有可能会发生的一切事物，那么这些可能发生的事物是遵循逻辑的吗？也就是说，"太一"的特性会是遵循不言自明的道理的，还是一套受到某些制约的物理可能性吗？那个"电影胶卷"又是什么，是"放映机"本身吗？"太一"是物质性的吗？它是精神还是信息？它是数学吗？这些都不是？还不存在简单的回答。所有这些观点的立场都有各自的拥护倡导者。

　　这是个尴尬的局面。一方面，正像量子计算开创者戴维·多伊奇急切呼吁的："我们非弄懂这个东西不可，……因为不这样的话，在物理学的每一个基础分支中我们都像是一边计划着远征月球，一边却仍然认为地球是平的。"①然而另一方面，就像哲学家盖伦·斯特劳森（Galen Strawson）感叹的那样，物理学"告诉我们的大量事实，都是关于物理现实中可以用数学方式描述的结构，是它用数字和方程等表达的事实……但是关于把这个结构充实变现的那个东西的内在本质，它却一丁点也没有告诉我们"，"在这个问题上……物理学默不作声"。斯特劳森继续追问："物理现实本质上是什么东西，是什么东西构成了由物理学显示出来的那种样子？"②至少截至目前，斯特劳森的这种抱怨是完全正确的。

为宇宙是由信息构成的这个假说大力呼吁的一位头面人物是塞思·劳埃德（Seth Lloyd），他是一位量子信息科学的开拓者，也是麻省理工学院的一位机械工程教授。劳埃德相信，把宇宙比作量子计算机是恰如其分的③。他在《编程宇宙》（*Programming the Universe*）一书中写道，"宇宙是由比特数位构成的"④。"实际上每样事物都在进行计算"⑤。劳埃德在一次采访中解释他的想法说："提到真正的计算机，在社会中我们习惯说它的硬件和软件。但是……这种区分其实不像人们以为的那么精准……粒子才是那个条形码。"⑥

劳埃德思索宇宙的方式是以计算理论中一个根本性概念为根基的。1936年，英国数学家艾伦·图灵（Alan Turing）发明了"图灵机"，这是"万能计算机"的一个抽象数学模型。图灵的一生是个悲剧：在第二次世界大战中他是密码破译员，在破解截获到的纳粹与他们的战斗人员之间的加密通讯文件中做出了至关重要的贡献，因此也就是在终极意义上为盟军胜利做出了贡献。然而战争之后图灵的同性恋问题被知晓，他的性取向被当作一项罪行受到迫害，他被判接受强制荷尔蒙治疗，这最终把他赶上了自杀之路。直到2013年，加上斯蒂芬·霍金的支持，伊丽莎白二世女王才赐予了他死后赦免。

在他的许多其他成就中，图灵为信息科学的基础做出了巨大贡献。跟现代计算机一样，"图灵机"配备了一个全能装置，由它所运行的软件决定具体做什么

① Deutsch 2010，p. 551.

② Galen Strawson，"Consciousness Isn't a Mystery. It's Matter," New York Times，16 May 2016，https：//www. nytimes. com/2016/05/16/opinion/consciousness-isnt-a-mystery-its-matter. html. Harris，Annaka. Conscious（p. 89）. Harper. Kindle Edition.

③ Lloyd 2013.

④ Lloyd 2007，p. 3.

⑤ Seth Lloyd. Interview with Robert Lawrence Kuhn，Sep 12，2021.

⑥ Seth Lloyd. Interview with Robert Lawrence Kuhn，Sep 12，2021.

工作。几年后德国工程师康拉德·楚塞（Konrad Zuse）——在从纳粹军方获得的资金支持下于1941年建造了第一台可编程计算机——更进一步提出，宇宙可以被理解为"计算太空"。后来卡尔·弗里德里希·冯·魏茨泽克在德国和约翰·惠勒在美国进一步发展了这一思想，在惠勒推出"一切源于比特"的口号时达到顶峰，他宣称"每一个粒子、每一个场或力，甚至是时空连续体本身——它的功能、它的意义、它的整个存在这件事本身，都是从机器设备给'是与否'这种二元选择题生成的答案中得出的——哪怕在某些情况下是间接得出的，都只是比特数位而已"[1]。

事实上，计算机科学家们使用成串的0和1，也就是用所谓的"比特数位"来编码海量信息，这些信息可以模拟或再现复杂的行为。在量子计算中，经典比特数位被"量子比特（Q-Bit）"取代，它可以被理解为以粒子自旋指向上或下来储存信息。迄今这一信息概念仍然描述的是物质是如何组织起来的，而不是物质本身是什么。然而在某些情况下，对粒子自旋的量子比特描述可做通用化以确定粒子本身。比如第6章中已经提到过，沃纳·海森堡1932年就已经指出，构成原子核的质子和中子它们的行为是如此相像，以至于可以把它们理解为同一粒子个体的两种状态——这是对量子自旋或量子比特的一种完美比喻。有意思的是，这么一来，质子和中子之间明显的物质性差别就被降低到只是在量子比特（Q-Bit）中储存的不同信息。这样的类比论证也适用于电子之间的差别和中微子之间的差别[2]。那个假设的大统一理论是1970年代以来由粒子理论学家们发展起来的，为的是最终能够把宇宙中的一切物质统一起来。这个理念被运用到了极致，因为现在所有已知粒子都被看作是一个粒子（或者叫量子场）的不同状态。在这一情况下，既然宇宙在我们看来是什么样子是由这个硬件里储存的信息而不是硬件本身决定的，那么"关于宇宙的硬件到底是什么"这个问题就确实变得越来越无关紧要了。就像同一个USB存储器可以储存不同的电影或歌曲，由此带来完全不同的体验或情绪宣泄，或者像不同品牌的计算机可以播放同样的电影，勾起同样的体验或情绪宣泄；而不论它们里面是怎么构造的，硬件的内在本质变得没有意义，有意义的是这个硬件是怎么组织起来的，它究竟储存了和处理了什么信息而已。

---

[1] Wheeler 1990，p. 5.
[2] 用技术术语来说，叫做"同位自旋双重体（Isospin Doublet）"。

它与柏拉图的著作《蒂迈欧篇》就接近到这种程度。在那篇著作中该哲学家发展出的概念是：每一样我们体验为外部现实的东西都是由烙印在"存在的助产士"中的信息图样产生的。正如劳埃德强调的，"一台量子计算机可以模拟任何局地量子系统"，意思是说"标准模型和（想必）……量子引力"——换句话说，一切事物——实际"可以直接由一个量子……机器人再现出来"。

根据劳埃德，这一景象可以解释为什么宇宙看起来如此复杂，而物理学中的实际法则显得又是相当简单。"原因是，许多复杂、有序的结构可以从短小的计算机程序中产生出来，尽管要经过冗长的计算"[①]，劳埃德写道。"一开始是比特数位，"[②]劳埃德解释道，接着就把他的想法充实起来说，"宇宙一经开始，它就开始了计算。起初它产生的是简单图案，都是些基本粒子，并建立起物理学的根本性法则。到了一定时候，随着它处理了越来越多的信息，宇宙甩出越来越多巧妙复杂的结构形来。"根据劳埃德的说法，例子包括："星系、恒星和行星。生命、语言、人类、社会、文化——所有这一切的存在都仰赖于物质和能量自身所具备的信息处理能力。"[③]一段简单的计算机程序可以产生复杂到难以想象的结构，有个著名的例子就是那个曼德勃罗集合，由很短的一段程序产生出来的分形图，可以层出不穷地显示出新的美观图案。在一篇1996年的文章中，迈克斯·泰格马克把这一思想运用到极致，提出宇宙的确"事实上几乎不含任何信息"[④]。泰格马克论证说，"量子退相干与某些非线性系统的标准混沌行为一起，会使宇宙在任何碰巧目前生活在其中有自我意识的子系统眼中极其复杂，哪怕它是处在大爆炸之后不久的一个相当简单的状态之中"[⑤]。事实上，如果我们再次回到柏拉图的"洞穴"，各样东西的影子不是因为有什么被添加进太阳的光亮中，而是因为光线被屏蔽打不到洞穴的墙上，正像在木头上刻出艺术品的做法是把木头挖掉而不是往木头上添加任何东西。如果这不止是个不严谨的类比，也许"太一"更接近于一张空画布，或是一个没有安放电影胶卷的放映机灯泡？

这些论点真的意味着"信息是第一位"的吗？说到底，只有当我们拥有合适的软件和操作系统，能把信息从硬件中提取出来并对它进行处理的时候，信息才

---

① Lloyd 2013.

② Lloyd 2007，Prologue，Location 53.

③ Lloyd 2007，p. 3.

④ Tegmark 1996.

⑤ Tegmark 1996.

具备了它的意义。如果说我们能够从存储棒中回放一部最近的卖座电影，或者一首莱昂纳德·科恩（Leonard Cohen）的歌曲，这并非就把那个存储棒变成了"信息"。存储棒依然是一块金属，它的功能配置是由构成它的那些粒子的确切状态赋予的。只有在合适的软件帮助下，以及另一个硬件装置来回放它，我们才能把这一功能配置解读为"信息"，也就是我们想要欣赏的那部影片或歌曲。与此类似，如果我们想要看一个中微子或电子是如何行为的，我们需要其他量子场，例如力载体或"规范"量子场来调解它们的效应。信息需要以物理的方式被纳入之后才能有用。举个极端点的例子，没人会被一段贝多芬的交响乐殴打致死，除非它可能是被涂写在一块石头上。

认为宇宙仅是信息而已的想法，其可以说最激进的版本是由迈克斯·泰格马克提出的。他写道："我来把这个想法推向极端，并论证我们的宇宙从严格意义上来讲就是数学。"[1] 他的解释是，"虽然物理学教科书中的习惯说法是，外部现实是用数学来描述的"，他则更是跨出了（至少）一步之遥，并声称"现实就是数学"[2]。泰格马克的论点与劳埃德那个以图灵万能计算机为基础的看法相似。"如果两个结构间（存在一对一的吻合），那就没有道理说它们不是一般无二了"[3]，泰格马克写道。任何其他东西，诸如物质、思想、空间和时间都被他当作"包袱"抛弃掉。泰格马克承认，"人可以争辩，我们宇宙的构成成分是可以由数学结构完美描绘的，但也有一些特性是它描述不了，也无法以抽象的不带包袱的方式描述"，但是他坚持"不过，那些把宇宙搞得无法用数学来定义的添枝加叶，也没有任何可观察到的效应"。这个说法正确吗？这些把宇宙搞得非数学化的"添枝加叶"，果真是观察不到的吗？我们要说的是，描述宇宙的数学结构是以物质形式存在着的，正是物质形式的存在才使宇宙能被观察到。这提醒人们警觉到，泰格马克的提法把现实与用来描述它的模型混淆了起来，使它成了一个哲学家们所称的"范畴错误"的最佳范例。

因此，似乎更正确的是，不是认为信息是第一位的，而是把它当作谈论那个内在硬件、那个"太一"是如何组织起来的一种方便说法。这个故事里还有另一重曲折：我们对这个世界的了解和体验，都仅以这个世界在我们的心灵意识中存

---

[1] Tegmark 2008.

[2] Tegmark 2008.

[3] Tegmark 2008.

在或反映到什么程度为限。对我们来说，只有我们意识到的东西才是存在着的，而意识可以说就是经过了加工的信息。所以如果一切事物仅仅存在于我们的心灵意识中，而且如果我们的心灵意识不是别的，只是信息，这是不是又意味着一切事物都是信息？看来就像我们在绕着圈子奔跑，还使自己离我们的实际体验和观察越来越远。跟我们讨论意识对物质的优先关系时一样，当我们想要找出物质和信息哪个是第一位时，我们就撞上了一个"鸡与蛋"的问题。

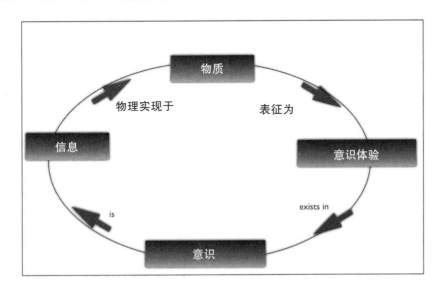

物质和信息的"鸡与蛋"问题：哪个是更本质性的，物质还是信息？物质在意识体验中得到反映，这可以说是大脑对信息进行处理的一个结果。然而信息是要以物理形式在物质中呈现的。

也许这个问题根本就问错了。也许我们不应该纠结，"放映机现实"究竟是像电子书、存储棒或硬盘上储存的那种信息，还是像屏幕上显示的砖头、椅子或房子那种物质。也许我们应该做的是反过来：把屏幕上的经典物理现实理解为有关量子领域的信息；把从银幕上体验到的电影情节视为告诉我们放映机室里有什么信息，而不是把电影胶卷看作是在银幕上展现的故事情节的信息。

当我与H.迪特尔·蔡赫探讨这些问题的时候，他写信给我道：

"在这种情况下我只把（'真实'）想成是'物理上真实'……因此对于我来说，比方说，宪法也不是真实的，除非它被'真实化'在纸上或物质性的大脑中……"[1]但是当问到他会不会把量子力学波函数说成是"物质性的"时，他否认了："虽然我不会把波函数称作'物质性的'，但我会说它是'真实的'……这与'只是数学'或'只是信息'这种说法是完全两码事。"[2]

正如蔡赫在为一本祝贺约翰·惠勒90岁生日的书撰写的特邀章节"波函数：现实还是数位"（*The Wave Function：It or Bit*）中所声称的："如果把'它'（现实世界）从操作主义意义上来理解，而把波函数看作'数位'（对潜在操作结果的不完整认知），则这种或那种的'它'也许真的会'从数位'中显现……"这段话的原文是"If 'it'（reality）is understood in the operationalist sense，while the wave function is regarded as 'bit'（incomplete knowledge about the outcome of potential operations），then one or the other kind of 'it' may indeed emerge 'from bit'..."（现实世界是无法彻底掌握的，用波函数对它作的描述只能是近似的，不可能面面俱到，因此它所呈现出来的现实只能是这样或那样的，与实际真相总是有所不同……）蔡赫承认，为了实用目的，这种思维套路是有用的："我预料在未来一段时间里，物理学家描述他们的实验时仍将使用这种实用性语言。"但是他接下来拿这一务实态度与一种对现实的基础寻根究底的方式做对比："然而，如果对'它'的描述不一定非要从操作上行得通，而是用普遍有效的概念来描述即可，那么对'它'来说波函数就仍然是唯一可用的选项……不管你怎么转来转去：'太初'有波函数。"[3]

以这种方式来看，我们最终达致的对量子力学的理解就与玻尔的观点截然相反。这个新观点不是把波函数当成一个提供信息的工具，告诉我们日常生活中的经典物体会有何种表现，它所揭示的恰恰正相反：必须把经典物体——空间、时间和物质看作是内在量子现实的信息。经典物体的表现允许我们把这一根本性现实的可能性空间压缩限制，我们对量子宇宙了解到的越多，我们就越能更好地理解"太一"究竟是什么。这里我们又可以强调与柏拉图的思想并行不悖，他把通向真理的道路比作是艰难跋涉脱离那个洞穴，也与披着纱巾的伊西斯的隐喻并行不悖，那块纱巾对于下面藏着什么向我们透露了有限的一些信息。

---

[1] H. D. 蔡赫，2016年2月19日，致本书作者的电子邮件。
[2] H. D. 蔡赫，2016年2月19日，致本书作者的电子邮件。
[3] Zeh 2002.

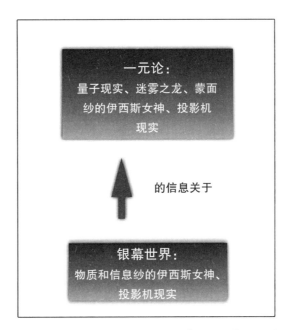

从一元论的视角来看,在日常生活这种"银幕现实"中体验到的物质和信息都透露出那个隐态现实,那个根本性的"一"的相关信息。

粒子和宇宙

我们这本书的出发点是认识到如果"一切即一",那么把宇宙想成是由粒子构成的就不再有意义,而相反的看法才是真实的:不管多么庞大复杂的粒子汇聚,都不是别的,只是望向那包罗万物的"太一"的一个特定视角而已。这样一种观点不亚于把对物理学基础的探索做了上下翻转。根据本书论点,符合逻辑的结论就是,物理学只有建立在量子宇宙学的基础上而不是建立在粒子或弦的基础上才能向前进。到了某个点——研究人员遭遇到的那些挥之不去的微调问题也许表明这个点已经达到了——对越来越小的距离和越来越高的能量进行探究,再也不会帮助我们离物理学的基础更接近些。

这就引发了一个显而易见的问题,粒子物理学在未来能扮演什么角色。将来继续向粒子加速器投资几十亿美元还有意义吗,或者这笔钱最好投资给科学的其他分支?应该强调的是,粒子物理学仍将是重要的。除非已经完全理解了粒子物理学是如何以及为什么没能揭示宇宙的本质,并且为暗能量和希格斯质量拿出自然解释，否则对究竟在哪一步走错了，以及对"越小就越具根本性"这一逻辑的极限在哪里进行调查研究，它就将一直为我们理解"下面到底在发生些什么"做出不可或缺的贡献。然而，在这项事业中粒子物理学将不得不接受一个新的、较为逊色一点的角色，它将再也不能声称自己是"理解宇宙的高招"了。相反，粒子物理学将越来越聚焦于它所采用的那天真的还原论为什么以及在哪里失败了。

粒子物理学仍然将以这一新角色作为基础物理学的一个重要支柱，但是必须在量子信息、量子基础以及宇宙学研究方面强化努力，作为对自身的补充支持。物理学中的各种分支学科，有好多至今被视为基本上互不关联，将需要它们紧密合围起来以便揭秘大自然的根基。哪一项具体实验可能在这场大拼搏的各个阶段中扮演关键角色必须进行评估，评估的依据是有哪些具体需要考察的悬而未决的问题，以及诚实的成本收益分析。

他们是怎么知道的？

如果一种古代思想真的掌握着通往物理学未来的钥匙，那么古代思想和现代物理学是如何关联着的呢？是什么让希腊哲学家，东亚贤哲、东方神秘学家和中世纪思想家拿出那些如此令人惊叹地接近现代物理学的思想，而对那些使现代物理学成为可能的先进实验手段却连一丝一毫都不知晓呢？如果我们允许放飞猜想，那么我们所了解的量子现实和意识变迁状态之间令人惊讶的相似之处，现在也许能提供一些解释。

也许，受试者在"意识变迁状态"中体验到一种量子整体感并不是完全不可能的，这包括人们所知道的从时间开始之时就有的"神秘体验"。要不就是，也许人类不知怎么保留了一些原始时代"与大自然一体"的潜意识记忆，那时候个体意识还没有充分发展起来——这可以说是像天堂一样的状态，就像"人类的堕落"诠释中所提示的那样，或者就像在爱留根纳或谢林的著作中讨论的那样。这样一种记忆也许接下来在异端宗教、神秘信仰团体和秘密社团中得到了培育。或者，在"意识变迁状态"中可以体验到的自我意识消失感，使这种记忆保持鲜活，或时不时把它唤醒。

也许从另一个方向进行论证会更加有道理。也许是因为我们的祖先丝毫不知道量子力学，所以一种建立在多重个体代理基础之上的本体论首先就显现出来。

也许对于我们最早的祖先来说，从他们的体验来看没错———一切就是"一"，而这种在世界上有许多自我的意识只是在越来越多地把自己视作个体之后才冒出来的；也是因为这种自我认知在描述和预测他们日常生活中发生了什么的时候变得越来越成功，因为人类社会的演化渐渐远离了大自然，通过劳动分工打造出了以文化驱动的现代国家。

关于为什么人类几千年来一直思考着的各种一元论哲学，且它们的核心思想会与量子力学貌似提示着的东西惊人地相似，当然也存在着更多的通俗解释。比如说，我的一个朋友薛西斯·塔塔（Xerxes Tata），夏威夷大学理论粒子物理学家，在谈另一件事时提到过，能供人类用来理解大自然的可能只有一套有限的概念。如果真是这样，那么基本相同的一些想法在大不相同的领域，诸如宗教、理论物理或抽象数学中出现也就不足为奇了。一个比上面这种论点更绝对一点的版本是由我的朋友以及心灵导师，范德堡大学的另一位粒子理论家汤姆·韦勒（Tom Weiler）提出来的："只有两个选择。要么一切是'一'，要么一切不是'一'。你有百分之五十的机会是正确的。"[1]汤姆是我所遇到过的最幽默的人之一，所以他关于相对机会的说法也许不是很认真的。但不管具体机会是什么样的，反正我不同意。比如说可以用一个类似的论点来质疑爱因斯坦的天才："时空几何学要么是由爱因斯坦的方程确定的，要么不是。"所以正像爱因斯坦对广义相对论的发现，需要从日常生活体验中抽象出巨大的一跃，一元论也是如此。对于我来说，一个大胆到能宣称整个宇宙是一个单一体的思想是怎么被想出来的，尤其是在缺乏任何可观察的证据的情况下，它始终是一个深奥的不解之谜。它好像是在告诉我们：它是深深埋藏在我们自身里的，因为我们自身是这一奇妙宇宙中有意识的居民。

"太一"和我们

丝毫不用怀疑，在接下来的几十年中，我们会看到越来越多的大型量子系统得到实现，我们自己也将越来越多地依赖那类技术装备，它们稳扎稳打地利用从量子信息技术获得的新知识见解。量子力学将进入我们的日常生活，使我们的日

---

[1] Tome Weiler, private communication.

常生活本身变得越来越"量子化"。如果"太一"是这个我们即将进入的量子世界的硬件，那么它也会变得对我们来说更加重要和有意义。生活在一个从其最根基层面上来讲是个"一"的宇宙中，对我们来说将是什么样的感觉？这场理解宇宙的革命将对我们的日常生活做出什么样的反馈？它能不能，从某些意义上，把我们变成更好一点的人类？

我们生活在一个全球挑战的时代：受到新的疫情大流行的威胁，面对着前所未有的全球气候变化以及世界人口越来越多，貌似这些问题不可能由单独的社会群体或民族国家凭一己之力解决。然而，人类似乎没有团结起来面对这些挑战。反而，各个社会变得越来越碎片化和两极分化。在这一局面下一元论能有什么帮助呢？如果一元论意味着单独个体的理念是幻象，大自然是由互动着的网络主宰着的，那么这样一种哲学能不能使我们变得不那么自我，而更多地增加对彼此和我们自然环境的意识？它能不能支持我们共同努力而不是互相作对呢？

保罗·哈里森，那位建立并主持"世界泛神主义运动"（这是个代表宗教版本的一元论信仰者的社团）的英国环境论者，认为是可以的。哈里森在他的《泛神论的各种元素》（*Elements of Pantheism*）一书中写道，"泛神论的'神'是一切万物的共同体。它不是'他'，也不是'她'，也不是'它'。它是'我们'，而且是在最广阔和最包容意义上的我们，包容从石头到藻类，从蝴蝶到人类，到恒星和行星的一切东西"[1]。哈里森希望泛神主义可以说服我们"这个地球是我们能够找到或建成我们的乐园的唯一一个地方"[2]，并劝导我们要有相应的行为举止。

这种愿望并不是毫无事实依托的。正像我们在前面已经看到过的，在历史进程中，一元论的功能就像是进步思想和人类权利的触发器，它启发了文艺复兴时代宽容和原创性的知识分子氛围，就像从启蒙运动以后的历次科学革命以及从18世纪以后的一些政治革命。一元论与通常说的科学或自然一样，不会给我们提供一个道德指南。我们现在十分清楚，美丽的大自然能有多慈悲仁怀就能有多残酷无情。我们既能够俯拾即是地在大自然中找到个体之间相互支持的例子，也能够俯拾即是地找到强大的个体生机蓬勃，弱小的个体黯然消失的例子。正如历史已经证明了，一元论的思想和对大自然的赞美也曾胡作非为，为种族主义和社会达尔文主义正名。为了避开这些倒退，我们必须要依靠道德价值观，它们在历史进

---

[1] Harrison 2013，p. 45.

[2] Harrison 2013，p. 58.

程中通过协调我们的社会关系而涌现，并且经受住了考验。

再者，大自然不为任何特定伦理观念背书，因为根本就不存在任何不属于大自然的一部分东西。从科学视角来看，一片郁郁葱葱的草场并不比一条公路或一座发电厂更"大自然"。基因工程、核能和交响乐与树木、海洋和甲虫一样同属大自然的一部分。没错，人类总想要改变他们的环境，且这么做的时候并不总是把它变得更宜居些。但是其他类的生物，甚至就是无生命的自组织进程，例如病毒、洪水、湍流、地震或火山活动，也都是这样的。从我们所知的一切来说，宇宙并不关心我们或我们面临的问题，就连人类的存在与否也一样。尽管如此，不论好坏各种科学概念会改变我们感觉和行为举止的方式。

没错，一元论也被用来作排斥而不是包容事物，被当作独一无二的真理，期待使其他都臣服或消失。宗教原教旨主义者和政治极端主义者都利用过这一逻辑先把一元论转化为二元论，再最终将其转化为各种种族灭绝意识形态。与此类似，一元论曾被滥用于伪科学神秘主义。重要的是要记在心里，尊重大自然意味着，我们既不应该把一切事情做绝，但更加重要的是我们需要接受大自然本来的样子——也就是说，人不应该把自己的一些先入为主的理念投射到大自然中去。科学的否定者们有时赞赏歌德对待大自然的那种感情用事的方式，因为它好像允许他们把个人想法认定为好的或"自然的"。不是这么回事。科学和技术是读懂大自然和认识大自然本来面目的唯一方法。只有当一元论能够保持对多样性不带偏见的开放态度，包容整合性的视角时，它才能成为一个人类未来的哲学指导原则。但这并不意味着我们完全没有希望期待一元论能使我们变得不那么自私，更加开放和宽容。说到底，一元论把关注焦点从个体转移到个体成员之间的相互依存网络上。特别是对大多数（如果还不是全部）宗教和科学一视同仁有影响作用的一元论精神，可以帮助为不同背景和信仰的个体找到一个能够共享的共同立足点，它可以发展成为一种催化剂，促进宗教理解、宽容与和平。这样一个思想境界可以切实支持我们与地球合作，维护地球——如果这能够成为普遍共识，成为人类文化一个不可分割的部分。

如果任何这样的努力要想获得成功，只有当一元论，以及在普遍意义上的科学，能令人信服地被传达到整个人口的绝大部分当中的时候。如果有很大一部分人类感觉自己被排除在外，不论是在经济上还是在知识上，排除在一元论或在普遍意义上的科学的见解和利益之外，就会点燃动乱不安。人类历史的大部分时间里，一元论，虽然深深植根于我们的心理传承之中，但一直都是一小群地位优越的人物所占有的奢侈品，他们包括埃及法老和他的祭司们，雅典、亚历山大或罗马的哲学家，佛罗伦萨文艺复兴时代围绕在美第奇家族周围的学者和艺术家圈子，荷兰黄金时代的启蒙运动哲学家和科学家以及伦敦皇家学会的成员们，或者歌德的魏玛时代的诗人和思想家们。历史一而再再而三地告诉我们，在号称普世有效的哲学思想面前，感觉被排斥在外的社会群体会转向宗教狂热、极端意识形态，以及，通常来说，一种二元世界观。一神论宗教的兴起和古典时代的衰落，佛罗伦萨文艺复兴时期原教旨主义传教士萨伏那罗拉的兴起，20世纪和21世纪的政治极端主义，都是这方面的例子。就在最近，万维网，原本开发出来给CERN粒子物理学家使用的一种工具，现在比以往任何时候都更加有效地把全球各地的人类连接了起来，已经既成了一个对每个人都开放的知识和信息的重要来源，与此同时也是块孕育伪科学和阴谋理论的场地。

为了要从一元论受益，关键是要让它变得更有包容性。只有当科学是透明的，对非科学家主流人群是明白易懂的时候，它才能帮助人类从它那令人惊恐的威胁旁边躲闪过去。一元论既可以是一线希望也可以是这场拼搏中的一个风险。只有当我们经受住这一挑战，认识到我们都是一个本质上单一体的各个侧面，我们自己和与我们切身相关的生态环境都连接在一起，最终与整个宇宙连接在一起，我们才可能真的准备得较充分了些，可以维护好我们的行星并共同面对未来危机。

当然没人说这是件容易的事。拥抱宇宙，既把它看作一个本质性的单一体，是"太一"，又看作是它呈现给我们的这种多样性；这不是个简单的任务，不论是对于科学来说，还是对日常生活来说都是如此。但它是个任务，这项任务激发了我们的一些最有创造力和最崇高的思想。它是值得一试的！

它有可能是错的吗？

但是让我们回到科学。如果一元论果真是个万能准则，遍及宇宙，连接宇宙，那么我们必须要问一个科学问题：它有可能是错的吗？

当然有可能！如果一元论再一次被视为科学概念，这就使它变得易受伤害。每种科学理论都应该做出经得起实验考验的预测。而且每一个理论，如果有实验证据证明与它相反，或如果它在自己的应用范围内就是不能对重要事实作出解释，就都应该被取代掉。这是说如果它没有成果。本书的主要信息是，一元论的确在科学上卓有成果：量子力学一被认真看待，一元论就直接跟进，提供了一个思想理论框架用于最近的量子引力研究，以及一个所需要的新视角，用以处理粒子物理学和宇宙学方面的一些本质性问题。我希望我已经成功地指出了，有坚实可靠的证据表明，一元论至少是个有希望有前景的假说。作为一名科学家，我不能肯定地说一元论究竟是正确的还是错误的——谁也不能。但是要用来定义我们现有物理学的基础的话，我把它看作是有最佳动机和最佳前景的候选准则。

物质、信息和视角之间的具体关系，以及与此类似的，意识、时间和我们感知为我们经典生活环境的显现，这些问题都远远没有得到解决。它们将定义21世纪的科学和哲学问题。"太一"，一个有3 000年历史的古老哲学概念，一方面超越了经典物理学，但同时又是完美的自然主义，最大限度地独立于观察者之外；另一方面却又与我们的切身体验如此亲密无间，现在正在取得具体的科学意义。在这趟精彩旅程中它将扮演一个主要角色。在基础物理学正面临着严重危机，多元宇宙概念被论证为"物理学中最危险的想法"的时代，在全部的科学努力可能都岌岌可危，物质、空间和时间被随手放弃而不再视为现实世界的本质性因素的时代，用一个既新兴又古老的不同视角去望向宇宙也许会有帮助——用德国哲学家弗里德里希·谢林的话来说，"再一次把翅膀借给物理学"。把"太一"请回科学，此正其时矣。

鸣谢

本书汇集起来的这些想法伴随了我很多年，也是经过了与很多科学家、哲学家、作者和朋友们讨论而后形成的。

使我受教最多的是已故的 H. 迪特尔·蔡赫，他慷慨地把他的见解和研究工作，通过长达好几年的电子邮件往来与我分享和讨论。我只是逐步才认识到（而且仍然继续认识到），他在多么众多的方面都走在他的时代前面。对我同样重要的是与克劳斯·基弗尔的很多讨论，其间他耐心地给我解释了量子力学、量子退相干和量子宇宙的许多基础的以及不那么基础的事实。

我还通过讨论本书中涉及的各方面内容获益匪浅，跟我讨论过的人里有戴维·阿尔伯特，尼马·阿尔坎尼-哈米德、吉姆·巴戈特（Jim Baggott）、菲力普·巴尔（Philip Ball）、劳拉·鲍迪斯（Laura Baudis）、亚当·贝克（Adam Becker）、约翰尼斯·布拉赫腾多夫（Johannes Brachtendorf）、彼得·伯恩、肖恩·卡罗尔、亚伦·考德威尔（Allen Caldwell）、克劳迪奥·卡洛西（Claudio Calosi）、戴维·多伊奇、萨宾·厄尔曼-赫福特（Sabine Ehrmann-Herfor）、乔治·埃利斯（George Ellis）、布利吉特·法尔肯堡（Brigitte Falkenburg）、库尔特·弗拉施（George Ellis）、肯·福特、艾力克·霍埃尔（Erik Hoel）、萨拜因·霍森菲尔德、艾里希·朱斯、汉斯·克罗夫特（Hans Kloft）、让·马克（Jean-Marc）、列维-勒布朗、安德烈·林德（Andre Linde）、贝拉·莫约罗维茨（Bela Majorovits）、尼克·马夫洛马托斯（Nick Mavromatos）、安尼卡·穆伦伯格（Annica Müllenberg）、乔治·马瑟（George Musser）、野村泰纪、唐·佩奇、托斯滕·奥尔（Thorsten Ohl）、大卫·帕罗齐亚（David Parrochia）、休·普赖斯（Huw Price）、约克·拉马切斯（Yorck Ramachers）、卡洛·罗威利、约什·罗萨勒尔（Josh Rosaler）、西蒙·桑德斯、乔纳森·夏法尔、马克西米利安·施洛绍尔、奥维迪乌·克里斯蒂·斯多伊卡、约臣·桑戈列斯（Jochen Szangolies）、彼得·塔拉克（Peter Tallack）、薛西斯·塔塔、列夫·威德曼，麦克尔·约克

254

（Michael York）、席格里德·蔡赫（Sigrid Zeh）、沃奇克·祖瑞克，可能还有好多人我已经忘记了。不用说，这不意味着他们当中任何一个人赞同我的结论。一切错误无一例外都是我的。

那些美妙的插图使得一些主要的角色鲜活了起来，都是以我母亲弗里佳（Frigga）的图样为基础创作出来的，同时我非常感激詹姆斯·E.惠勒（James E. Wheeler）医学博士慷慨地允许我使用他父亲约翰·阿奇博尔德·惠勒那著名的字母"U"。

我还多亏了卡瑞·凯普哈特（Kari Kephart）、贝拉·莫约罗维茨、马克·维特曼和扬·齐尔（Jan Zier），他们阅读了书稿的很大一部分，并给了我很宝贵的反馈意见。当"大流行"把每个人都关闭在自己家中的时候，我母亲弗里佳供给我上佳的伙食，以及安静的地方进行写作，我的兄嫂姻亲巴巴拉（Barbara）和塔德乌什（Tadeusz）总是来帮忙家里的杂事，白天还温馨地帮忙带我们的儿子。萨拉（Sara）和赫米（Hemmi）对我付出的爱心支持比任何人都多，且忍受了我多变的情绪。

如果没有我的代理人盖尔斯·安德森（Giles Anderson）的努力，以及基础书局（Basic Books）的布兰登·普罗亚（Brandon Proia）和麦德林·李（Madeline Lee）和托马斯·"T. J."凯莱赫（Thomas "T. J." Kelleher）的努力，这本书不会存在。有时在试图表达怎样把宇宙想象为"一"，又为什么这样做是对的，以及表达这一理念的历史，它能给现代物理学中的前沿研究人员带来什么影响时，我感到茫然。这本书天马行空，在时间和空间、各种话题和理论，包括很多引人入胜的众多主题中穿梭。把这些线索编织成一个尚可卒读的文本，没有他们的帮助，我取得极微弱的一点点成功都是根本不可能的。

延伸阅读

关于量子力学的早期以及不那么早期的历史,（至少）有两本出色的书,曼吉特·库马尔（Manjit Kumar）的《量子》（*Quantum*）和吉姆·巴戈特的《量子通史》（*The Quantum Story*）。前者叙述的是 20 世纪前半叶量子力学环环相扣的发展过程,后者讲的是一些重要发现的时刻,也包括诸如现代粒子物理学、霍金辐射和惠勒–德威特方程这样一些话题。这两本书读起来都令人格外地轻松愉快。在敢于质疑正统哥本哈根诠释的那些量子反叛者的故事中延续了这一策划风格。亚当·贝克尔（Adam Becker）的近作《什么是真实的?》（*What Is Real?*）对这出大戏作了精彩愉悦的叙述,比它更具有学者气息一些,但依然很可读的是小奥利瓦尔·弗雷利的《量子异见人士》（*The Quantum Dissidents*）。我书里一些主要人物的生平传记,不可或缺的信息来源包括彼得·伯恩那本精彩的《休·埃弗莱特三世的多世界》（*The Many Worlds of Hugh Everett III*）,以及约翰·惠勒与肯·福特一起写作的那本奇妙的自传《真子、黑洞和量子泡沫》（*Geons, Black Holes and Quantum Foam*）。关于惠勒以及他与理查德·费曼关系的更多信息可以阅读保罗·哈尔彭（Paul Halpern）的精彩著作《量子迷宫》（*The Quantum Labyrinth*）。有一本聚焦美国量子异见人士的消遣读物是大卫·凯泽（David Kaiser）的《嬉皮士们怎样拯救了物理学》（*How the Hippies Saved Physics*）,不可错过。

量子力学作为现实世界的一个模型,它所带来的意义在戴维·多伊奇的《现实世界的构造》（*The Fabric of Reality*）中得到了讨论,还有更晚近的肖恩·卡罗尔的《深藏的东西》（*Something Deeply Hidden*）,这两本书都有精彩的见解,揭示了许多信息。我还推荐迈克斯·泰格马克在《科学美国人》中发表的那些富有启发性的文章,比如《量子 100 年》（*100 Years of the Quantum*,2001 年 2 月,与约翰·惠勒合写）以及《平行宇宙》（*Parallel Universes*,2003 年 5 月）。还有两本很棒的书,对诠释量子力学的不同方法进行了讲解（并且开解了一些常见错误概念）,这两本书都对埃弗莱特的研究持批评意见,一本是菲利普·巴尔的《超越怪异》(*Beyond Weird*)，还有约翰·格里宾（John Gribbin）的《六件不可能的事》(*Six Impossible Things*)。

一本关于"无时间宇宙"的开创性著作是朱利安·巴伯的经典著作《时间的尽头》(*The End of Time*)，还有一本肖恩·卡罗尔的《从永恒到此刻》(*From Eternity to Here*)，是对一般意义上的时间问题的精彩导论。对于那些能阅读德文（或波兰文）的人，我强烈推荐克劳斯·基弗尔的星级著作《量子宇宙》(*Der Quantenkosmos*)。乔治·马瑟的上乘佳作《幽灵般的超距作用》(*Spooky Action at a Distance*)主题是量子纠缠及其在时空之外对物理学的影响，可以参阅《量子杂志》(*Quanta Magazine*)中的一些精彩文章，这些文章是由马瑟以及他的同事娜塔莉·沃尔乔弗，K. C. 科尔（K. C. Cole），托马斯·穆勒、奥伦纳·施马哈洛（Olena Shmahalo），詹妮弗·奥雷特以及其他一些人写的。他们都做了了不起的工作，用人们都能够理解的方式对最抽象以及最新的研究工作进行了讲解。分别聚焦于弦理论或圈量子引力论视角的精彩著作有布莱恩·格林（Brian Greene）的《宇宙的结构》(*The Fabric of the Cosmos*)和卡洛·罗威利的《现实不是它看起来的那样》(*Reality Is Not What It Seems*)。虽然在大多数这些书和文章中很少谈论一元论，但是它们普遍都同意，量子力学不只是导论中必不可少的概率预测，而且没讲的东西有可能对最前沿的科学以及对我们对现实世界的观念有重大意义。

一元论的历史覆盖最全面、最优美的要数扬·阿斯曼那本令人惊叹的《埃及人摩西》(*Moses the Egyptian*)和皮埃尔·哈多（Pierre Hadot）的《伊西斯的纱巾》(*The Veil of Isis*)。凯瑟琳·尼克赛的《变暗的时代》(*The Darkening Age*)讲述的是一元论与早期基督教之间冲突不断的关系，既令人不安又扣人心弦。近代早期宗教和科学连绵不断的冲突是英格丽·罗兰（Ingrid Rowland）的《乔尔丹诺·布鲁诺：哲学家/异端分子》(*Giordano Bruno： Philosopher/Heretic*)以及阿尔贝托·A.马丁内斯的《活活烧死》的主题，前一本是讲述布鲁诺生活和思想的非凡力作，后一本则是聚焦于对布鲁诺和伽利略的审判，以及他们的毕达哥拉斯信念在这一背景下所扮演的角色。柏拉图主义和毕达哥拉斯主义这两种紧密纠缠在一起的哲学的历史在吉蒂·弗格森（Kitty Fergusson）那本妙趣横生的《毕达哥拉斯》(*Pythagoreanism*)、克里斯多弗·里德维格那本较为学者气的《毕达哥拉斯》(*Pythagoreanism*)和查尔斯·H.卡恩写的《毕达哥拉斯和毕达哥拉斯学派》(*Pythagoras and the Pythagoreans*)以及《柏拉图和后苏格拉底对话》(*Post-*

socratic Dialogue）中得到了叙述。

关于文艺复兴时期一般意义上的古代哲学特别是一元论的复活，有几本情节紧张的书，其中包括斯蒂芬·格林布拉特的《急转弯》，沃尔特·艾萨克森（Walther Isaacson）的《列奥纳多·达·芬奇》（*Leonard da Vinci*）和保罗·斯特拉森的《美第奇家族》（*The Medici*）。至少有两本关于浪漫主义科学和第二次科学革命现象的书我想推荐：第一本是理查德·霍姆斯的《奇迹时代》（*The Age of Wonder*），主要讲述在英国科学和浪漫主义交织演绎；第二本是安德烈·沃尔夫（Andrea Wulf）的《自然的发明》（*The Invention of Nature*）对亚历山大·冯·洪堡生平的精彩讲述，以及他主要在南北美洲的探险经历和影响有精彩讲述。这些书聚焦于历史发展的同时还都以自己的方式令人信服地传达了同一个意思，科学发展得最好的时候总是伴随着一个带有统一倾向的世界观，它的目标是要从整体上解释大自然。

想对物理之美相对于人择推论方面的讨论，以及以数据为依据的非臆测研究方式有较好了解的话，我推荐阅读各相关立场主要倡导者的著作，包括弗朗克·维尔切克的《一个美丽的问题》（*A Beautiful Question*）、莱昂纳德·萨斯坎德的《宇宙景观》（*The Cosmic Landscape*）以及萨拜因·霍森菲尔德的《迷失在数学中》，这几本书本身都非常有趣，读起来很享受。最后，如果你想通过阅读来更多了解宇宙是不是由物质、信息或数学构成的话，塞思·劳埃德那富丽堂皇的《编程宇宙》（*Programming the Universe*）和迈克斯·泰格马克那本神奇的《我们的数学宇宙》（*Our Mathematical Universe*）可能就是你应该最先开始读的。如果你想对意识和自我的复杂关系进行更深度的挖掘，可以读马克·维特曼那本让人兴奋的《意识的变迁状态》（*Altered States of Consciousness*），汤玛斯·梅辛格那本令人惊讶的《自我隧道》和苏珊·布莱克莫尔那本震撼心灵的《看见我自己》（*Seeing Myself*），加上安娜卡·哈里斯的新书《有意识》，它对这一大类主题提供了一个既简明扼要又高度有乐趣的导读。

可能你是个理工科学生，或者是一位想要把自己对量子力学的过时见解更新一下的成年物理学家，如果你想超越文字叙述，那么你的下手之处可以是莱昂纳德·萨斯坎德的《量子力学：最少须知理论》（*Quantum Mechanics：The Theoretical Minimum*）。虽然这本书对数学的要求比高中略高一些，但它对量子力学做了现代的最新介绍，同时其令人好理解的程度无出其右，给人奠定基础的是把量子力学理解为构形空间里的状态矢量物理学，而不是在空间和时间中发展的波函数。之后，你可以继续读马克西米利安·施洛绍尔的《退相干与量子到经典的过渡》（*Decoherence and the Quantum-to-Classical-Transition*），它对量子退相干的介绍面面俱到：从理论模型的实验证据到诠释和哲学上的意义。施洛绍尔这本书的第9章可以称得上格外的宝贝，其中作者讨论了量子力学与意识之间潜在的连接关系。从这里开始起，就看你的兴趣是什么了：退相干理论的一个经典著作是《退相干和量子理论中经典世界的出现》（*Decoherence and the Appearance of a Classical World in Quantum Theory*），作者为艾里希·朱斯和几位合著者，包括 H. 迪特尔·蔡赫和克劳斯·基弗尔。关于物理学中时间问题的标准参考书是 H. 迪特尔·蔡赫的《时间方向的物理基础》（*The Physical Basis of the Direction of Time*）。下面几本书可以帮你打下基础，去阅读一堆休·埃弗莱特的著作或关于他的书：杰弗里·巴雷特和彼得·伯恩的《量子力学的埃弗莱特诠释》（这里面包括有埃弗莱特的原始论文），西蒙·桑德斯和合著者的《多世界：埃弗莱特，量子理论和现实》，大卫·华莱士的《涌现理论》（*The Emergent Multiverse*）和杰弗里·巴雷特的《头脑和世界的量子力学》（*The Quantum Mechanics of Minds and Worlds*），或沃奇克·祖瑞克发表在《今日物理学》上的原始论文，包括"量子退相干和从量子到经典的过渡"（1991）（*Decoherence and the Appearance of a Classical World in Quantum Theory*）和"量子达尔文主义，经典现实，以及量子跃迁的随机性"（2014）（*Quantum Darwinism，Classical Reality， and the Randomness of Quantum Jumps，2014*）（*Decoherence and the Apperarance of a Classical World in Quantum Theory*），当然还有由 H. 迪特尔·蔡赫著作的文章。蔡赫的文章中发展出的许多思想，与我想在这里表达的论点最为接近，这些论文都收集在他的网站上（现在由克劳斯·基弗尔的群组主持的科隆大学：http：//www. thp. uni-koeln. de/gravitation/zeh/网址可以看到）①。其中好多都翻译成了德文，并收进了他的既有娱乐性又惹人争议的书《没有现实的物理：深刻还是疯狂？》（*Physik ohne Realität：Tiefsinn oder Wahnsinn?*）了。

①作者给出一个与海德堡大学关联的网址，但无法打开，有兴趣的读者当然可以在 Reserchgate 上查找蔡赫的文章。——编者注

参考书目

Adamson. Peter. 2007. *Al-Kindi.* Oxford University Press.

Adler. Jeremy. 1998. *Hölderlin : Selected Poems and Fragments.* Penguin (Kindle Edition).

Aguirre. Anthony & Tegmark. Max. 2011. *Born in an Infinite Universe*, Physical Review D 84, 105002, arXiv:1008.1066.

Albert. David & Lower. Barry. 1988. *Interpreting the Many Worlds Interpretation.* Synthese Vol. 77, No. 2, pp. 195–213.

Albert. David Z. 2019. *How to teach quantum mechanics.* PhiSci Preprint 15584.

Albert. Karl. 2008. *Platonismus.* WBG Academic.

Albert. Karl. 2011. *Amalrich von Bena und der mittelalterliche Pantheismus.* In: Zimmermann. Karl. 2011. *Die Auseinandersetzungen an der Pariser Universität* im Ⅷ. *Jahrhundert.* Gryuter, pp. 193–212.

Arkani-Hamed. Nima & Trnka. Jaroslav. 2014. *The Amplituhedron.* JHEP. 030, arXiv:1312.2007.

Assmann, Jan. 1997. *Moses the Egyptian.* Harvard University Press (Kindle Edition).

Assmann. Jan. 1999. *Hen kai pan. Ralph Cudworth und die Rehabilitierung der* hermetischen Tradition. In: Neugebauer-Wölk. Monika. 1999, *Aufklärung und Esoterik*, Hamburg, pp. 38–52.

Assmann. Jan 2005. *Schiller, Mozart und die Suche nach neuen Mysterien*, in: Bayerische Akademie der schönen Künste, Jahrbuch 19, München 2005, pp. 13–25.

Assmann. Jan. 2010. *The Price of Monotheism.* Stanford University Press.

Assmann. Jan. 2014. *Religio Duplex.* Wiley/Polity Press (Kindle Edition).

Baggott. Jim. 2011. *The Quantum Story.* Oxford University Press.

Balasubramanian. Vijay, McDermott. Michael B. & Van Raamsdonk. Mark. 2012. *Momentum-space entanglement and renormalization in quantum field theory.* Physical Review D 86, 045014, arXiv: 1108.3568.

Baldwin. Anna. 2008. *Platonism and the English Imagination.* Cambridge University Press.

Ball. Philip. 2018a. *Beyond Weird.* University of Chicago Press.

Ball. Philip. 2018b. *Why the Many-Worlds Interpretation Has Many Problems.* Quanta Magazine, October 18, 2018, Excerpt from his Book "*Beyond Weird*", https://www.quantamagazine.org/why-the-many-worlds-interpretation-of-quantum-mechanics-has-many-problems-20181018/, Accessed Aug. 16, 2021.

Bamford. Christopher. 2000. John Scotus Eriugena: *The Voice of the Eagle*. Lindisfarne Books (Kindle Edition).

Baring. Maurice. 1906. *Leonardo Da Vinci: Thoughts on Art and Life*. The Merrymount Press/e-artnow (Kindle Edition).

Barrett. Jeffrey A. 2003. *The Quantum Mechanics of Minds and Worlds*. Oxford University Press.

Barrett. Jeffrey A. & Byrne. Peter. 2012. *The Everett Interpretation of Quantum Mechanics*. Princeton University Press.

Barbour. Julian. 1999. *The End of Time*. Oxford University Press (Kindle Edition).

Barbour. Julian. 2009. *The Nature of Time*. arXiv:0903.3489.

Barnes. Johnathan. 1987. *Early Greek Philosophy*. Penguin.

Becker, Adam. 2018. *What is Real?* Basic.

Bell. John S. 1988. *Speakable und Unspeakable in Quantum Mechanics*. Cambridge University Press.

Bernardi. Gabriella. 2016. *The Unforgotten Sisters*. Springer.

Berenstain. Nora. 2020. *Privileged-Perspective Realism in the Quantum Multiverse*. In: David Glick. David, Darby. George & Marmodoropp. Anna. 2020. *The Foundation of Reality*. Oxford University Press, pp. 102-122.

Bertlmann. Reinhold & Zeilinger. Anton (eds.). 2002. *Quantum [Un]speakables*. Springer.

Blackmore. Susan. 2017. *Seeing Myself*. Robinson/Little, Brown Book Group (Kindle Edition).

Blackwell. Richard & de Lucca. Robert (eds.). 2004. *Giordano Bruno: Cause, Principle and Unity*. Cambridge University Press.

Bohm. David. 1951. *Quantum Theory*. Dover.

Bohr. Niels. 1928. *The quantum postulate and the recent development of atomic theory*. Nature, 121, pp. 580 - 590, In: Wheeler & Zurek 1983, pp. 87-126.

Bohr. Niels. 1949. *Discussions with Einstein on Epistemological Problems in Atomic Physics*. In Schilpp 1949, pp. 199-242.

Bohr, Niels, 1953. *Physical Science and the Study of Religion*. In: Studia Orientalia Ioanni Pedersen Septuagenario Ⅶ. E. Munksgaard, pp. 385-390.

Bousso, Raphael & Susskind. Leonard. 2012. *The Multiverse Interpretation of Quantum Mechanics*. Physical Review D 85 045007, arXiv:1105.3796.

Bowring. Edgar A. 2004. *The Poems of Goethe*. Digireads/Neeland Media LLC (Kindle Edition).

Boyer. Carl B & Merzbach. Uta C. 1991. *A History of Mathematics*. John Wiley & Sons.

Bragdon. Kathleen. 2002. *The Columbia Guide to American Indians of the Northeast*. Columbia University Press.

Brennan. Mary. 2002. John Scottus Eriugena: *Treatise on Divine Predestination*. University of Notre Dame Press (Kindle Edition).

Bryson. Bill. 2010. *Seeing Further. Harper* Press.

Burgess. Cliff. 2021. *Introduction to Effective Field Theory*. Cambridge University Press.

Burnet. John. 1963. *Early Greek Philosophy*. Meridian.

Byrne. Peter. 2010. *The Many Worlds of Hugh Everett Ⅲ*. Oxford University Press.

Camilleri. Kristian. 2009. *A history of entanglement: Decoherence and the interpretation problem*. Studies in History and Philosophy of Modern Physics 40 (2009) 290–302.

Cao. ChunJun, Carroll. Sean & Michalakis. Spyridon. 2017. *Space from Hilbert Space: Recovering Geometry from Bulk Entanglement*. Phys. Rev. D 95, 024031, arXiv:1606.08444.

Capra. Fritjof. 1975. *The Tao of Physics*. Shambhala.

Carabine. Deirdre. 1995. *The Unknown God*. Peeters Press.

Carabine. Deirdre. 2000. *John Scottus Eriugena*. Oxford University Press.

Carroll. Sean. 2010. *From Eternity to Here*. Dutton.

Carroll. Sean. 2016. *The Big Picture*. Dutton.

Carroll. Sean & Singh. Ashmeet. 2018. *Mad-Dog Everettianism: Quantum Mechanics at Its Most Minimal*. arXiv:1801.08132.

Carroll, Sean. 2019a. *Something Deeply Hidden*. Dutton.

Carroll, Sean. 2019b. *The Hidden Truth About Spacetime*. New Scientist, September 14–20, 2019.

Carter. Howard. 2014. *The Tomb of Tutankhamun, Volume 1: Search, Discovery and Clearing of the Antechamber*. Bloomsbury.

Cassidy. David C. 2010. *Beyond Uncertainty*. Bellevue Literary Press.

Chalmers. David. 1995. *Facing up to the problem of consciousness*. Journal of Consciousness Studies. 2 (3), pp. 200–219.

Champion. Justin 2003. *Republican Learning*. Manchester University Press.

Cohen. Hendrik Floris. 1984. *Quantifying Music*. Springer.

Cowen. Ron. *The quantum source of space-time*. Nature 527, pp. 290–293.

Coleman. Janet. 2008. *The Christian Platonism of Saint Augustine*. In: Baldwin 2008, pp. 27–37.

Coxon. Allan H. 2009. *The Fragments of Parmenides*. Parmenides Publishing.

Crull. Elise & Bacciagaluppi. Guido. 2016. *Grete Hermann-Between Physics and Philosophy*. Springer.

Csikszentmihalyi. Mihaly. 1990. *Flow*. Harper Collins.

Darwin. Erasmus. 2019. *The Temple of Nature*. Sophene.

Davies. Oliver. 1994. *Meister Eckhart: Selected Writings*. Penguin.

De Padova. Thomas. 2011. *Das Weltgeheimnis*. Piper.

D'Espagnat. Bernard. 1979. *The Quantum Theory and Reality*. Scientific American Scientific 241, 158–181.

D'Espagnat. Bernard. 1995. *Veiled Reality*. Basic.

D'Espagnat. Bernard. 1998. *Quantum Theory : A Pointer To An Independent Reality*. arXiv:quant-ph/9802046v2.

D'Espagnat. Bernard. 2009. *Quantum weirdness*: *"What we call 'reality' is just a state of mind"*, The Guardian, March 20, 2009.

Deutsch. David. 1998. *The Fabric of Reality.* Penguin (Kindle Edition).

Deutsch. David. 2010. *Apart from Universes.* In: Saunders 2010, pp. 542–552.

Deutsch. David & Marletto. Chiara. 2014. *Constructor Theory of Information.* arXiv:1405.5563.

DeWitt. Bryce. 1970. *Quantum mechanics and reality.* Physics Today Vol. 23 (9), September 1, 1970, p. 30.

DeWitt. Bryce, Graham. Neill. 2015. *The Many-Worlds-Interpretation of Quantum Mechanics.* Princeton University Press.

Diamond. Jared. 2013. *The World until Yesterday.* Penguin (Kindle Edition).

Dickie. John. 2020. *The Craft.* Hodder & Stoughton.

Dillon. John. 1991. *Plotinus: The Enneads.* Penguin.

Drake. Stillman. 1960. Galilei Galilei: The Assayer. University of Pennsylvania Press.

Dürr. Hans-Peter. 1990. *"Physik und Transzendenz".* Knaur.

Ehrmann. Sabine. 1991. *Marsilio Ficino und sein Einfluß auf die Musiktheorie.* Archiv für Musikwissenschaft H. 3., pp. 234–249.

Einstein. Albert. 1936. *Physik und Realität.* Journal of the Franklin Institute, Vol. 221 No. 3, pp. 313–347.

Einstein. Albert, Podolsky. Boris & Rosen. Nathan. 1935. *Can Quantum-Mechanical Description of Physical Reality Be Considered Complete?* Physical Review 47: 777.

Ellis. George F.R. 2011. *Why the Multiverse May Be the Most Dangerous Idea in Physics. Originally published as Does the Multiverse Really Exist?.* Scientific American Vol. 305 Issue 2 (August 2011).

Emerson. Ralph Waldo. 2003. *Nature and Selected Essays.* Penguin.

Everett. Hugh. *Relative State Formulation of Quantum Mechanics.* Reviews of Modern Physics 29, 3: 454–462.

Ferguson. Kitty. 2010. *Pythagoras.* Icon Books (Kindle Edition).

Feshbach. Herman, Matsui. Tetsuo & Oleson. Alexandra. 1988. *Niels Bohr: Physics and The World.* Routledge.

Flasch, Kurt. 2004. *Nikolaus von Kues in seiner Zeit.* Reclam.

Flasch, Kurt. 2007. *Nikolaus Cusanus.* C. H. Beck.

Flasch, Kurt. 2013. *Das philosophischen Denken im Mittelalter.* Reclam (Kindle Edition).

Flasch, Kurt. 2015. *Meister Eckhart: Philosopher of Christianity.* Yale University Press.

Forman. Paul. 2011. In: Carson. Cathryn, Kojevnikov. Alexei & Trischler. Helmuth. 2011. *Weimar culture, causality, and quantum theory.* World Scientific, pp. 203–119.

Freedman. Michael & Zini. Modj Shokrian. *The Universe from a Single Particle.* arXiv:2011.05917

Freely. John. 2010. *Aladdin's Lamp.* Vintage.

Freely. John 2014. *Celestial Revolutionary.* I. B. Tauris.

Freire Junior. Olival. 2004. *The Historical Roots of "Foundations of Quantum Physics" as a Field of Research* (1950–1970). Foundations of Physics, Vol. 34, No. 11.

Freire Junior. Olival. 2009. *Quantum dissidents: Research on the foundations of quantum theory circa 1970.* Studies in History and Philosophy of Modern Physics 40 pp. 280–289.

Freire Junior. Olival. 2015. *The Quantum Dissidents.* Springer (Kindle Edition).

Fromm, Erich. 1956. *The Art of Loving.* Harper & Row.

Gatti. Hilary. 1997. *Giordani Bruno's Ash Wednesday Supper and Galileo's Dialogue of the Two Major World Systems.* Bruniana & Campanelliana, Vol. 3, No. 2, pp. 283–300.

Gatti. Hilary. 1999. *Giordano Bruno and Renaissance Science.* Cornell University Press.

Gefter. Amanda. *How to Rewrite the Laws of Physics in the Language of Impossibility.* Quanta Magazine, April 29, 2021, https://www.quantamagazine.org/with-constructor-theory-chiara- marletto-invokes-the-impossible-20210429/, accessed Sep 25, 2021.

Gilder. Louisa. 2008. *The Age of Entanglement.* Alfred A. Knopf.

Giudice. Gian. 2017. *The Dawn of the Post-Naturalness Era.* arXiv:1710.07663 [physics.hist-ph]

Gleick. James. 2004. *Isaac Newton.* Harper Perennial.

Goddu. Andre. 2010. *Copernicus and the Aristotelian Tradition.* Brill.

Goldstein. Jürgen. 2019. *Georg Forster.* University of Chicago Press.

Gomes. Henrique. 2021. *Holism as the empirical significance of symmetries.* Eur. J. Phil. Sci. 11 3, 87, arXiv:1910.05330.

Greenblatt. Stephen. 2012. The Swerve: How the Renaissance Began. Vintage.

Gribbin. John. 2005. The Fellowship. Allen Lane.

Gribbin. John. 2012. *Erwin Schrödinger and the Quantum Revolution.* Bantam (Kindle Edition).

Gribbin. John. 2019. *Six Impossible Things.* Icon (Kindle Edition).

Griffith-Dickson. Gwen. 2005. *The Philosophy of Religion,* SCM Press (Kindle Edition).

Hadot. Pierre. 2006. *The Veil of Isis.* Harvard University Press.

Haeckel. Ernst. 2016. *Die Welträtsel.* Zenodot.

Halliwell. Jonathan J., Perez-Mercader. Juan. and & Zurek. Wojciech. H. 1994. *The Physical Origins of Time-Asymmetry.* Cambridge University Press.

Halfwassen. Jens. 2004. *Plotin und der Neuplatonismus.* C. H. Beck.

Halpern. Paul. 2017. The Quantum Labyrinth. Basic.

Han. Bingzheng & Akhoury. Ratindranath. 2020. *Entanglement, Renormalization and Effective Field Theories.* arXiv:2011.05380.

Harari. Yuval Noah. 2015. *Sapiens.* Vintage (Kindle Edition).

Harris. Annaka. 2019. *Conscious.* Harper Collins (Kindle Edition).

Harrison. Paul. 2013. *Elements of Pantheism.* Element Books (Kindle Edition).

Hawking. Stephen. 1993. *"Hawking on the Big Bang and Black Holes".* World Scientific.

Heine. Heinrich. 1972. *Zur Geschichte der Religion und Philosophie in Deutschland.* In: Heinrich

Heine: Werke und Briefe in zehn Bänden. Band 5. Aufbau-Verlag, pp. 216–257.

Heisenberg. Werner. 1930. *The Physical Principles of the Quantum Theory.* University of Chicago Press 1930, Dover 1949.

Heisenberg. Werner. 1958. *Physics and Philosophy.* Harper & Brothers.

Heisenberg. Werner. 1972. *Physics and Beyond.* Harper & Row.

Heisenberg. Elisabeth. 1982. *Das politische Leben eines Unpolitischen.* Piper.

Hermann. Armin. 1970. *Der Kraftbegriff bei Michael Faraday und seine historische Wurzel.* Physikalische Blätter, Volume 26, Issue 7.

Hermann. Grete. 1935. *Die naturphilosophischen Grundlagen der Quantenmechanik.* Die Naturwissenschaften 23 42 (1935) pp. 718–721.

Herrmann. Kay. 2019. *Grete Henry-Hermann: Philosophie-Mathematik-Quantenmechanik.* Springer.

Heuser-Keßler. Marie-Luise. 1992. *Schelling's Concept of Self-Organization.* In: Friedrich. Rudolf & Wunderlin. Arne (eds.). 1992. *Evolution of Dynamical Structures in Complex Systems.* Spinger.

Holmes. Richard. 2008. *The Age of Wonder.* Harper Press.

Hofstadter. Douglas R. 2007. *I Am a Strange Loop.* Basic (Kindle Edition).

Hopkins. Jasper. 1990. *Nicholas of Cusa: On Learned Ignorance.* Arthur J. Banning Press.

Hornung. Erik. 2005. *Der Eine und die Vielen.* WBG.

Hossenfelder. Sabine. 2018. *Lost in Math.* Basic.

Hovis. R. Corby & Kragh. *Helge. P. A. M. Dirac and the Beauty of Physics.* Scientific American 268 (May 1993).

Hu. Wayne & White. Martin. *The Cosmic Symphony.* Scientific American 290, (February 2004) pp. 46–55.

Huxley. Aldous. 1945. *The Perennial Philosophy.* Harper.

Huxley. Aldous. 2004. *The Doors of Perception.* Vintage (Kindle Edition).

Iliffe. Rob. 2017. *Priest of Nature.* Oxford University Press.

Imerti. Arthur D. 1964. *Giordano Bruno: Expulsion of the triumphant beast.* Rutgers University Press.

Isaacson, Walther. 2008, *Einstein,* Pocket Books.

Isaacson, Walter. 2017. *Leonardo Da Vinci.* Simon & Schuster (Kindle Edition).

Ismael. Jennan and Schaffer. Jonathan. 2020. *Quantum Holism: Nonseparability as Common Ground.* Synthese 197, 4131–4160 https://doi.org/10.1007/s11229-016-1201-2, accessed Sep 2, 2021.

Israel. Jonathan I. 2001. *Radical Enlightenment.* Oxford University Press.

Jacob. Margaret C. 1970. *An Unpublished Record of a Masonic Lodge in England: 1710.* Zeitschrift für Religions-und Geistesgeschichte Vol. 22, No. 2, pp. 168–171.

Jacob. Margaret C. 1981. *Radical Enlightenment.* George Allen & Unwin.

Jacob. Margarte C. 2019. *The Secular Enlightenment.* Princeton University Press.

Jaksland. Rasmus. 2020. *Entanglement as the world-making relation: distance from entanglement.* Synthese 198, 9661–9693.

James. Jamie. 1995. *The Music of the Spheres.* Abacus.

Jammer. Max. 1974. *The Philosophy of Quantum Mechanics.* John Wiley & Sons.

Jammer. Max. 1999. *Einstein and Religion.* Princeton University Press.

Jaspers. Karl. 1984. *Der philosophische Glaube.* Piper.

Joos. Erich. 1986. *Quantum theory and the appearance of the classical world.* In D. Greenberger. Daniel (Ed.). *New techniques and ideas in quantum measurement theory*, pp. 6–13. New York Academy of Sciences.

Jordan. Pascual. 1971. *"Die weltanschauliche Bedeutung der modernen Physik"*, in Dürr 1990.

Jowett, Benjamin. 2017. *Plato: The Complete Works.* Olymp Classics.

Kahn. Charles H. 2001. *Pythagoras and the Pythagoreans.* Hackett Publishing.

Kahn. Charles H. 2013. *Plato and the Post-Socratic Dialogue.* Cambridge University Press.

Kaiser. David. 2012. *How the Hippies Saved Physics.* W. W. Norton.

Kiefer. Claus. 1994. Semiclassical Gravity and the Problem of Time. arXiv:gr–qc/9405039.

Kiefer. Claus & Zeh. H. Dieter. 1994. *Arrow of Time in a Recollapsing Universe.* arXiv: gr–qc/9402036v2.

Kiefer. Claus. 2009a. *Der Quantenkosmos.* Fischer.

Kiefer. Claus 2009b. *Does Time Exist in Quantum Cosmology.* arXiv:0909.3767.

Kiefer. Claus. 2015. *Albert Einstein, Boris Podolsky, Nathan Rosen.* Springer.

Koch. Christof. 2009. *A "Complex" Theory of Consciousness.* Scientific American MIND, July 1, 2009, https://www.scientificamerican.com/article/a-theory-of-consciousness/ accessed Aug. 24, 2021.

Kristeller. Paul Oskar. 1964. *Eight Philosophers of the Italian Renaissance.* Stanford University Press.

Kristeller. Paul Oskar. 1980. *Renaissance Thought and the Arts.* Princeton University Press.

Kuhn. Thomas S. 1977. *The Essential Tension.* University of Chicago Press.

Kumar. Manjit. 2009. *Quantum: Einstein, Bohr and the Great Debate About the Nature of Reality.* Icon.

Lane. Beldon C. 1990. *The Breath of God: A Primer in Pacific/Asian Theology.* In Christian Century, September 19–26, 1990, pp. 833–838.

Lau, Darell. 1963. Lao Tzu: *Tao Te Ching.* Penguin.

Lee. Kai Sheng et al. 2021. *Entanglement between superconducting qubits and a tardigrade.* arXiv: 2112.07978.

Leibniz. Gottfried Wilhelm. 1763. *Theodicee, Band II.* Breitkopf & Sohn.

Livio. Mario. 2002. *The Golden Ratio.* Broadway Books.

Lloyd. Seth. 2007. *Programming The Universe.* Vintage (Kindle Edition).

Lloyd. Seth. 2013. *The Universe as a Quantum Computer.* arXiv:1312. 455.

Lockwood. Michael. 1989. *Mind, Brain and the Quantum*. Basil Blackwell.

Luibheid. Colm. 1987. *Pseudo-Dionysius-The Complete Works*. Paulist Press.

Lumma. Dirk. 1999. *The Foundations of Quantum Mechanics in the Philosophy of Nature by Grete Hermann*. The Harvard Review of Philosophy Ⅶ p. 35-44.

MacKenna. Stephen. 1991. *Plotinus: The Enneads*. Penguin.

Mahadevan. Telliyavaram. 1957. *The Upanisads. In: Sarvepalli Radhakrishnan: History of Philosophy Eastern and Western*. George Allen.

Maldacena. Juan & Susskind. Leonard. 2013. *Cool horizons for entangled black holes*. Fortsch.Phys. 61 pp. 781-811, arXiv:1306.0533.

Marletto. Chiara. 2021. *The Science of Can and Can't*. Viking.

Martinez. Alberto A. 2018. *Burned Alive: Giordano Bruno, Galileo and the Inquisition*. Reaktion.

Massimi. Michaela. 2017. *Philosophy and the Chemical Revolution after Kant*. In: Ameriks. Karl (ed.). The Cambridge Companion to German Idealism 2nd edition. Cambridge University Press., pp. 182-204.

McGinnis. Jon. 2010. *Avicenna*. Oxford University Press.

McGuire. James E. & Rattansi. Piyo. M. 1966. *Newton and the Pipes of Pan*. Notes and Records of The Royal Society 21(2):108-143.

Mermin. N. David. 1989. *What's wrong with this pillow?*. Physics Today 42, 4, pp. 9-11.

Mermin. N. David. 2004. *What's Wrong With This Quantum World*. Physics Today 57, 2, 10.

Metzinger. Thomas. 2009. The Ego Tunnel. Basic.

Misner. Carl, Thorne. Kip & Wheeler. John. 1973. *Gravitation*. W. H. Freeman & Company.

Misner. Carl., Thorne. Kip. & Zurek. Wojciech H. 2009. *John Wheeler, Relativity and Quantum Information*. Physics Today 62, 4, pp. 40-46.

Moitessier. Bernard. 1995. *The Long Way*. Sheridian House.

Moore. Walter J. 1989. *Schrödinger: Life and Thought*. Reissue 2015. Cambridge University Press.

Musser. George. 2015. *Spooky Action at a Distance*. Farrar, Straus and Giroux.

Musser. George. 2020. *The Most Famous Paradox in Physics Nears Its End*. Quanta Magazin, October 29, 2020, https://www. quantamagazine. org/the-black-hole-information-paradox-comes-to-an-end-20201029/, accessed Aug 8, 2021.

Nadler. Steven. 2011. *A Book Forged in Hell*. Princeton University Press.

Nomura. Yasunori. 2011. *Physical Theories, Eternal Inflation, and Quantum Universe*. JHEP 11 (2011) 063, arXiv:1104.2324.

Nicholson. Reynold A. 1973. *Rumi: Divani Shamsi Tabriz*. Rainbow Bridge.

Nixey. Catherine. 2017. *The Darkening Age*. Macmillan (Kindle Edition).

O'Meara. John. 1987. *Eriugena: Periphyseon*. Dumbarton Oaks.

Ornes. Stephen. 2019. *News Feature: Quantum effects enter the macroworld*. PNAS November 5, 116 (45) 22413-22417.

Ouellette. Jennifer. 2015. *How Quantum Pairs Stitch Space–Time.* Quanta Magazine, April 28, 2015, https://www. quantamagazine. org/tensor–networks–and–entanglement–20150428/, accessed April 3, 2022.

Ouellette. Jennifer. 2016. *A New Spin on the Quantum Brian.* Quanta Magazine, November 2,2016, https://www. quantamagazine. org/a–new–spin–on–the–quantum–brain–20161102/, accessed April 3, 2022.

Oxenford. John. 2008. *Johann Wolfgang von Goethe – Autobiography.* Floating Press.

Page. Don N. 1995. *Sensible Quantum Mechanics: Are Only Perceptions Probabilistic?.* arXiv:quant–ph/9506010.

Pais. Abraham. 1982. *"Subtle is the Lord…".* Oxford University Press.

Palmer. John. 2009. *Parmenides and Presocratic Philosophy.* Oxford University Press.

Palmer. John. 2019. *Parmenides, The Stanford Encyclopedia of Philosophy* (Fall 2019 Edition), Edward N. Zalta (ed.), https://plato. stanford. edu/archives/fall2019/entries/parmenides/(accessed March 11, 2020).

Pauli. Wolfgang. 1961. *"Die Wissenschaft und das abendländische Denken",* in Dürr 1990.

Parrinder. Edward Geoffrey. 1970. *Monotheism and Pantheism in Africa.* Journal of Religion in Africa, Vol. 3. Fasc. 1, pp. 81–88.

Päs. Heinrich 2017. *Can the Many–Worlds–Interpretation be probed in Psychology?.* International Journal of Quantum Foundations, Volume 3, Issue 1, arXiv:1609.04878.

Päs. Heinrich & Wittmann. Marc. 2017. *How to set goals in a timeless quantum Universe.* Contribution to the 2017 Essay FQXi Contest, https://fqxi. org/community/forum/topic/2882, accessed Aug. 25, 2021.

Petersen. Aage. 1963. *The Philosophy of Niels Bohr.* Bulletin of the Atomic Scientists 19, 7, pp. 8–14.

Pinch. Geraldine. 2002. *Handbook of Egyptian Mythology.* ABC–Clio.

Planck. Max. 1950. *Scientific Autobiography and other Papers.* Williams & Norgate.

Polchinski Joe. 2016. *The Black Hole Information Problem.* arXiv:1609.04036.

Pünjer. Bernhard. 1887. *History of the Christian Philosophy of Religion from the Reformation to Kant. T. & T. Clark.*

Rattansi. Piyo M. 1968. *The Intellectual Origins of the Royal Society.* Notes and Records of The Royal Society 23(2):129–143.

Richter. Jean Paul. 1883. *The Notebooks of Leonardo Da Vinci.* Public Domain (Kindle Edition).

Richter. Peter H. & Scholz. Hans–Joachim Scholz. 1987. *Der goldene Schnitt in der Natur –* harmonische Proportionen und die Evolution, in: Küppers . Bern–Olaf (ed.). 1987. Ordnung aus dem Chaos, Piper.

Riedweg. Christoph. 2005. *Pythagoras.* Cornell University Press.

Roebuck, Valerie. 2003. *The Upanisads.* Penguin.

Roeck. Bernd. 2019. Der Morgen der Welt. C. H. Beck.

Rovelli. Carlo. 2009. "*Forget Time*". arXiv:0903.3832.

Rovelli. Carlo. 2014. *Why Gauge?*. Foundations of Physics 44 pp. 91–104, arXiv:1308.5599.

Rowen. Herbert H. 2002. *John De Witt*. Cambridge University Press.

Rowland. Ingrid. 2008. *Giordano Bruno: Philosopher/Heretic*. Farrar, Straus and Giroux.

Santner. Eric L. 1990. *Friedrich Hölderlin: Hyperion and Selected Poems*. Continuum.

Safranksi, Rüdiger. 2009. *Romantik*. Fischer.

Safranksi, Rüdiger. 2017. *Goethe: Life as a Work of Art*. Liveright (Kindle Edition).

Saunders. Simon. 2000. *Clock Watcher*. New York Times, March 26, 2000.

Saunders. Simon. et al. 2010. *Many Worlds: Everett, Quantum Theory and Reality*. Oxford University Press.

Schaffer. Jonathan. 2010. *Monism: The Priority of The Whole*. Philosophical Review 119 (1) pp. 31–76.

Schaffer. Jonathan. 2018. *Monism*. The Stanford Encyclopedia of Philosophy (Winter 2018 Edition), Edward N. Zalta (ed.), https://plato.stanford.edu/archives/win2018/entries/monism/, (accessed March 11, 2020).

Schelling. Friedrich W. J. 2004. *First Outline of a System of the Philosophy of Nature*. SUNY Press.

Schelling. Friedrich W. J. 2013. *Ideen zu einer Philosophie der Natur*. Jazzybee Verlag (Kindle Edition).

Schefer. Christina. 2001. *Platons unsagbare Erfahrung*. Schwabe.

Schilpp, Paul A. 1949. *Albert Einstein: Philosopher–Scientist*. Cambridge University Press.

Schopenhauer. Arthur. 2010. *The World as Will and Representation* [Translated and Edited by Judith Norman, Alistair Welchman & Christopher Janaway]. Cambridge University Press.

Schlosshauer. Maximilian. 2008a. *Decoherence and the Quantum–To–Classical Transition*. Springer.

Schlosshauer. Maximilian. 2008b. *Lifting the fog from the north*. Nature 453, 39.

Schrödinger. Erwin. 1935a. *Discussion of probability relations between separated systems*. Mathematical Proceedings of the Cambridge Philosophical Society. 31 (4): 555–563.

Schrödinger. Erwin. 1935b. *Probability relations between separated systems*. Mathematical Proceedings of the Cambridge Philosophical Society. 32 (3): 446–452.

Schrödinger. Erwin. 1935c. *Die gegenwärtige Situation in der Quantenmechanik*. Die Naturwissenschaften 48:52.

Schrödinger. Erwin. 1952a. *Are there quantum jumps? Part I*. The British Journal for the Philosophy of Science, Vol. 3, No. 10 (Aug., 1952), pp. 109–123.

Schrödinger. Erwin. 1952b. *Are there Quantum Jumps? Part II*. The British Journal for the Philosophy of Science, Vol. 3, No. 11 (Nov., 1952), pp. 233–242.

Schrödinger. Erwin. 1992. *What is Life?*. Cambridge University Press.

Schrödinger. Erwin. 2014. *Nature and the Greeks and Science and Humanism.* Cambridge University Press.

Sears. Jane. 1952. *Ficino and the Platonism of the English Renaissance.* Comparative Literature, Vol. 4, No. 3 (Summer, 1952), pp. 214–238.

Segre. Emilio. 2007. *From Falling Bodies to Radio Waves.* Dover.

Shelley. Mary. 1831. *Frankenstein , or the Modern Prometheus.* Henry Colburn & Richard Bentley.

Spinoza. Benedictus de. 1910. *Short treatise on God , man & his wellbeing.* A. & C. Black. Spinoza. Benedictus de. 2017. The Ethics. Prabhat Prakashan (Kindle Edition).

Strathern, Paul. 2007. *The Medici : Godfathers of the Renaissance.* Vintage (Kindle Edition).

Stoica. Ovidiu Cristinel. 2021. *Refutation of Hilbert Space Fundamentalism.* arXiv:2103.15104.

Suh. H. Anna. 2013. *Leonardo ' s Notebooks.* Black Dog & Leventhal/Running Press (Kindle Edition).

Susskind. Leonard. 2006. *The Cosmic Landscape.* Little, Brown & Company.

Susskind. Leonard. 2009. *The Black Hole War.* Back Bay.

Susskind. Leonard. 2014. *Copenhagen vs Everett , Teleportation , and ER=EPR.* arXiv:1604.02589.

Susskind. Leonard & Friedman. Art. 2015. *Quantum Mechanics : The Theoretical Minimum.* Basic. Susskind Leonard. 2016. *Copenhagen vs Everett , Teleportation , and ER=EPR.* arXiv:1604.02589.

Susskind. Leonard. 2017. *Dear Qubitzers , GR=QM.* arXiv:1708.03040.

Taylor. Thomas. 2016. *The Hymns of Orpheus : To Nature.* Bonificio Masonic Library.

Tegmark. Max. 2015. *Our Mathematical Universe.* Vintage.

Tegmark. Max. 1996. *Does the Universe in Fact Contain Almost No Information ?.* Foundations of Physics Letters, Vol. 9, No. 1, pp. 25–42, arXiv:quant–ph/9603008.

Tegmark. Max. 1997. *The Interpretation of Quantum Mechanics : Many Worlds or Many Words Fortsch.* Phys. 46:855–862.

Tegmark. Max. 2000. *The Importance of Quantum Decoherence in Brain Processes.* Physical Review E 61, pp. 4194–4206, arXiv:quant–ph/9907009.

Tegmark. Max, Wheeler. John Archibald. 2001. *100 Years of the Quantum.* Scientific American 284: 68–75 (February 2001).

Tegmark. Max. 2003a. Parallel Universes. *In "Science and Ultimate Reality : From Quantum to Cosmos "*, Cambridge University Press.

Tegmark. Max. 2003b. *Parallel Universes.* Scientific American 288N5 (May 2003) pp. 30–41.

Tegmark. Max. 2007. *Many Lives in Many Worlds.* Nature 448:23.

Tegmark. Max. 2008. *The Mathematical Universe.* Foundations of Physics 38, pp. 101–150, arXiv: 0704.0646 [gr–qc].

Tegmark. Max. 2009. *Many Worlds in Context.* In: Saunders. Simon. et al. 2010, pp. 553–581, arXiv:0905.2182 [quant–ph].

Tegmark. Max. 2015. *Consciousness as a State of Matter.* Chaos, Solitons & Fractals 76, pp. 238–

270, arXiv:1401.1219.

Terra Cunha. Marcelo O., Dunningham. Jacob A. & Vedral. Vlatko. 2006. *Entanglement in single particle systems.* arXiv:quant-ph/0606149.

Thorne. Kip. 2008. *John Archibald Wheeler 1911-2008.* arXiv:1901.06623, Science 320, June 20 2008, p. 1603.

Tononi. Guido. 2008. *Consciousness as Integrated Information: a Provisional Manifesto.* Biol. Bull. 215, pp. 216-242.

Toole. Betty A. 1998. *Ada, the Enchantress of Numbers.* Pickering & Chatto.

Vaidman. Lev. *All is Psi.* arXiv:1602.05025.

Van Helden. Albert. 1989. *Galileo Galilei: Sidereus Nuncius.* University of Chicago Press.

Van Raamsdonk. Mark. *Building up spacetime with quantum entanglement.* Essay awarded by the Gravity Research Foundation, General Relativity and Gravitation 42, pp. 2323-2329.

Van Raamsdonk. Mark. 2016. *Lectures on Gravity and Entanglement.* arXiv:1609.00026.

Varela. Francisco. 1995. *The Emergent Self.* In Brockman. John. 1995 The Third Culture. Simon & Schuster, p. 209.

Verlinde. Erik. 2011. *On the Origin of Gravity and the Laws of Newton.* JHEP 04 (2011) 029, arXiv: 1001.0785.

Wallace. David. 2012. *The Emergent Multiverse.* Oxford University Press (Kindle Edition).

Watts. Edward J. 2017. *Hypatia.* Oxford University Press.

Weizsäcker. Carl Friedrich V. 1971. *Die Einheit der Natur.* Carl Hanser.

Wheeler. John Archibald & Zurek. Wojciech. 1983. *Quantum Theory and Measurement.* Princeton University Press.

Wheeler, John Archibald. 1990. *Information, physics, quantum: The search for links.* In: Zurek 1990, pp. 3-28.

Wheeler. John Archibald. 1996. *Time Today.* In: Halliwell, Perez-Mercader & Zurek 1994, pp. 1-29.

Wheeler. John Archibald & Ford. Kenneth. 1998. *Geons, Black Holes and Quantum Foam.* W.W. Norton.

Wheeler. John Archibald. 2000. *'A Practical Tool,' but Puzzling Too.* New York Times, Dec 12, p. F1.

Whitaker. Andrew. 2012. *The New Quantum Age.* Oxford University Press (Kindle Edition).

Whitehead. Alfred North. 1979. *Process and Reality.* Free Press.

Whiteley. Giles. 2018. *Schelling's Reception in Nineteenth-Century British Literature.* Macmillan.

Whitman. Walt. 2004. *The Complete Poems.* Penguin.

Wigner. Eugene P. 1995. *New Dimensions of Consciousness.* In: Mehra. Jagdish & Wightman. Arthur (eds.). 1995. Philosophical Reflections and Syntheses (The Collected Works of E. P. *Wigner, Vol. VI).* Springer, pp. 268-273.

Wilczek. Frank. 2015a. *A Beautiful Question*. Penguin (Kindle Edition).

Wilczek. Frank. 2015b. *Physics in 100 Years*. Physics Today 69, 4, p. 32 (2016).

Wilczek. Frank. 2016. *Physics in 100 Years*. arXiv:1503.07735.

Witten. Edward. 2018. *Symmetry and Emergence*. Nature Phys. 14 2, pp. 116–119, arXiv: 1710.01791.

Wittmann. Marc. 2017. *Felt Time*. MIT Press.

Wittmann. Marc. 2018. *Altered States of Consciousness*. MIT Press.

Wolchover. Natalie. 2013a. *Is Nature Unnatural?*. Quanta Magazine, May 24, 2013, https://www. quantamagazine. org/complications–in–physics–lend–support–to–multiverse– hypothesis–20130524/, accessed Sep 23. 2021.

Wolchover. Natalie. 2013b. *A Jewel at the Heart of Quantum Physics*. Quanta Magazine, September 17, 2013, https://www.quantamagazine.org/physicists–discover–geometry–underlying–particle–physics– 20130917/, accessed Sep 25, 2021.

Wolchover. Natalie. 2022. *A Deepening Crisis Forces Physicists to Rethink Structure of Nature's Laws*. Quanta Magazine, https://www.quantamagazine.org/crisis–in–particle–physics–forces–a– rethink– of–what–is–natural–20220301/, accessed April 3, 2022.

Wordsworth. William. 2001. *The Prelude of 1805*. Global Language Resources.

Wulf. Andrea. 2015. *The Invention of Nature*. John Murray.

York. Michael. 2003. *Pagan Theology*. New York University Press.

Zeh. H. Dieter. 1967. *Probleme der Quantentheorie*. unpublished, http://www.rzuser.uni–heidelberg. de/~as3/ProblemeQT.pdf, accessed Sep 18, 2021.

Zeh. H. Dieter. 1970. *On the Interpretation of Measurement in Quantum Theory*. Foundations of Physics, 1,1 (1970) 6976.

Zeh. H. Dieter. 1993. *There are no quantum jumps, nor are there particles!*. Physics Letters A 172, pp. 189–195.

Zeh. H. Dieter. 1994. *Warum Quantenkosmologie?*. Unpublished talk, http://www. rzuser. uni–heidelberg.de/~as3/WarumQK.pdf, accessed Sep. 18, 2021.

Zeh. H. Dieter. 2002. *The Wave Function: It or Bit?*. In: Science and Ultimate Reality, J. D. Barrow, P.C.W. Davies, and C.L. Harper Jr., eds. (Cambridge University Press, 2004), pp. 103–120, arXiv:quant–ph/0204088.

Zeh. H. Dieter. 2005. *Roots and Fruits of Decoherence*. In: Duplantier. B., Raimond, J.–M., and Rivasseau. V. (eds.). 2006. Quantum Decoherence. Birkhäuser, pp. 151–175. arXiv:quant–ph/ 0512078.

Zeh. H. Dieter. 2007. *The Physical Basis of the Direction of Time*. Springer.

Zeh. H. Dieter. 2012a. *Physik ohne Realität: Tiefsinn oder Wahnsinn?* Springer (Kindle Edition).H. D. Zeh. H. Dieter. 2012b. *Open Questions Regarding the Arrow of Time*. In Mersini–Houghton. Laura & Vaas. Rüdiger (eds.). 2012. *The Arrows of Time*. Springer, pp. 205–217.

Zeh. H. Dieter. 2018. *The strange (hi)story of particles and waves*. arxiv:1304.1003v23.

Zurek. Wojciech. 1990. *Complexity，Entropy and the Physics of Information.* Westview.

Zurek. Wojciech. 1991. *Decoherence and the Transition from Quantum to Classical.* Physics Today 44, pp. 36-44.

Zurek. Wojciech. 2009. *Quantum Darwinism.* Nature Physics 5 (2009), pp. 181.

Zurek. Wojciech. 2014. *Quantum Darwinism，Classical Reality and the Randomness of Quantum Jumps.* Physics Today, October 2014, p. 44.

果壳书斋科学可以这样看丛书(19本)

门外汉都能读懂的世界科学名著。在学者的陪同下,作一次奇妙的科学之旅。他们的见解可将我们的想象力推向极限!

1	平行宇宙(新版)	〔美〕加来道雄	43.80元
2	超空间	〔美〕加来道雄	59.80元
3	物理学的未来	〔美〕加来道雄	53.80元
4	心灵的未来	〔美〕加来道雄	48.80元
5	超弦论	〔美〕加来道雄	39.80元
6	宇宙方程	〔美〕加来道雄	49.80元
7	一元宇宙	〔德〕海因里希·帕斯	64.00元
8	量子纠缠	〔英〕布莱恩·克莱格	39.80元
9	量子计算	〔英〕布莱恩·克莱格	49.80元
10	量子时代	〔英〕布莱恩·克莱格	45.80元
11	骰子世界	〔英〕布莱恩·克莱格	41.80元
12	麦克斯韦妖	〔英〕布莱恩·克莱格	49.80元
13	人类极简史	〔英〕布莱恩·克莱格	45.00元
14	量子创造力	〔美〕阿米特·哥斯瓦米	39.80元
15	遗传的革命	〔英〕内莎·凯里	39.80元
16	修改基因	〔英〕内莎·凯里	45.80元
17	语言、认知和人性	〔美〕史蒂芬·平克	预估64.00元
18	来自血液	〔英〕罗斯·乔治	预估64.00元
19	生命新构件	贾乙	预估42.80元

欢迎加入平行宇宙读者群·果壳书斋 QQ:484863244

网购:重庆出版社天猫官方旗舰店

各地书店、网上书店有售。

重庆出版社
天猫官方旗舰店